新月照澄湾

河汾王氏家族美学研究

李海燕◎著

中国出版集团
研究出版社

图书在版编目 (CIP) 数据

新月照澄湾 : 河汾王氏家族美学研究 / 李海燕著
. -- 北京 : 研究出版社, 2021.3
ISBN 978-7-5199-0813-3

Ⅰ. ①新… Ⅱ. ①李… Ⅲ. ①家族 – 文艺美学 – 美学思想 – 研究 – 中国 – 隋唐时代 Ⅳ. ① B83-092

中国版本图书馆 CIP 数据核字 (2021) 第 035415 号

出 品 人：赵卜慧
责任编辑：寇颖丹

新月照澄湾
XINYUE ZHAO CHENGWAN
河汾王氏家族美学研究

李海燕 著

研究出版社 出版发行
（100011 北京市朝阳区安华里 504 号 A 座）

北京建宏印刷有限公司 新华书店经销

2021 年 3 月第 1 版 2021 年 3 月北京第 1 次印刷
开本: 710 毫米 × 1000 毫米 1/16 印张: 17.5
字数: 219 千字

ISBN 978 – 7 – 5199 – 0813 – 3 定价：58.00 元

邮购地址 100011 北京市朝阳区安华里 504 号 A 座
电话（010）64217619 64217612（发行中心）

目 录

【第一章】绪论

一、论题说明

“新月照澄湾”是“初唐四杰”之一的王勃诗歌《长柳》中的一句。王勃是本书探讨的美学家族——隋末唐初河汾王氏家族中重要的一员。王勃《长柳》全诗如下：

晨征犯烟磴，夕憩在云关。晚风清近壑，新月照澄湾。
郊童樵唱返，津叟钓歌还。客行无与晤，赖此释愁颜。[①]

这是一首羁旅行役诗，在淡淡的羁愁中，渗透着山水诗的幽情、田园诗的意境，清新自然，优美灵动，可谓王氏家族主要成员所生活的初唐时期诗歌美学所能达到的最佳境界。“月”是唐朝诗人常用的诗歌意象，是诗人们心中最为美丽深情的诗歌语言之一。如果用“月”来比拟唐朝，那么“新月”正可比拟初唐，故而笔者就借用了王勃诗中这句清新优美的“新月照澄湾”作为本书的书题，从而展开对王氏家族美学的探讨。

隋末唐初的河汾王氏家族，是指生活于绛州龙门[②]（今属山西省，位于黄河与汾水流域，故称河汾之地）的以隋末大儒、教育家“文中子”王通，其弟王绩（隋末唐初的著名诗人，号“东皋子”）以及其孙王勃（“初唐四杰”之一）为主要关注对象所构成的文化家族。此一家

① 王勃著，蒋清翊注，汪贤度校点《王子安集注》，上海古籍出版社1995年版，第89页。

② 新、旧《唐书》之《王绩传》《王勃传》皆载王绩、王勃为绛州龙门人。据《元和郡县图志》：“龙门县，古耿国，殷王祖乙所都，晋献公灭之以赐赵夙。秦置为皮氏县，汉属河东郡。后魏太武帝改皮氏为龙门县，因龙门山为名，属北乡郡。隋开皇三年废郡，以县属绛州，十六年割属蒲州。武德三年属泰州，贞观十七年废泰州，县隶绛州。”

族为太原王氏的一支，乃儒学传家的世家大族，为中国古代哲学、文学、教育的发展做出了重大贡献。本书主要探讨王氏家族对隋末唐初的美学发展所做的贡献及其价值、意义等。

本书所谓的家族美学，是指我国古代宗法制度下的文化家族，其所有成员的艺术理论和艺术实践，包括美学范畴、美学命题、审美意识等与美学相关的美学思想和美学问题。而本书所谓的家族美学研究，主要是指通过对封建文化家族成员的艺术理论和艺术成就的探讨，总结其家族美学的特色，剖析其对美学发展的贡献，分析其美学的价值和意义，研究其家族美学的生成原因等，从而考察封建家族在美学史上的重要贡献。

因为本书所探讨的王氏家族的成员除了王通以外，存世作品主要以文学见长，其对于美学的探讨，主要关注点也多为文学理论，因而本书主要是从文艺美学的角度来探讨王氏家族及其隋末唐初的美学。

二、选题意义

（一）从家族角度研究美学的价值和意义

在我国漫长的古代社会，家族乃宗法制度的核心，在教育、文化、政治、经济发展中起着无可替代的作用。尤其是自汉代以后，家族对文化的影响更为突出。陈寅恪先生认为："盖自汉代学校制度废弛，博士传授之风气止息以后，学术中心移于家族。"[①]"故东汉以后学术文化，其重心不在政治中心之首都，而分散于各地之名都大邑。是以地方之大族盛门乃为学术文化之所寄托。……而汉族之学术文化变为地方化及家门化矣。故论学术，只有家学之可言，而学术文化与大族盛门常不可分离也。"[②]具有高度文化意蕴的美学、文学等，也往往与世家大

① 陈寅恪著《隋唐制度渊源略论稿》，上海古籍出版社1982年版，第17页。

② 陈寅恪著《金明馆丛稿初编》，上海古籍出版社1980年版，第131页。

族密切相关。譬如东晋以王羲之、王献之父子为代表的书法；唐代以阎立本、阎立德兄弟为代表的绘画；杜审言、杜甫为代表的诗歌，元代以赵孟頫、管道升夫妇及其后代赵雍、赵麟、赵彦正等为代表的书画家族等，可谓数不胜数。可见，美学的遗传基因，在这些文化世家中，常常世代相继，对于创造辉煌灿烂的中华文化贡献卓著。

然而，传统的成体系的美学研究少有对家族美学的观照，学者多注重对一个时代或者单个文艺理论家的个体研究以及对美学命题、美学范畴的探讨等。因而对于家族美学进行研究，存在很大的研究空间。故而本书把传统美学的研究对象置于家族这一中国文化生成的核心来考察，符合我国宗法制的历史实际，为美学研究开辟新的视角和研究思路。

（二）选择隋末唐初河汾王氏家族这一个案的意义

本书选择隋末唐初河汾王氏家族这一个案，进行家族美学研究，主要意义在于以下两方面。

其一，从时间上看，隋末唐初正是中国文化和美学思想承上启下的过渡期，选择此一时期较有代表性的文化家族进行研究，或可更易梳理此一时期美学的发展轨迹、渊源传统、新变传承等。而学界对隋末唐初的美学研究相对来说比较薄弱，故而笔者希望通过此书，来丰富和拓展隋末唐初的美学研究。

其二，从所选择的家族个案来看，王氏家族为儒学传家的文化家族，对隋唐及以后的哲学、文学、美学思想的发展，都产生过重要的影响。尽管隋末及唐初不乏像颜之推、颜师古为代表的颜氏家族，上官仪、上官婉儿等为代表的上官家族等文化世家。然而与颜氏家族相比，王氏家族的主要成员在美学上呈现出更加丰富、开放和更具包容性的特点；与上官家族相比，王氏家族在美学上更具批判性和前瞻性，王绩、王勃更是走进了与上官家族为代表的宫廷诗风不同的领域，开辟了更为广阔的诗歌题材，提出了一系列重要的诗歌美学思想，为开启波澜壮阔的盛唐之音做出了重要贡献。

同时，本书所研究的王氏家族的主要成员，其生活的时间跨度，大约九十年，故而适合把他们放在一起进行整体研究。

为此，笔者选择了对隋末唐初的河汾王氏家族美学进行探讨，以期能够为隋唐美学的研究尽微薄之力。

三、结构框架

本书的结构框架大致如下：开篇简述王氏家族的美学渊源、主要成员的概况及思想分期，目的是对其家族成员有一个总体的把握。接着探讨王氏家族美学生成的时代背景：隋末唐初的两种美学风貌。随后的四章主要探讨王氏家族成员围绕“道”“意”“气”“兴”四个美学范畴所提出和实践的美学命题。这些美学命题的提出与实践，为开启伦理价值与审美价值并重、内容与形式达到完美结合的盛唐之音奠定了良好的基础，可以说具有融合南北、继往开来的重要意义。之后的一章将王氏家族与同时代上官家族的美学风貌进行比较。笔者以为，与同时代的其他家族相比，王氏家族在隋末唐初对美学发展所做的贡献是甚为独特、无可取代的。在余论中，探讨王氏家族成员美学的个体差异及王氏家族美学的生成原因等。最后，在附录中，笔者选录三篇在学术期刊上发表过的论文，这些论文或是王氏家族儒学为宗的美学思想产生的历史背景及时代发展，或为对比家族成员的美学贡献等，可与本书内容相互参看，起到一定的互补作用。

由于笔者学力所限，在行文过程中，难免会出现诸多疏漏甚至错误之处。在此，恳请各位专家、师友不吝赐教。

【第二章】家族美学渊源及主要成员思想分期

一、儒学为宗的家族美学渊源

河汾王氏乃太原王氏祁县支派的后裔。据《新唐书·宰相世系表》："王氏出自姬姓。周灵王太子晋以直谏废为庶人，其子宗敬为司徒，时人号曰'王家'，因以为氏。"① 太原王氏有多支衍派，至东汉，有王霸长子王殷任中山太守，食邑祁县，为本书中王通的十八世祖，至王通四世祖晋阳穆公王虬，据《文中子世家》：于"太和中为并州刺史，家河汾，曰晋阳穆公。"② 本书所探讨的河汾王氏，就是从王通的四世祖开始定居河汾，至王通辈，此家族已在河汾生活百年之久，成为当地颇具影响的世家大族。河汾王氏的家族美学渊源，主要以儒学为宗。儒学即是此家族世代研习、训导子孙及乡里的家学，也是此家族事君行事及文艺审美的主要依据，为本书所探讨的家族美学的思想渊源。其主要有如下特点。

（一）多有著述，重视教育

王通的十八世祖王殷，杜淹《文中子世家》中载其曾"以《春秋》《周易》训乡里，为子孙资"。③王殷精通儒学，奠定了本家族的儒学根基，且他以儒家经典教授乡里子弟，也为本家族热衷教育事业打下了基础。此后，这一支派的王氏家族便以儒学为宗，世习礼乐，且显于文学，著述不辍。据《文中子世家》载，王通十四世祖王述、六世祖王玄则、五世祖王焕、曾族王彦、祖父王一、父亲王隆等，都有跟儒学相关

① 欧阳修、宋祁撰《新唐书》，中华书局1975年版，第2601页。

②③ 王通著，张沛校注《中说校注》，中华书局2013年版，第265页。

的理论著述。其祖父王一还曾撰写过“其文典以达”[1]的禹庙碑文，在江左绮丽文风弥漫之际，“典以达”的艺术特色正可显示此一家族对儒学为宗的美学思想的坚守。王通六世祖王玄则为一代鸿儒，曾讲学江左，号为“王先生”。王通父王隆据《文中子世家》：“传先生之业，教授门人千余。”[2]则直接为王通讲学河汾，形成“河汾道统”开辟了道路。

（二）坚守儒学，道义不辍

王通六世祖王玄则，因其兄王玄谟“以将略升”，做了军旅武职，曾耿耿于怀：“常叹曰：‘先君所贵者礼乐，不学者军旅，兄何为哉？’遂究道德，考经籍，谓‘功业不可以小成也’，故卒为洪儒；‘卿相不可以苟处也’，故终为博士；曰‘先师之职也，不可坠’，故江左号‘王先生’，受其道曰‘王先生业’。于是大称儒门，世济厥美。”[3]玄则曾著《时变论》，为一代大儒。其对家兄学军旅、弃儒术之事感到不解和不满，虽略显偏执，却是对家族所世习之礼乐的坚守，显示了此家族对于儒学的高度重视。

此家族对于儒学的坚守，不止停留在著述讲学层面，还体现在行为上。王通九世祖王寓，曾随晋室南渡，而至王通四世祖晋阳穆公王虬，于南齐建元元年（479年），即北魏孝文帝太和三年（479年），却自江左归于北魏，据《录关子明事》：“穆公之在江左也，不平袁粲之死，耻食齐粟，故萧氏受禅而穆公北奔，即齐建元元年，魏太和三年也，……太和八年，征为秘书郎，迁给事黄门侍郎。”[4]袁粲（420—477年）为南朝宋尚书令，因曾起兵反抗把持朝政的萧道成，被萧氏所杀，沈约《宋书》认为其乃义重于生的忠贞之士。其后，萧道成称帝建

① 王通著，张沛校注《中说校注》，中华书局2013年版，第36页。

②③ 王通著，张沛校注《中说校注》，中华书局2013年版，第265页。

④ 王通著，张沛校注《中说校注》，中华书局2013年版，第275—276页。

立南齐。王虬因“不平袁粲之死，耻食齐粟”而北归，率族人返回故里。可知，此一家族坚守儒家大义，尊崇儒家之道，对于用不法手段诛杀异己、篡权夺位之举，采取深恶痛绝、拒不合作的态度。

这种全家族对儒学的坚守，也造就了家族成员坦荡刚正、不媚于权贵的傲岸姿态。文中子之父王隆，据《文中子世家》：“隋开皇初，以国子博士待诏云龙门。时国家新有揖让之事，方以恭俭定天下，帝从容谓府君曰：‘朕何如主也？’府君曰：‘陛下聪明神武，得之于天，发号施令，不尽稽古，虽负尧、舜之姿，终以不学为累。’帝默然，曰：‘先生朕之陆贾也，何以教朕？’府君承诏著《兴衰要论》七篇。每奏，帝称善，然未甚达也。府君出为昌乐令，迁猗氏、铜川，所治著称，秩满退归，遂不仕。”[①] 根据此段记载，我们可对王通之父的人格精神有个大致的把握。他不惧龙威，直指隋文帝杨坚“不爱学习”的软肋，说明他是一位不阿谀、不谄媚的铮直之臣，而他的这种表现也获得了隋文帝的尊重，并诏令其写作《兴衰要论》这种对于治理国家具有指导意义的著作；其一生虽未得大用，只做了几任地方官，却也在任上显示出良好的治理才能。可知，王通父在为臣及为学等诸方面，皆为坚守儒学思想的道义之士。

（三）与时俱进，开放包容

王通四世祖王虬率族北归，适时正值北魏孝文帝拓跋宏（467—499年）年少，在文明冯太后的辅佐下施行一系列中央集权的汉化改革等。据《文中子世家》，王虬于“太和中为并州刺史”。[②] 可知，在魏孝文帝太和年间的汉化政策中，王氏家族必是鼎力支持并参与其中的。这对民族融合，中华民族即将再次进入大一统时代，是有积极意义的。而王

① 王通著，张沛校注《中说校注》，中华书局2013年版，第265—266页。
② 王通著，张沛校注《中说校注》，中华书局2013年版，第265页。

氏家族文化中对于少数民族政权的认可，也一直延续于后代，如王通的“中国”概念，即是对历史上地理范围的认可，不仅包括两汉、魏晋等汉族所建立的王朝，也包括南北朝时期北方少数民族建立的政权。此是对儒家的华夷观念顺应时代变化而做出的重大发展，并被其后的隋唐所继承。这说明王氏家族的儒学观念带有一种与时俱进、开放包容的精神，并将影响王氏家族成员的美学观念。

另外，需要指出的是，尽管王氏家族世习儒学，其家族文化以儒学为宗，但是其研习及思考的学术范畴却不限于儒学，而是具有一定的包容性。例如《中说·问易篇》载：“子读《洪范说议》，曰：‘三教于是乎可一矣。’”[①]《洪范说议》即王通祖父安康献公所撰之《皇极说议》，由王通所言可知，王通祖父的著述，内容不只包括对儒家教义的阐发，必也包含对儒释道三教思想的梳理阐释等，且不会因儒学传家而刻意贬低释道思想，而是有义理上的通融，以至于王通读后，得出“三教可一”的结论。

故而，王氏家族思想与时代思想互动接轨，以儒学为宗，并包容其他重要思想。这就为隋末唐初王氏家族重要成员的美学思想，提供了更为开放包容的空间，使他们在时代美学的发展中不会保守拘泥，从而能够为美学的发展做出更大的贡献。

综上，本书所探讨的河汾王氏家学渊源深厚，世代注重对儒家经典的阐释发挥，并极为重视子弟教育。吕才《王无功文集序》载王氏家

① 王通著，张沛校注《中说校注》，中华书局2013年版，第135页。《洪范说议》即王通祖父安康献公所撰之《皇极说议》。王通祖父之《洪范说议》究竟对三教关系做了怎样的文字阐释，已不得而知，故以儒家学者提出“三教可一”思想的学者，历来多认为是王通。可见王通“三教可一”思想的提出，是继承发扬王氏家学，主要是其祖之说。此前已有佛道信徒或学者已提出与“三教可一”相似的理论，如东汉末的牟子曾在《牟子理惑》中提出以儒家的五常作为佛道修行的方式和方法，以调和三教。三国孙吴僧人康僧会（？—280年）亦有相似观点和做法。其他如孙绰、顾欢、王褒、宗炳、释慧灵、张融、释道安等人多认为儒、释、道虽三训殊路，但可圆融贯通等。故而，最晚至隋，甚至早在北周时期，三教各家，包括儒家学者，就已经有了汇通三教思想的相关学说。

族："历宋、魏，迄于周、隋，六代冠冕，皆历国子博士，终于卿牧守宰，国史、家谍详焉。"[①] 王氏的这种重儒术，习礼乐，文风"典以达"的家学，奠定了其以儒学为宗、兼容并蓄的家学传统，对于本书探讨的隋末唐初王氏祖孙的美学思想，产生了重要影响。

二、家族主要成员之美学思想分期

本书所探讨的隋末唐初的王氏家族成员，主要包括对美学思想探讨较多的王隆子王通、王绩以及王通孙王勃。

除上述三位主要探讨的成员外，这一家族在隋末唐初，有行迹可考者还有王度、王凝、王静，此为王通兄弟辈；王福郊、王福祚、王福畤，此为王通之子；王励、王勮、王勔、王助、王劼、王勋、王劝、王勉，此为王通孙辈。这些家族成员也多有才学，对隋末唐初的政治文化建设做出了贡献。比如王度，为现存最早的唐传奇《古镜记》的作者，且有良史之才，仕隋曾任著作郎、芮城令等职，还两次出任御史。《古镜记》是王度唯一的存世作品，具有鲜明的艺术特色。在美学上，《古镜记》具有从六朝志怪向唐传奇过渡的特点，想象力极为丰富，第一人称的叙述视角以及串联故事的叙事结构皆别具特色，对后世影响深远。王勃父王福畤在唐高宗时曾任太常博士，还出任过六合县令和齐州长史、泽州长史等职务。《新唐书·王勃传》载王福畤之子王勃、勃兄王勮、勃弟王助三人，皆进士及第。据此可知，王福畤乃至王氏对于子弟教育是极为成功的。当然，这一方面是因其家学渊源深厚；另一方面是王氏子弟大多少年早慧，如芝兰玉树般为时人所叹赏。如《新唐书·王勃传》称："初，勔、勮、勃皆著才名，故杜易简称'三珠树'，其后助、劼又以文显。劼早卒。福畤少子劝亦有文。福畤尝诧韩思彦，思彦

① 王绩著，韩理洲校点《王无功文集》（五卷本会校），上海古籍出版社1987年版，《王无功文集序》第1页。

戏曰：‘武子有马癖，君有誉儿癖，王家癖何多耶？’使助出其文，思彦曰：‘生子若是，可夸也。’”[①] 他们还被朝廷大员寄以很高的期望，如《旧唐书·王勃传》载：“吏部侍郎裴行俭典选，有知人之鉴，见勮与苏味道，谓人曰：‘二子亦当掌铨衡之任。’”[②] 而他们在庙堂上展现出的才华，更是令人叹服，据《旧唐书·王勃传》载：“勮，弱冠进士登第，累除太子典膳丞。长寿中，擢为凤阁舍人。时寿春王成器、衡阳王成义等五王初出阁，同日授册。有司撰仪注，忘载册文。及百僚在列，方知阙礼，宰相相顾失色。勮立召书吏五人，各令执笔，口占分写，一时俱毕，词理典赡，人皆叹服。寻加弘文馆学士，兼知天官侍郎。”[③] 五位王子出阁受册大典，乃国之大事，册文为不可或缺的必备要素，却被有司遗漏了，在“宰相相顾失色”之际，若非才思敏捷的王勮及时救场，立即召集了五位书吏令其按照自己的口占分写，则一场如此重大的典礼真不知该如何进行下去了。以上事例说明，本书所探讨的王氏家族，曾经是那么生动鲜活，熠熠生辉。

现将王氏家族主要成员之美学思想分期概述如下。

（一）王通[④]

王通（584—617年），字仲淹，王绩在文中常称之为“吾家三兄”，知其为王隆第三子。王通被称为“王孔子”，为隋末大儒，卒后其门人弟子私谥为“文中子”。王通生于隋开皇四年（584年）秋冬之月，[⑤]

① 欧阳修、宋祁撰《新唐书》，中华书局1975年版，第5741页。

② 刘昫等撰《旧唐书》，中华书局1975年版，第5006页。

③ 刘昫等撰《旧唐书》，中华书局1975年版，第5005页。

④ 因《隋书》中没有王通的传记，故自宋初以来，即有人怀疑历史上是否真有其人，以及其传世之作《中说》是否为后人伪作等。但我们以为，王通实有其人，且《中说》并非伪作。可参看邓小军《隋书不载王通考》，载《四川师范大学学报》（社会科学版），1994年7月，第77—84页。

⑤ 参见《文中子世家》。

卒于隋大业十三年（617年）五月，享年三十四岁。[①] 明嘉靖九年，王通从祀文庙，显示了其在儒学发展史上的重要地位。

王通著述主要包括《太平之策》《东征之歌》《续六经》及《中说》。《太平之策》又称《太平十二策》，共四卷，已佚。《东征之歌》存于《文中子世家》，为王通西游长安，向隋文帝献策但不被见用之后，东归家乡时所作。《续六经》乃王通依儒家“六经”所续，为《续诗》《续书》《礼论》《乐论》《元经》及《赞易》，共八十卷，六百七十五篇，又称《王氏六经》，多已散佚，现仅存《元经》。《中说》，又称《文中子》或《文中子〈中说〉》，共十卷，乃王通门人纂集其日常言行记录，仿《论语》而成的主客问答之说，为儒学传承过程中的重要著作，位列二十二子书。

王通一生的美学思想，大致可分为三个阶段。

1. 童年及少年时代儒家美学思想奠定期

王通为隋末大儒，其美学思想主要受儒家思想影响，奠定于童年及少年时期。王通出生之际就被寄予了传承发扬儒学大业的期望，据杜淹《文中子世家》载：“开皇四年，文中子始生。铜川府君筮之，遇坤之师，献兆于安康献公。献公曰：‘素王之卦也，何为而来？地二化为天一，上德而居下位，能以众正，可以王矣。虽有君德，非其时乎？是子必能通天下之志。’遂名之曰‘通’。”[②] “素王”指的是有王者之道，却无王者之位的“圣人”孔子，王通出生的卦象为“素王之卦”，被认为非同寻常，“必能通天下之志”。果然王通不负父祖期望，孺年天启，聪慧异常，两三岁即知《书》，六七岁就能够跟父亲谈论邦国王道之事。薛收《隋故征君文中子碣铭》（下文简称《文中子碣铭》）赞之

① 参见王绩《游北山赋》自注。王通弟子薛收《文中子碣铭》作三十二（岁）。笔者以为当以其弟王绩所注为准。

② 王通著，张沛校注《中说校注》，中华书局2013年版，第266页。

曰："粤若夫子，洪惟命世，尽象纬之秀，钟山川之灵，爰在孺年，素尚天启；亦既从学，家声日茂。"[①]论者亦以为王通幼年时为表现卓异的神童。[②]王通不仅早慧，学习也非常刻苦勤奋，且得名师指点，遍学儒家经典，曾"受《书》于东海李育，学《诗》于会稽夏琠，问《礼》于河东关子明[③]，正《乐》于北平霍汲，考《易》于族父仲华，不解衣者六岁，其精志如此。"[④]

王通不仅生于儒学世家，而且自小接受的教育，基本是最为经典的儒家学说，这为他以后实践儒学，并阐释发扬其美学精神，打下了坚实的基础。故而童年及少年时期，是为王通儒家美学思想的奠定期。

2. 青年时代儒家美学思想实践期

王通青年时期有短暂的出仕经历及向帝王献策之事，且留下了唯一的一首存世诗歌《东征之歌》，为我们了解此一时期王通的美学实践提供了宝贵的资料，其歌曰：

> 我思国家兮远游京畿，
> 忽逢帝王兮降礼布衣。
> 遂怀古人之心兮将兴太平之基，
> 时异事变兮志乖愿违。
> 吁嗟！道之不行兮垂翅东归，
> 皇之不断兮劳身西飞。[⑤]

---

① 董皓等编《全唐文》，上海古籍出版社1990年版，第588页。

② 参见陈启智《王通生平著述考》，《东岳论丛》1996年第6期，第77页。

③ 此处的"关子明"或为"关生"之误，关子明即关朗，《中说·关朗篇》及王福畤《录关子明事》皆载其为魏人，据《录关子明事》："（同州）府君蹶然惊起，因书策而藏之，退而学《易》。盖王氏《易》道，宗于朗焉。"《中说·魏相篇》载："文中子曰：'吾闻礼于关生，见负樵者几矣。'"此"关生"或为关子明之后。.

④ 王通著，张沛校注《中说校注》，中华书局2013年版，第267页。

⑤ 王通著，张沛校注《中说校注》，中华书局2013年版，第267—268页。

此诗形式上是骚体，但一反骚体诗歌的浪漫旖旎，而是直铺其事，直抒胸臆，朴实无华但感情真挚，实践了儒家“修辞立诚”的美学精神。关于此诗的内涵及其表达的失意之情，或许在了解王通此期的行迹后，会理解得更为深刻。据《文中子世家》载，开皇十八年（598年）王通仅十五岁，在父辈的训导及家学的影响下，已有四方之志。十八岁时，曾有举秀才这一辉煌经历。隋唐之际，科举刚刚兴起之时，秀才科乃当时科第的最高等级，其难度之高非同寻常，据《北史·杜正玄传》载，当时的权臣杨素认为，即使周公、孔子转世都不能考取秀才。而整个隋朝时期，秀才及第者仅10人左右。初唐高祖、太宗时期，每年也就一两人得中。年轻的王通秀才及第后，自然是名闻天下。朝廷大员、王公贵族等争相交结，希望一睹其风采。薛收《文中子碣铭》描述当时其受重视的情形：“朝端（阙文）声节，天下闻其风采。先君内史屈父党之尊，杨公仆射忘大臣之贵，汉侯三请而不觌，尚书四召而不起。”[①]作为王通父辈朋友的著名文学家薛道衡一见王通，即认为他具有通晓《河图》《洛书》的学识和智慧，随即命儿子薛收拜王通为师。据《旧唐书·王勃传》、杨炯《王子安集原序》等记载，王通秀才及第后，曾授官蜀郡司户书佐，蜀王侍读，但不久即辞官回乡。王通二十岁时，胸怀大济苍生之心西游长安，向隋文帝献“尊王道，推霸略，稽今验古，恢恢乎运天下于指掌”[②]的《太平十二策》，因触犯了公卿的利益而未被采纳，由是退归河汾，朝廷数征不至，[③]从此专事著述讲学。

而《东征之歌》就作于献《太平十二策》未被采纳，归家之际。即“时将有萧墙之衅，文中子知谋之不用也，作《东征之歌》而归”。[④]

---

① 董皓等编《全唐文》，上海古籍出版社1990年版，第588页。

② 王通著，张沛校注《中说校注》，中华书局2013年版，第267页。

③ 《文中子世家》：“大业十年，尚书召蜀郡司户，不就。十一年以著作郎、国子博士征，并不至。”

④ 王通著，张沛校注《中说校注》，中华书局2013年版，第267页。

可知，王通做此诗时，心情是沉重的，不仅自己壮志未酬，更对国家的前途充满担忧。此诗虽用了骚体，却是儒家式的哀而不伤，其蕴含的深沉爱国情怀，让人联想到《诗经》中的《采薇》。王通之弟王绩有一首著名的诗歌《野望》，其末句云："长歌怀采薇"，学界历来对此诗的解读意见不一，我们如果联系王通的《东征之歌》来理解，或许更能挖掘其复杂的情感意蕴。总之，此一时期虽然资料匮乏，但我们依然能了解到王通的儒家美学实践情形。

3. 青壮年时代儒家美学思想的总结传授期

王通壮年而逝，在生命的最后十余年，是其儒家美学思想的总结及传授期。短暂的出仕及向帝王献策后，王通即隐居家乡河汾，著书授徒。据《文中子世家》载，其用九年时间续成《六经》，是为其思想的总结，内含美学思想。如《续六经》中的《续诗》，所收为晋、宋、北魏、北齐、北周、隋六代诗歌，其收录时间范围内的南朝齐、梁、陈三代诗歌，应是因其祖"耻食齐粟"而未收齐诗，梁、陈诗歌可能过于华艳，不符合其收录的美学标准："甄正乐府，取其雅奥"。[①] 故而可知《续诗》所收诗歌，典雅而有内涵，集中反映了王通的美学思想。《续诗》按内容分为"四名"，按功能则有"五志"："何谓四名？一曰化，天子所以风天下也；二曰政，蕃臣所以移其俗也；三曰颂，以成功告于神明也；四曰叹，以陈诲立诫于家也。凡此四者，或美焉，或勉焉，或伤焉，或恶焉，或诫焉，是谓五志。"[②] 可知，《续诗》有移风易俗、规正性情、匡世救弊乃至治国安邦的教化功用。无疑，王通的著述，蕴含着儒家的伦理美学思想。

这些著述成为王通教授学生的教材，从而使其美学思想得以传播。

---

① 王勃著，蒋清翊注，汪贤度校点《王子安集注》，上海古籍出版社1995年版，王子安集注卷首，第74页。

② 王通著，张沛校注《中说校注》，中华书局2013年版，第84—85页。

据《文中子世家》载，王通续成《六经》后，“门人自远而至，河南董常、太山姚义、京兆杜淹、赵郡李靖、南阳程元、扶风窦威、河东薛收、中山贾琼、清河房玄龄、巨鹿魏徵、太原温大雅、颍川陈叔达等，咸称师北面，受王佐之道焉。”[①] 这些人此后多成为隋唐名臣及豪杰之士。当时，王通声名远播，以至于“门人弟子相趋成市，故溪今号王孔子之溪也”。[②] 王通非蒙学之师，其弟子门人，多有与其同龄甚至年长者。王通讲学的内容及其文化传承方式，被后世称为“河汾道统”“河汾之学”或“河汾之风”，显示了唯道德学问为尊，不受权势、年龄等外在因素干扰的淳朴风气，对后世产生了深远的影响。王通与其弟子门人讲学论道的思想，主要记录在《中说》中。从中我们可以看到王通传授给其弟子门人的诸多思想。比如关于文章之“道”、作家人品与文品的关系等等重要的美学思想，在《中说》中多有阐述。最为重要的是，王通提出了“文必贯道”的美学思想，这不仅在当时及初唐，对纠正江左文风具有积极意义，而且对唐宋时期的古文运动也产生了重要影响，对此后文将会详细阐述。

在《中说》中，还记录了王通与门人程元、魏徵等探讨“三教可一”[③] 思想的内容：“子读《洪范谠议》，曰：‘三教于是乎可一矣。’”[④] 在中国哲学史上，王通被认为是第一个以儒家学者的身份，提出儒释道可以相容这一主张的。王通的“三教可一”思想，是以儒学为宗，并适当地吸取释、道二家之长，以达到“使民不倦”[⑤]的目的，是为政治统治服务的。但在客观上，就把儒学变成了一个与时俱进的开放体系，使其具有了很强的包容精神，从而对美学思想也产生了重要影响。

---

① 王通著，张沛校注《中说校注》，中华书局2013年版，第268页。

② 王绩著，韩理洲校点《王无功文集》（五卷本会校），上海古籍出版社1987年版，第5页。

③ 本书中的“三教”，指的是儒、释、道三家的思想、教义等，并非皆为宗教之意。本书三教通称时，主要是为了表述上的方便。

④⑤ 王通著，张沛校注《中说校注》，中华书局2013年版，第135页。可见王通“三教可一”思想的提出，是继承发扬其祖之说，但其何以从祖父的著述中得出“三教可一”的主张，已不得而知。

比如在家族内部，王氏家族成员的思想往往具有一种非常通达的包容精神，美学思想和艺术实践都呈现出开放的、较为灵活自由的特点。另外，王通的“三教可一”思想以其极大的包容精神和开放的理论特色，对中国文化及其士大夫的心态等都产生了深刻的影响。陈国栋先生通过对《唐崔暟墓志》等史料的考释，认为儒、释、道兼习乃是隋唐时代士人及其家族的普遍趋向。[①] 故此，我们中华美学兼容并包的融合智慧，可以说在王通时代，就已经走向成熟了。

（二）王绩

王绩（590—644年），字无功，自号为“东皋子”。王绩的思想较为复杂，曾三仕三隐。王绩本有诗赋、杂文二十余卷，他的挚友太常丞吕才为其编辑文集时，只访得五卷。至中唐，陆淳自视为王绩的“异代之知音”，且“祛彼有为之词，全其悬解之志”[②]，将其删节成三卷本的《东皋子集》。包括：赋一卷1篇，书信等一卷13篇，诗歌一卷55首。[③] 故现存王绩文集有五卷本和三卷本两个版本。另外王绩还著有《隋书》若干卷、《会心高士传》五卷、《酒经》《酒谱》各一卷，皆已亡佚。

王绩一生美学思想大致可分为三个时期。

1. 青少年时代美学思想萌芽期

王绩弱冠之年曾西游长安，吕才《王无功文集序》云：“年十五，游于长安，谒越公杨素。于时，宾客满席。素览刺引入，待之甚倨。君曰：‘绩闻周公接贤，吐餐握发，明公若欲保崇荣贵，不宜倨见天下之士。’时宋公贺若弼在座，弼早与君长兄侍御史度相善。至是，起曰：‘王郎是王度御史弟也，止看今日精神，足见贤兄有弟。’因提手引

① 参见陈国栋《唐崔暟墓志跋》，载于《魏晋南北朝隋唐史资料》第十八辑。

② 王绩著，韩理洲校点《王无功文集》（五卷本会校），上海古籍出版社1987年版，第222页。

③ 笔者以为，陆淳因删节王绩的文集而成为王绩的异代知音。具体请参阅笔者的《异代知音的有意误读——陆淳删节〈东皋子集略〉解析》，《晋阳学刊》，2006年第三期。

坐，顾谓越公曰：‘此兄方孔融，杨公亦不减李司隶。’素改容礼之。因与谈文章，遂及时务。君瞻对闲雅，辩论精新，一座愕然，目为‘神仙童子’……河东薛道衡曾见其《登龙门忆禹赋》，曰：‘今之庾信也。’”[①]从此段记载可知，少年王绩有魏晋名士般的辩才，以及庾信一般的文采。《登龙门忆禹赋》早已亡佚，王绩少年时期以之干谒并获得名流的赏识，且获得“今之庾信”的美誉，可知此赋艺术水平之高。尽管庾信创作有前后期之分，一般认为其入北之前的风格更为清新绮艳，而入北后作品的风格较为悲凉苍劲。王绩的《登龙门忆禹赋》，我们已经无从得知其更像庾信前后期的哪种风格。但从其题目可知，此赋应是内容凝重之作，赋题既然显示为忆“禹”，当是对儒家治世精神的赞誉阐释或发挥等。如前所述，王通祖父，亦即王绩祖父曾为禹庙撰写过碑文，被王通认为其文风“典以达”。故而，王绩此赋，应会传承家族美学以儒学为宗的精神风格。薛道衡将其誉为“今之庾信”，当是王绩在创作中借鉴了庾信高超的对仗、用典，以及诗赋交融等创作特点，在艺术上达到了较高的境界。

王绩弱冠之年就以禹为题，传承儒家美学思想，当是与其少年时代受家学，即儒家思想影响有关。在《晚年叙志示翟处士正师》中，王绩自谓：“弱龄慕奇调，无事不兼修。望气登重阁，占星上小楼。明经思待诏，学剑觅封侯。”[②]可知王绩早年有着强烈的儒家入世思想，且目标明确，就是“思待诏”“觅封侯”。

然王绩少年时期，曾自言“无事不兼修”，除熟读儒家经典外，还洞晓“望气”“占星”等阴阳数术之道，且曾受一些历史人物影响，并刻意模仿他们的行迹，如在其《薛记室收过庄见寻率题古意以赠》中有云：“忆我少年时，携手游东渠。梅李夹两岸，花枝何扶疏。同志亦不

① 王绩著，韩理洲校点《王无功文集》（五卷本会校），上海古籍出版社1987年版，序第1—2页。
② 王绩著，韩理洲校点《王无功文集》（五卷本会校），上海古籍出版社1987年版，第110页。

多，西庄有姚徐。尝爱陶渊明，酌醴焚枯鱼。尝学公孙弘，策杖牧群猪。”[①] 此诗中提到的两位历史人物，陶渊明与公孙弘，大约就是王绩少年时代学习的榜样，并深受其影响。但这二人的行事和作为却是有着极大的区别。陶渊明善饮，且最后走上了归隐之路；而公孙弘却是大器晚成的典范，据《汉书·公孙弘传》载，公孙弘尽管四十多岁才开始学习《春秋杂说》，却以六十岁高龄征为贤良博士，最后还当上了丞相。王绩将此二人并列，且学习之，使其成年后的美学思想大有内外不一之感，毕竟陶渊明本质上是一位对自由和自然追求的隐者，而公孙弘则是儒法兼修的三公宰相。一处江湖之远，一居庙堂之高。王绩少年时代学习此二人，或可解释其三仕三隐，最后在家境富足的隐居生活中，却内心失意的心理根源。

因为王绩少年时代曾“尝爱陶渊明”这位魏晋风度的代表，所以其美学思想在受传统儒家及家学影响外，掺杂着带有个性色彩的复杂因素。河汾王氏以儒学传家，王绩之兄王通对陶渊明的评价就是站在纯粹儒家的立场之上的，《中说·立命篇》载：“或问陶元亮，子曰：‘放人也。《归去来》有避地之心焉，《五柳先生传》则几于闭关矣。’”[②] 可知，王绩与其兄长对陶渊明的看法是有差异的。

2. 青壮年时代美学思想发展期

从王绩现存作品看，其青壮年时期美学思想表现出明显的二元性，当是因少年时期所受影响的复杂性有关。其一部分作品受儒家思想影响，呈“有为”之志，如《在边三首》：

客行秋未归，萧索意多违。雁门霜雪苦，龙城冠盖稀。

穹庐还作室，短褐更为衣。自怜书信断，空瞻鸿雁飞。

① 王绩著，韩理洲校点《王无功文集》（五卷本会校），上海古籍出版社1987年版，第55页。

② 王通著，张沛校注《中说校注》，中华书局2013年版，第241页。

羁旅滞胡中，思归道路穷。犹擎苏武节，尚抱李陵弓。
漠北平无树，关南迥有风。长安知远近，徒想灞池东。

昔岁衔王命，今秋独未旋。节毛风落尽，衣袖雪沾鲜。
瀚海平连地，狼山峻入天。何当携侍子，相逐拜甘泉。①

王绩曾于隋炀帝大业十年（614年），应孝悌廉洁举，射策高第，被授予秘书省正字之职，因王绩不喜束缚，又转任扬州六合县丞。② 当时已是天下将乱，他不久即弃官归隐，并到南方游历。在英雄逐鹿中原的隋唐之际，王绩似欲有所作为，上引《在边三首》，就透露出他曾“衔王命”，出使北方边地少数民族，参加过一些政治军事活动，但最后以失败而告终。这三首诗是陆淳三卷本《东皋子集》中所没有的，这种“有为之词”，自是无法打造陆淳心中王绩方外高人、乐天君子的形象，故而定会被其删掉。但这毕竟是王绩青壮年时期曾经的生活，是其儒家美学思想的影射。

然而，此一时期王绩的美学思想并非全是儒家的。如其诗歌《在京思故园见乡人遂以为问》：

旅泊多年岁，忘去不知回。忽逢门外客，道发故乡来。
敛眉俱握手，破涕共衔杯。殷勤访朋旧，屈曲问童孩。
衰宗多弟侄，若个赏池台？旧园今在否？新树也应栽？
柳行疏密布？茅斋宽窄裁？经移何处竹？别种几株梅？
渠当无绝水？石计总生苔？院果谁先熟？林花那后开？

① 王绩著，韩理洲校点《王无功文集》（五卷本会校），上海古籍出版社1987年版，第78—79页。
② 据吕才《王无功文集序》：“除秘书正字……端簪理笏，非其所好也，以疾罢，乞署外职，除扬州六合县丞。”

羁心祇欲问，为报不须猜。行当驱下泽，去剪故园莱。[1]

读此诗让人联想到陶渊明之《归去来兮辞》，一连串的发问让人无暇回答，显示了作者对故园的无限思念与牵挂，最后一句，更流露了其将归隐乡里的意图。此诗与上述“有为之词”相比，思想自是不同。此诗大约写于其第二次出仕待诏门下，也或者第三次出仕任太乐丞时期。入唐后，约于武德五年（622年），王绩得以第二次出仕，以前扬州六合县丞待诏门下省。王绩此次出仕大约于贞观初罢归，共历七八年之久，然待诏只是闲职，王绩主要以饮酒为乐，并获得“斗酒学士”之雅称。贞观中，王绩又以家贫赴选，第三次出仕。因太乐有府史焦革善酿酒，便求为太乐丞，然焦革夫妇先后去世，无人再送美酒，王绩便又挂冠归隐，此次出仕仅历时两年左右，随后便一直归隐家乡，未再出仕。除了上引诗歌外，据吕才《王无功文集序》，在这两次出仕时期，他还写过《醉乡记》《五斗先生传》这些模仿陶渊明，以饮酒为中心，对仕途无益之作，以及显示自己高情胜气的琴曲作品《山水操》。可知，此一时期王绩的美学思想受陶渊明影响也是很深刻的。

由王绩出仕期间这些作品可知，王绩青壮年时期的美学思想，发展了其少年时代所受家学及倾慕对象公孙弘和陶渊明的影响，故而其美学思想并不统一。

3. 晚年时代美学思想成熟期

王绩第三次辞官直到去世，一直在家乡过着较为平静自足的隐居生活，结庐河渚，纵意琴酒，与烟霞山水为伴。

此一时期，王绩提出了自己的美学命题。在《答处士冯子华书》中，王绩认为：“题歌赋诗，以会意为功。不必与夫悠悠闲人相唱和

① 王绩著，韩理洲校点《王无功文集》（五卷本会校），上海古籍出版社1987年版，第127—128页。

也。”[1] “会意”二字，既自由洒脱，又内涵深厚，超越了初唐宫廷诗以奉和应制为主的生成方式与审美趣味，汇通儒道玄佛思想，显示了其美学思想的成熟。

王绩提出“会意”的美学思想，应与其受家族文化的包容精神影响有关。如前所述，王氏家族的美学思想以儒学为宗并具有极大的包容性，王绩祖父安康献公的著述启发王通提出了“三教可一”的哲学命题，这就使其家族成员的思想不会只受儒学一派影响。例如王绩所倾慕的公孙弘就是儒法兼修的，陶渊明的思想就更为复杂。王绩在诗歌中称自己“无事不兼修”，此前的思想文化，比如儒、释、道及阴阳数术等都在王绩思想上留有印记，且他也如王通一般，对三教采取的也是极其通融的态度，如其《答程道士书》云：

> 昔孔子曰“无可无不可”，而欲居九夷；老子曰“同谓之玄”，而乘关西出；释迦曰“色即是空”，而建立诸法：此皆圣人通方之玄致，宏济之秘藏。实冀冲鉴君子相期于事外，岂可以言行诘之哉？故仲尼曰“善人之道不践迹”，老子曰“夫无为者，无不为也”，释迦曰“三灾弥纶，行业湛然”。夫一气常凝，事吹成万；万殊虽异，道通为一。[2]

其“万殊虽异，道通为一”的体会，正是站在哲学思辨的角度，对王通“三教可一”思想的发挥，且将其融入自己的美学思想并体现在美学实践中。

然而，王绩尽管提出了“会意”的美学思想，并参透了纷纭世事“万殊虽异，道通为一”的本质，看似很是通透潇洒，而且他晚年的生

---

① 王绩著，韩理洲校点《王无功文集》（五卷本会校），上海古籍出版社1987年版，第148页。
② 王绩著，韩理洲校点《王无功文集》（五卷本会校），上海古籍出版社1987年版，第158页。

活也甚是富足安逸，其《游北山赋序》云己“酒瓮多于步兵，黍田广于彭泽”。[①] 应该说比自己少年时代所慕之陶渊明自在多了，但在其内心深处，却常常暗流汹涌，显示出深深的失意感和幻灭感。其《自作墓志文》中有曰：“天子不知，公卿不识，四十、五十而无闻焉。”[②] 看来，对于自己这种默默无闻的隐居状态，王绩并不满意。《自作墓志文》中还有：“以生为附赘悬疣，以死为决疣溃痈。”[③] 此语出自《庄子·大宗师》，可知，王绩不仅不满意自己的生存状态，甚至还以为活着是多余的，生命是一种负担累赘，死亡才是解脱之道。故而悠闲自足的隐居生活终难掩盖其一生壮志未酬、理想幻灭的困顿之感。其内心深处，总有挥之不去的悲哀。如此说来，影响王绩最重要的思想，还是儒家的出仕精神，毕竟他是生于河汾王氏这一儒学传家的世家大族。

（三）王勃

王勃（650—676年），字子安，为王通之孙，王绩之侄孙，初唐著名作家，位列“初唐四杰”之首。《旧唐书·王勃传》云：“勃文章迈捷，下笔则成，尤好著书。”[④] 其著作见于文献记载的有：《汉书指瑕》十卷、《周易发挥》五卷、《次论语》十卷、《大唐千岁历》若干卷、《黄帝八十一难经注》若干卷、《医语纂要》一卷、《医语序》一卷、《舟中纂序》五卷、《合论》十篇、《百里昌言》十八篇、续补文中子《书》若干篇等。惜上述著作已经亡佚。另外，两《唐书》皆载王勃有文集三十卷，但现在存世的《王子安集》，则只有二十卷。

王勃短暂的一生，其美学思想的发展，大致可分为五个时期。

---

① 王绩著，韩理洲校点《王无功文集》（五卷本会校），上海古籍出版社1987年版，第1页。
② 王绩著，韩理洲校点《王无功文集》（五卷本会校），上海古籍出版社1987年版，第184页。
③ 王绩著，韩理洲校点《王无功文集》（五卷本会校），上海古籍出版社1987年版，第185页。
④ 刘昫等撰《旧唐书》，中华书局1975年版，第5006页。

1. 进士及第前受家族美学影响期（十七岁之前）

王勃少年时期，其美学思想深受家学影响，集中表现在其发动的诗文革新运动中。杨炯在《王子安集原序》中载："尝以龙朔初载，文场变体，争构纤微，竞为雕刻。……骨气都尽，刚健不闻。思革其弊，用光志业。"[①] 龙朔初载为661年，而所谓龙朔初载的文场变体，一般认为是上官仪、许敬宗等宫廷文坛领袖诗歌创作的模式，亦即当时的诗坛主流风向，在创作上极为注重词藻、对偶等形式美技巧，因过于注重辞彩等形式方面的因素而缺乏刚健精神和风骨。而王勃此时只是一个十几岁的少年，他对这种宫廷诗歌美学风貌深为不满，并且发起推动了初唐第一次诗文革新运动。根据杨炯的《王子安集原序》："薛令公朝右文宗，讬末契而推一变；卢照邻人间才杰，览清规而辍九攻。知音与之矣，知己从之矣。"[②]可知，他还团结领导了一批志同道合之士，对这种绮靡文风进行革新，且取得了一定的成效。杨炯云："以兹伟鉴，取其雄伯。壮而不虚，刚而能润。雕而不碎，按而弥坚"，[③] 达到了昂扬刚健、宏博巨丽的艺术境界。

王勃十几岁就能够发动如此规模的诗文革新运动，应是自幼勤奋好学，且深受祖父王通影响的结果。王勃继承了家族的遗传基因，早慧且好学，史载其六岁解属文，杨炯《王子安集原序》称其九岁读颜师古《汉书注》后，撰《汉书指瑕》十卷指摘其失误；十岁包综六经，成乎期月。少年时代的王勃还曾求学于一代名医曹真道，习得《周易章句》《黄帝素问》及《黄帝八十一难经》等知识，并为《难经》做注，以期救苍生而存斯文。总之，此一时期的王勃受家学的熏陶并广泛地接受了儒学、史学、医学，甚至天文、历法等方面的高深学识，为其美学思想的萌发奠定了深厚的基础。其祖王通对于文艺作品提出了"贯道济义"

---

①② 王勃著，蒋清翊注，汪贤度校点《王子安集注》，上海古籍出版社1995年版，第69页。
③ 王勃著，蒋清翊注，汪贤度校点《王子安集注》，上海古籍出版社1995年版，第70页。

的要求，《中说·天地篇》载："子曰：'学者，博诵云乎哉？必也贯乎道。文者，苟作云乎哉？必也济乎义。'"① 《中说·事君篇》载王通语云："古君子志于道，据于德，依于仁，而后艺可游也。"② 把"道"视为"艺"之本。《中说·天地篇》载，李百药见到王通后，论诗只关注声律辞藻等语言技巧，而对诗歌的内容却无丝毫见解，从其言论中无从察道，故而王通对其诗论未作回应，以示对只关注外在技巧这些"末流"而不能贯道论调的不满。故而受家学影响的王勃，对于龙朔初载过于追求形式技巧的文场变体，自是十分不满，并对其发动了初唐第一次诗文革新运动。

2. 积极于仕进的宫廷美学期（十七到二十岁）

王勃十七岁时得刘祥道推荐，应麟德三年（666年）制科，对策高第，授职朝散郎③，并被沛王李贤征为侍读。当时宫廷中流行斗鸡的游戏，年轻的诸王喜欢斗鸡。大约在总章二年（669年）初④，王勃为给沛王李贤斗鸡助威，写了一篇游戏之作《檄英王鸡》。可能是因为当时"玄武门事变"的阴影尚存帝王心中，故唐高宗对诸王之间的关系甚为敏感，听闻王勃做《檄英王鸡》后，怕王勃以此挑拨诸王关系，便将王勃逐出沛王府。⑤ 这对于年轻气盛，才华满腹，又有着儒家强烈出仕思想的王勃，无疑是沉重的打击。

这次出仕，尽管时间较短，大约只有两三年的时间，却是王勃一生中近距离观察和体验宫廷文艺好尚的一次重要机会。此一时期的王勃，

① 王通著，张沛校注《中说校注》，中华书局2013年版，第45页。

② 王通著，张沛校注《中说校注》，中华书局2013年版，第78页。

③ 王勃曾上书刘祥道，随后及第。《新唐书》本传记载："麟德初，刘祥道巡行关内。勃上书自陈。祥道表于朝，对策高第。年未及冠，授朝散郎。"

④ 王勃戏为《檄英王鸡》并被唐高宗斥出沛王府，刘汝霖的《王子安年谱》认为在总章元年（668年），阎崇璩《王勃年谱》则认为，当在总章元年之末或次年之初。

⑤ 张志烈的《王勃杂考》（载《四川大学学报》哲学社会科学版，1983年第2期）较详细地考证了檄鸡文事件的背景，可供参考。

作品带有宫廷文化的气息，为帝王歌功颂德是其要务。当时，正值大唐王朝蒸蒸日上的初唐时期，他的赞颂之文，譬如《九成宫颂》《平台秘略赞》等，均流露出以雅颂为正声的美学风范，应是对其生活的圣明时代的真诚赞美。故而，此时王勃的美学思想及文艺作品，既是其自幼所受儒家思想影响的结果，也是其宫廷生活的产物。值得重视的是，其《平台秘略赞十首·艺文》提出："气陵云汉，字挟风霜。"[①]《平台秘略》为王勃奉沛王之教而撰写，他把此前诗文革新运动中提倡和实践的刚健精神带入了宫廷，并受到沛王等人的肯定和赞扬。其短暂的宫廷生活，也为宫廷文风注入了矫健的美学气息。

可以说，短暂的宫廷生活，对于王勃文艺思想的丰富及其以后的发展，都是不可或缺的。正是有了这段经历，让他对时代的文艺脉搏有了较为全面的把握。

3. 美学思想的转折丰富期（二十到约二十三岁）

走出宫廷的王勃，因有了一段蜀地漫游的经历，其美学视野大为开阔，不再限于宫廷苑囿，开始了其美学思想的转折丰富期。如其叔祖王绩，王勃初仕离职后，也选择了去远方游历。总章二年（669年）五月，王勃自长安登程去蜀地漫游。直到咸亨二年（671年）底结束，历时两年有余。他从狭小的宫廷圈子走向了广袤的江山，经历了羁旅之怅惘，见识了岷峨之绝径。得江山之助的王勃暂时忘却了被逐出沛王府的失意，他一路浩歌，创作了《入蜀纪行诗三十首》，记录了沿途的风光和心境。在山明水秀、文化底蕴深厚的蜀地，他又创作了大量优秀的诗文。这些作品，较之此前的宫廷文章，增加了很多的真情实感和自然之气。在此基础上，他提出了"感而成兴"的美学命题，《涧底寒松赋序》云："岁八月壬子，旅游于蜀，寻茅溪之涧。深溪绝磴，人迹罕到。爰

① 王勃著，蒋清翊注，汪贤度校点《王子安集注》，上海古籍出版社1995年版，第428页。

有松焉，冒霜停雪，苍然百丈，虽崇柯峻颖，不能逾其岸。呜呼斯松，讬非其所，出群之器，何以别乎。盖物有殊类而合情，士有因感而成兴……”① “感而成兴”，与宫廷文学的奉命之作、奉和应制、同题共做等生成方式相比，因创作主体是受到外物的感发，从而产生创作的冲动，所以作品就会充满真情实感。此一时期，王勃的美学思想受自然之感召，得江山之助，内涵更为丰富。

4. 全面继承家学期（约二十三到约二十四岁）

王勃从蜀地返回长安后，曾任虢州参军。在此时期，王勃受父命，续补了祖父王通的《续书》，并为之作序。从中可知，王氏家族自贞观中，就开始编辑王通遗作，而王勃对于祖父的著述及精神等，皆有精准的把握，其《续书序》曰：“我先君文中子，实秉睿懿，生于隋末，睹后作之违方，忧异端之害正。乃喟然曰：‘宣尼既没，文不在兹乎？’遂约大义，删旧章，《续诗》为三百六十篇，考伪乱而修《元经》，正《礼》《乐》以旌后王之失，述《易赞》以申先师之旨。经始汉魏，迄于有晋，择其典物宜于教者，《续书》为百二十篇，而广大悉备。嗟乎！贤圣之述，岂多为哉？亦足垂训作则，冒天下之道，如斯而已矣。”② 在此，王勃把祖父删述的原因、《续六经》的要义精神等，都作了概述，可知其对家学有深刻的理解。而为祖父续补《续书》的过程，也是他全面修习家学，继承家族文化传统的过程。《续书序》有云：“勃兄弟五六冠者，童子六七，祇祇怡怡，讲问伏渐之日久矣。躬奉成训，家传异闻，犹恐不得门而入，才之不逮至远也。是用励精激愤，宵吟昼咏，庶几乎学而知之者。其修身慎行，恐辱先也；岂声禄是殉，前人之不继是惧。”③ 而他们家学传承的文化精髓，就是蕴含伦理

① 王勃著，蒋清翊注，汪贤度校点《王子安集注》，上海古籍出版社1995年版，第37页。
② 王勃著，蒋清翊注，汪贤度校点《王子安集注》，上海古籍出版社1995年版，第277页。
③ 王勃著，蒋清翊注，汪贤度校点《王子安集注》，上海古籍出版社1995年版，第278—279页。

精神、经纬邦国的儒家之“道”：“苟非可以燮理情性，平章邦国，敷彝伦而叙要道，察时变而经王猷，树皇极之纲维，资生灵之视听，皆可略也。”[①] 王勃作《续书序》时，大唐已经开国五十七年，王氏之家族文化和美学，历经了隋末唐初的积淀，此时正被家族子弟全面继承和发扬。

5. 美学大成期（约二十四岁到去世）

王勃生命的最后历程，可谓其一生美学的集大成时期，代表作《秋日登洪府滕王阁饯别序》（以下简称《滕王阁序》）深刻显示了其美学精神。王勃在虢州参军任上，有一官奴曹达犯罪，王勃将其藏匿后又将之杀害，触犯刑律判了死罪，幸遇上元元年（674年）八月大赦天下，死罪被免除，但他的父亲受其牵连，远宰边邑，被贬为交趾县令。上元二年（675年），王勃远赴交趾看望父亲，此文就写于省父途中。需要指出的是，《滕王阁序》的写作时间，《唐摭言》等认为是十四岁，但两《唐书》皆记载其写作时间是上元二年，即王勃二十六岁之时。笔者以为，《滕王阁序》应是作者历经磨难之后的作品，不像未经世事的十四岁少年之作，故而笔者认同两《唐书》的观点。《滕王阁序》之所以脍炙人口，是因为这是一篇感兴之作，完全符合其提出的“感而成兴”的美学思想。这是王勃于宴席上随感而发，一气呵成的，没有雕琢的痕迹，酣畅淋漓，且在起承转合间流露出刚健之气。读之，既令人感叹，又令人振奋。《新唐书·骆宾王传》云：“崔融与张说评勃等曰：‘勃文章宏放，非常人所及，炯、照邻可以企之。’”[②] 崔融与张说所说的“宏放”，或可理解为王勃文章显示出的美学精神，这种精神正体现在以《滕王阁序》为代表的王勃作品中。

上元三年（676年），王勃于省父归途中，在南海溺水，惊悸而亡，

---

① 王勃著，蒋清翊注，汪贤度校点《王子安集注》，上海古籍出版社1995年版，第275页。

② 欧阳修、宋祁撰《新唐书》，中华书局1975年版，第5742页。

年仅二十七岁，实在令人扼腕叹息！

综观王氏家族主要成员的美学思想分期，就会发现，其家族的美学思想，既以儒学为宗，也融合了一些其他因素；既深受家学影响，又跳跃着时代脉搏，内涵深厚而意蕴丰富。

【第三章】

王氏家族美学生成的历史背景

隋末唐初的美学可以说是上承周陈而下启盛唐，虽然存在一些不足、偏激甚至流弊，却是到达盛唐美学高峰的必经之途。

一、两种美学风尚

隋朝统一之前的魏晋南北朝时期，以建康为中心的东晋南朝和以长安为中心的北朝，受地理环境、文化传统以及民族心理等诸多因素的影响，其美学风尚也大不相同。

东晋南朝，因为儒学的式微，玄学、佛教的大发展以及对于个体精神的体认与张扬等原因，使得人们对于文学价值的认识由政治伦理向审美抒情发展。文学在很多作家那里，已成为抒发个体性情甚至审美愉悦的重要手段。晋陆机《文赋》有云："诗缘情而绮靡。"① 降及南朝，宫廷成为文学的中心。为了满足他们自身浮靡、享乐生活的需要，梁陈宫廷甚至还兴起了香艳绮靡的"宫体诗"，即以咏女色和艳情为主的诗歌。梁简文帝萧纲就曾大力写作过"宫体诗"。《梁书·简文帝纪》载其曾自言："余七岁有诗癖，长而不倦。"② 其诗"然伤于轻艳，当时号曰'宫体'"。③其流传下来的宫体诗有《咏内人昼眠》《美人晨妆》《娈童》《咏舞》等。如其《咏内人昼眠》：

北窗聊就枕。南檐日未斜。攀钩落绮障。插捩举琵琶。
梦笑开娇靥。眠鬟压落花。簟文生玉腕。香汗浸红纱。

① 陆机著，杨明校笺《陆机集校笺》，上海古籍出版社2016年版，第17页。
②③ 姚思廉撰《梁书》，中华书局1973年版，第109页。

夫婿恒相伴，莫误是倡家。①

内人乃是发妻，而此诗格调轻靡，故而尽管其诗技精巧，历来也备受批判。当时的宫廷文人徐、庾父子，即徐摛、徐陵、庾肩吾、庾信等也写作了大量的宫体诗。梁简文帝萧纲在《诫当阳公大心书》中甚至提出："立身之道，与文章异。立身先须谨重，文章且须放荡。"② 为其宫体诗的创作张目。其后的陈朝，对于诗歌、音乐等更是尽力追求其感性、绮艳的特征。例如后主陈叔宝，《隋书·音乐志》载其："及后主嗣位，耽荒于酒，视朝之外，多在宴筵。尤重声乐，遣宫女习北方箫鼓，谓之《代北》，酒酣则奏之。又于清乐中造《黄鹂留》及《玉树后庭花》、《金钗两臂垂》等曲，与幸臣等制其歌词，绮艳相高，极于轻薄。男女唱和，其音甚哀。"③

对于南朝的这种美学风尚，魏徵在《隋书·文学传序》中以为："梁自大同之后，雅道沦缺，渐乖典则，争驰新巧。……其意浅而繁，其文匿而彩，词尚轻险，情多哀思。"④ 意即梁陈时代的诗歌，重形式技巧，词藻华丽，诗意浅俗而情感缠绵。

北朝的情形正与之相反。自公元4世纪以来，北方少数民族匈奴、鲜卑、羯、氐、羌等相继进入中原，互相征战，最终鲜卑拓拔氏以武力统一了北方，建立了北魏。其后主要以北方少数民族统一北方的140多年（439—581年）中，历经北魏、东魏、西魏、北齐、北周等政权更迭，通称为北朝。北朝统治者多起于塞北大漠，其文化传统与中原地区迥异，文明程度也大大落后于中原地区。北朝所统治的位于黄河流域的下层民众，多为生活于北方的汉族。为了争取民心，北魏、北周等少数

① 逯钦立辑校《先秦汉魏晋南北朝诗》，中华书局1983年版，第1941页。
② 严可均辑《全上古三代秦汉三国六朝文》，中华书局1958年版，第3010页。
③ 魏徵等撰《隋书》，中华书局1973年版，第309页。
④ 魏徵等撰《隋书》，中华书局1973年版，第1730页。

民族统治者进行了一系列自上而下的汉化政策，自北魏孝文帝拓跋宏开始，他们举汉裔、服汉服、讲汉话、姓汉姓，进行了一系列漫长而自觉的汉化过程。尽管如此，因永嘉南渡，使得整个文化重心南移，故而北朝也以仰慕南方的文化为始终。南渡时留在北方的士人，因失去了强大的文化根基，在美学及文学等文化领域，已无法形成自己的气候。

北朝在一百多年的时间里，在逐渐汉化的过程中，也形成了自己的政治、文化特色及美学风尚。在南朝偏安一隅、纵情享乐之际，北方少数民族建立的政权，尤其是西魏、北周，以西魏宇文泰为首的关陇集团，以长安为中心，通过实行府兵制，建立起了强大的军事集团。西魏、北周还奉《周礼》为自己的文化旗帜，在政治上也试图超越以正统自居的南朝。与绮靡华艳的南朝相比，无论在文化上还是在美学风尚上，北朝都显得质朴而粗犷。如据《北史·苏绰传》记载，宇文泰曾命苏绰制《大诰》："自有晋之季，文章竞为浮华，遂以成俗。周文欲革其弊，因魏帝祭庙，群臣毕至，乃命绰为《大诰》。"[①] 其目的就是崇尚古奥质朴而勿求浮华。其文艺创作也尽显与南朝迥然相异的朴野之美。如我们所熟知的北朝诗歌《敕勒歌》："敕勒川，阴山下。天似穹庐，笼盖四野。天苍苍，野茫茫，风吹草低见牛羊。"[②]《企喻歌辞》："男儿欲作健，结伴不须多。鹞子经天飞，群雀两向波。"[③] 以及《木兰诗》等这些北朝诗歌，不管是景物的描摹，还是人物的刻画，其率真、粗狂、刚健的美学风范，尽显与南朝不同的美学追求。

对于上述南北两种美学风尚的差异，魏徵在《隋书·文学传序》中总结为："江左宫商发越，贵于清绮，河朔词义贞刚，重乎气质。"[④]

---

① 李延寿撰《北史》，中华书局1974年版，第2239页。

② 赵建军、孙红梅、赵彩娟校注《北朝诗校注》，南开大学出版社2014年版，第123页。

③ 郭茂倩编《乐府诗集》，中华书局1979年版，第362页。

④ 魏徵等撰《隋书》，中华书局1973年版，第1730页。

二、北人学南

尽管北朝也出现了诸如上述诗歌等文学作品，亦显示了自己独特的美学风貌，但从总体上看，其文学创作在抒发细腻情感和描摹精致，细节方面，都远落后于南方。故而无论是北朝，还是建立在北朝基础上的隋及初唐，其崇尚南方文化、学习南方美学风尚都可以说是一脉相承的。

北人学习南方文化、文学，主要是从效仿一些由南入北的文人开始。一些由于动乱，如侯景之乱流入北方的文人，和出使北方被扣留的南朝文人，都成为北人学习的良好榜样，如庾信、王褒就是其中的代表。庾信（513—581年）本为梁朝宫体诗的代表作家，后出使西魏而滞留。《周书·王褒庾信传论》言庾信入北后，“朝廷之人，闾阎之士，莫不忘味于遗韵，眩精于末光。犹丘陵之仰嵩、岱，川流之宗溟渤也。”① 可见北人学南的热情。王褒（513—576年）亦有与庾信相似的经历。他本仕梁，颇具文名，《周书·王褒传》云其：“美风仪，善谈笑，博览史传，尤工属文。”② 江陵失陷后至长安，深为北朝倚重。于是，庾信、王褒的到来，使关中地区盛行起以庾信、王褒为代表的“江左文风”，上层贵族子弟无不刻意效仿，掀起了北人学南的风尚。即使到了隋初，风气依旧如此，甚至连隋文帝杨广也不例外。据《隋书·柳䛒传》载，杨广为晋王时，喜撰“庾信体”，见到柳䛒后，文风才有所改变。

589年，隋灭陈，结束了长期的分裂局面。隋朝统一南北后，据《隋书·文学传序》载：“江、汉英灵，燕、赵奇俊，并该天网之中，俱为大国之宝。”② 于是乎，“江左余风”成为一股时代的美学潮流，淹没

① 令狐德棻等撰《周书》，中华书局1971年版，第744页。
② 令狐德棻等撰《周书》，中华书局1971年版，第729页。
③ 魏徵等撰《隋书》，中华书局1973年版，第1730页。

了北方文坛。《隋书·文学传序》云："周氏吞并梁、荆，此风扇于关右，狂简斐然成俗，流宕忘反，无所取裁。"[①] 虽然杨坚乃北朝军事贵族之后，不喜浮华，素无学术，而其子杨广却深受南朝文化的熏染。开皇二年（582年），杨广娶后梁明帝萧岿之女萧氏，《隋书·后妃传》载其："性婉顺，有智识，好学解属文，颇知占候。高祖大善之，帝甚宠敬焉。……帝每游幸，后未尝不随从。"[②] 后炀帝失德，萧氏作《述志赋》以自寄，可见其文学素养之高。杨广长期与萧氏同处，受其影响对南方文化更加迷恋。开皇十年（590年）杨广为扬州总管，镇江都，直至开皇二十年（600年）立为太子，在江都约十年之久，浸润于江南文化之中，并于大业元年（605年）登基后，随即游幸江都。故而可以认为，隋代以炀帝为首，对南方文化的喜爱与学习是自上而下并一以贯之的。

降及初唐，所谓的"江左余风"依旧弥漫于当时的文坛，就连一代英主唐太宗李世民也不例外。据《新唐书·虞世南传》载："帝尝作宫体诗，使赓和。世南曰：'圣作诚工，然体非雅正。上之所好，下必有甚者，臣恐此诗一传，天下风靡。不敢奉诏。'帝曰：'朕试卿耳！'赐帛五十匹。"[③] 初唐近百年，形成了太宗贞观时期、高宗武后的龙朔时期、武周时期以及中宗、睿宗的景龙、景云时期等几个以宫廷诗坛为中心的时期，故而被称为"宫廷诗"的时代。有学者指出："由于唐太宗在文化心态上持一种较为通达开明的态度，对南朝文化艺术绝少敌对之意，遂使'流霞成彩'的齐梁遗风传荡于宫廷上下，南风炽盛成为一时的普遍风尚。而到了高宗、武后时期，由于'政教渐衰，薄于儒术，尤重文吏。于是醇醲日去，华竞日彰，犹火销膏而莫之觉也'（《旧唐书·儒学传序》），便进一步催生出以上官仪、许敬宗等人为代表的纤微

① 魏徵等撰《隋书》，中华书局1973年版，第1730页。
② 魏徵等撰《隋书》，中华书局1973年版，第1111页。
③ 欧阳修、宋祁撰《新唐书》，中华书局1975年版，第3972页。

雕刻、追逐声律以及绮错婉媚的点缀升平之作。”[①]

初唐宫廷诗虽然逐步摆脱了梁陈以咏女与咏物为主题，格调浮靡华艳的宫体诗，但在词藻的华丽，技巧的精致等艺术追求上，依旧与之一脉相承。故而，北人学南的风尚，可以说是隋及初唐的一大美学特点。

三、政治家的美学清算

作为新的大一统政权而建立起来的隋朝，总结前代兴亡之由，首先对于被称为“亡国之音”的南朝文艺进行了清算。据《隋书·文学传序》载：“高祖初统万机，每念斫雕为朴，发号施令，咸去浮华。然时俗词藻，犹多淫丽，故宪台执法，屡飞霜简。”[②]可见积习之重，虽然动用了法律这样的暴力手段，依旧难以奏效。文帝杨坚看重的是文章的社会功用，故而对于南朝浮靡的美学风尚持否定态度。受其影响，朝臣李谔等对于六朝文风及美学进行了彻底的清算。其在《上隋高祖革文华书》中以为，在古代“五教六行为训民之本，《诗》、《书》、《礼》、《易》为道义之门。故能家复孝慈，人知礼让，正俗调风，莫大于此。其有上书献赋，制诔镌铭，皆以褒德序贤，明勋证理。苟非惩劝，义不徒然。”[③]然而：

> 降及后代，风教渐落。魏之三祖，更尚文词，忽君人之大道，好雕虫之小艺。下之从上，有同影响，竞骋文华，遂成风俗。江左齐、梁，其弊弥甚，贵贱贤愚，唯务吟咏。遂复遗理存异，寻虚逐微，竞一韵之奇，争一字之巧。连篇累牍，不出月露之形，积案盈

① 张云鹏《复古思潮的历史新变——试论初、盛唐之际美学思想的转型》，《河南师范大学学报》（哲学社会科学版），2001年第3期第71页。

② 魏徵等撰《隋书》，中华书局1973年版，第1730页。

③ 魏徵等撰《隋书》，中华书局1973年版，第1544页。

箱，唯是风云之状。世俗以此相高，朝廷据兹擢士。禄利之路既开，爱尚之情愈笃。于是闾里童昏，贵游总丱，未窥六甲，先制五言。至如羲皇、舜、禹之典，伊、傅、周、孔之说，不复关心，何尝入耳。以傲诞为清虚，以缘情为勋绩，指儒素为古拙，用词赋为君子。故文笔日繁，其政日乱，良由弃大圣之轨模，构无用以为用也。损本逐末，流遍华壤，递相师祖，久而愈扇。①

在此，李谔出于对“风教”，即社会习俗渐趋衰落的深恶痛绝，进而对于他认为影响风教的六朝文学、美学进行了彻底的否定。尤其是对于齐梁文风的浮靡，及其影响的久远与广泛，更是痛心疾首。在他看来，这是一个文艺需要拨乱反正的时代。故而“及大隋受命，圣道聿兴，屏黜轻浮，遏止华伪。……开皇四年，普诏天下，公私文翰，并宜实录。”②然而积习太深，难以根除。“其年九月，泗州刺史司马幼之文表华艳，付所司治罪。”③司马幼之因为“文表华艳”而获罪，一方面说明隋初“屏黜轻浮，遏止华伪”，对齐梁文风进行彻底根治的决心，同时也可看出政府律令对于清算一种积习深远的美学风尚的无奈。事实上，这些律令以及对于司马幼之的惩处，对于大一统的广袤区域，收效甚微：“如闻外州远县，仍踵敝风，选吏举人，未遵典则。至有宗党称孝，乡曲归仁，学必典谟，交不苟合，则摈落私门，不加收齿；其学不稽古，逐俗随时，作轻薄之篇章，结朋党而求誉，则选充吏职，举送天朝。盖由县令、刺史未行风教，犹挟私情，不存公道。”④可见在一些偏远的州县，天高皇帝远，并没有深入贯彻朝廷的律令，而是受世俗的影响，依旧我行我素，按照既往的标准来选拔人才。故而李谔只能自愿充当起监察之职，向隋文帝请示对于不按朝廷革除华伪，而选择文辞浮靡

① 魏徵等撰《隋书》，中华书局1973年版，第1544—1545页。

②③④ 魏徵等撰《隋书》，中华书局1973年版，第1545页。

之士的官员进行严惩：

臣既忝宪司，职当纠察。若闻风即劾，恐挂网者多，请勒诸司，普加搜访，有如此者，具状送台。①

可见隋初统治者对于齐梁美学风尚及其影响下的社会风习深为不满，且对此进行了一系列“暴力纠偏”的举措。然而，如上所述，隋炀帝杨广并不象其父那样对于齐梁美学风尚深恶痛绝，而是非常欣赏甚至沉迷其中。故而隋初文帝及李谔等人的努力，因为炀帝的即位，皆付之东流了。

隋朝短祚，二代而亡。其后初唐的政治家，出于几乎与隋初同样的动因，继续对前朝的浮靡文风及美学风尚进行清算。《贞观政要·文史》记载了唐太宗对于初唐负责修史官员的要求：

贞观初，太宗谓监修国史房玄龄曰：“比见前、后《汉史》载录扬雄《甘泉》、《羽猎》，司马相如《子虚》、《上林》，班固《两都》等赋，此既文体浮华，无益劝诫，何假书之史策？其有上书论事，词理切直，可裨于政理者，朕从与不从皆须备载。”②

在此，唐太宗批判了“文体浮华，无益劝诫”的文风，认为史策应该记载“词理切直，可裨政理”之文。对于诗歌等作品的美学风貌，他也提出了几乎同样的期望。如在其《帝京篇·序》中有：

予追踪百王之末，驰心千载之下，慷慨怀古，想彼哲人。庶以

① 魏徵等撰《隋书》，中华书局1973年版，第1545页

② 吴兢撰，谢保成集校《贞观政要集校》，中华书局2009年版，第387页。

尧舜之风，荡秦汉之弊；用咸英之曲，变烂漫之音。①

初唐魏徵等在其所修的史书《隋书》中，也对南朝浮靡文风进行了批判和清算。《隋书·经籍志》云：

永嘉已后，玄风既扇，辞多平淡，文寡风力。降及江东，不胜其弊。……梁简文之在东宫，亦好篇什，清辞巧制，止乎衽席之间，雕琢蔓藻，思极闺闱之内。后生好事，递相放习。朝野纷纷，号为宫体。流宕不已，讫于丧亡。陈氏因之，未能全变。②

在《隋书·文学传序》中，更是把南朝浮靡文风称为“亡国之音”：

梁自大同之后，雅道沦缺，渐乖典则，争驰新巧。简文、湘东，启其淫放，徐陵、庾信，分路扬镳。其意浅而繁，其文匿而彩，词尚轻险，情多哀思。格以延陵之听，盖亦亡国之音乎！③

可见，无论是隋代还是初唐，政治家们都站在国家兴亡、伦理政教的高度，对六朝文风及美学风貌进行了彻底清算。

四、历史的合理性

然而清算只是事物的一方面，清算不等于解决。问题的解决自有其历史的规律性，既需要时间，也需要新的美学实践的替代。作为北周、梁陈延续的隋及初唐，其文人构成主要是朝臣和帝王，而这些人物多来

① 中华书局编辑部点校《全唐诗》（增订本），中华书局1999年版，第1页。
② 魏徵等撰《隋书》，中华书局1973年版，第1090页。
③ 魏徵等撰《隋书》，中华书局1973年版，第1730页。

自前朝，故而其美学色彩首先会不可避免的染上前代的痕迹。如前所述，一代英主李世民都曾写作宫体诗，可见齐梁文风所造成的影响，绝非能够瞬息改变。有学者指出，“尽管李世民主观上反对浮华诗风，理论上也鼓吹‘词理切直’，有助于‘政理’和‘劝诫’的创作原则，但实践上却无法一下彻底摆脱六朝脂粉余习，更不可能马上扭转长期形成的诗风、文风。这其实也是大部分初唐诗人面对的矛盾”。[①]“贞观宫廷诗坛在总体上呈现出理论观念上的反思批判与创作上延续承继的矛盾态势”。[②]事实上正是如此。

为什么积习是如此顽固的萦绕在隋及初唐的美学天空，即使被屡屡批判，甚至动用政府律令都无法革除呢？笔者以为，美学作为意识形态的一种，在某一历史时期，或者某一地域风行不衰，自有其历史的合理性。

其一，对于江左的模仿，乃是对此前文艺贫乏的恶补。如前所述，建立在北朝军事集团基础上的隋及初唐，在文艺方面基础甚是薄弱。虽然北朝在一百多年的发展中，也产生了像《敕勒歌》《木兰诗》等这样流传不衰的作品，但在总体上，其美学风貌过于质木无文，且直接产生于北方文人的优秀作品与南朝相比，也不可同日而语。故而北方文人对于南方文艺充满向往之情的不在少数。包括隋炀帝、唐太宗等帝王，都难免对南方文艺的艳羡和学习，遑论他人？

其二，六朝文艺，自有其独特的魅力与价值。虽然南朝梁、陈宫廷曾产生了以艳情为主的“宫体诗”，且其他诗作在总体上也表现出绮丽华靡的特征，给人以浮华之感，但其描写的细腻、词藻的优美、修辞的考究、声律的追求等形式技巧，都得到了前所未有的发展，可以说从外

---

① 杨柳《唐太宗诗创作的理论与实践初探》，《中国古典文学论丛》第1辑，人民文学出版社1984年版，第103页。

② 聂永华《初唐宫廷诗风流变考论》，中国社会科学出版社2002年版，第7页。

部形式上为盛唐诗歌美学的高峰奠定了良好的基础。唐诗之所以能够在历史上具有崇高的地位，乃是对六朝诗歌批判继承的结果，是摒弃其浮华，而加之以风力等美学因素逐年发展而成的。

其三，群体性美学追求的结果。隋及初唐文人，多来自前朝。其美学风尚既存在难以一时转化的因素，也是在新环境下群体追求的结果。这种群体性的追求表现在初唐，即是延绵初唐近百年的宫廷诗。根据聂永华的统计，《全唐诗》收录初唐94年间存有作品的共220余人，其中210多人是宫廷君臣、后妃，占诗人总数的百分之九十强。这些诗人有据可查的诗作共计2444首，其中宫廷诗就有1520首，其他的仅920首。一般公认不属于宫廷的在野诗人仅有王绩、“四杰”、陈子昂、刘希夷等少数作家。① 而初唐宫廷诗的生成方式为奉和应制。这种诗歌的美学风尚在修辞技巧等形式方面，表现出了群体追求的一致性。因为“传统影响风气，风气固化传统，二者相依相伴，形成一股强大的惯性力量，推动着作为个体的创作者向前滑动，在这种情况下，个体很少能有主动选择的勇气和能力”。②

正是因为这些美学延续上的历史合理性，故而“入唐以来，初唐诗歌虽然呈现出一些新气象，但从整体上看，其诗风走向仍然与魏晋南北朝一脉相承，整个诗坛的审美趣味仍然为宫廷趣味所主宰……初唐近百年是宫廷文学最为繁盛的黄金时代，同时也为漫长的宫廷诗时代画上了一个圆满的句号”。③ 而“初唐诗所呈现的浓郁的宫廷气息，既与当时的政治导向和文化思潮有关，也是一种顺理成章、合乎逻辑的历史延续。”④刘勰在《文心雕龙·时序》中云：“文变染乎世情，兴废系乎时序。”⑤ 良有以也。

---

① 参见聂永华《初唐宫廷诗风流变考论》，中国社会科学出版社2002年版，第5页。

②④ 聂永华《初唐宫廷诗风流变考论》，中国社会科学出版社2002年版，第2页。

③ 聂永华《初唐宫廷诗风流变考论》，中国社会科学出版社2002年版，第4页。

⑤ 刘勰著，杨明照校注拾遗《增订文心雕龙校注》，中华书局2012年版，第547页。

陈寅恪先生曾经指出："唐代之史可分前后两期，前期结束南北朝相承之旧局面，后期开启赵宋以降之新局面，关于政治社会经济者如此，关于文化学术者亦莫不如此。"[①] 历史的车轮总是前后相继，因而初唐诗歌对于六朝文艺的继承，应该说是美学发展的必经阶段，是通向盛唐之音的必经之路。

五、美学期待视野

如前所述，魏徵在《隋书·文学传序》中比较了南北两种美学风尚，认为南方美学的特点是"宫商发越，贵于清绮"。[②] 而北部的美学特色则是"词义贞刚，重乎气质"。[③]随后，他分析了两种美学风尚的短长，认为：

> 气质则理胜其词，清绮则文过其意，理深者便于时用，文华者宜于咏歌，此其南北词人得失之大较也。[④]

在此，魏徵没有像隋初文帝及李谔那样，把南方美学批判得一无是处，而是以辩证的眼光，看到了南北美学各有所短，也都有自己的优势。面对这样的局面，魏徵提出了颇具预见性的美学期待：

> 若能掇彼清音，简兹累句，各去所短，合其两长，则文质斌斌，尽善尽美矣。[⑤]

魏徵认为南北两种美学风若能互相取长补短，则会达到一种理想的"文质斌斌，尽善尽美"状态。这在初唐，只能是一种历史期待。

---

① 陈寅恪著《金明馆丛稿初编》，生活·读书·新知三联书店2001年版，第232页。

②③④⑤ 魏徵等撰《隋书》，中华书局1973年版，第1730页。

而这种历史期待，在兼收并蓄、开放宽容的大一统唐朝，是有实现可能的。果然，到了盛唐，这种美学期待被认为变成了现实。所谓的“盛唐之音”，不正包含了北方美学的刚健精神与南方美学的绮丽色彩吗？

事实上，这种南北美学的融合，在魏徵提出这种期待之前，就早已开始了。如前所述，庾信、王褒等滞留北方后，即成为北人学习南风的榜样。而这些南方文人在滞留北方后，也受到当地美学风尚的感染，其文艺风格往往会发生一些重大的转变。例如庾信仕梁，乃是宫体诗的重要作家。《周书·王褒庾信传论》评价其在梁时之文“发源于宋末，盛行于梁季。其体以淫放为本，其词以轻险为宗。故能夸目侈于红紫，荡心逾于郑、卫。昔杨子云有言：‘诗人之赋，丽以则；词人之赋，丽以淫。’若以庾氏方之，斯又词赋之罪人也。”[①] 但滞留北方之后，却逐渐摆脱了以前的宫体诗风格，写出了一些刚健雄豪的作品。故而杜甫在《戏为六绝句》中赞之：“庾信文章老更成，凌云健笔意纵横。”[②] 在《咏怀古迹五首》中评之：“庾信生平最萧瑟，暮年诗赋动江关。”[③] 王褒亦有类似的转变。《周书·王褒传》称其：“世胄名家，文学优赡，当时咸相推挹。”[④] 堪称南朝美学的典范。到了北方后，王褒也创作出了带有大漠气息的，堪称刚健雄豪的边塞诗歌，从而一改前期柔靡悱恻、细腻缠绵的典型南方格调。不管是北人对于庾信、王褒等南人的学习，还是庾信、王褒受北方风尚的影响而在美学上的转变，可以说都是南北美学已经开始融合，并收到了良好效果的明证。

隋朝统一之后，据《隋书·经籍志》“采荆南之杞梓，收会稽之箭

① 令狐德棻等撰《周书》，中华书局1971年版，第744页。
② 杜甫撰，仇兆鳌注《杜诗详注》，中华书局2015年版，第744页。
③ 杜甫撰，仇兆鳌注《杜诗详注》，中华书局2015年版，第1237页。
④ 令狐德棻等撰《周书》，中华书局1971年版，第730页。

竹，辞人才士，总萃京师。”[1] 为南北美学的融合创造了条件。像隋炀帝杨广，据《隋书·文学传序》载：“其《与越公书》、《建东都诏》、《冬至受朝诗》及《拟饮马长城窟》，并存雅体，归于典制。虽意在骄淫，而词无浮荡，故当时缀文之士，遂得依而取正焉。”[3] 即是隋代南北美学融合的典范。

当然，南北美学的融合也不是一蹴而就的。《隋书·经籍志》载：“高祖少文，炀帝多忌，当路执权，逮相摈压。于是握灵蛇之珠，韫荆山之玉，转死沟壑之内者，不可胜数。”[3]降及初唐，南北美学的融合也经过了一个较为漫长而曲折的过程，兹不赘述。

总之，隋末唐初，人们面对的是一强一弱，或曰一南一北两种美学风尚。而强大的南方美学，即所谓的“江左余风”，或曰“齐梁余风”往往以笼罩之势，在隋及初唐以宫廷诗等形式，占据着文坛的核心。因而如何继往开来，实现魏徵等初唐史家所提出的美学期待，就成为时代的任务，摆在了王氏家族成员的面前。

---

①③　魏徵等撰《隋书》，中华书局1973年版，第1091页。

②　魏徵等撰《隋书》，中华书局1973年版，第1730页。

【第四章】

文必贯道——王氏家族美学的政治伦理诉求

现存王通《中说》阮逸注本的《天地篇》中有："子曰：'学者，博诵云乎哉？必也贯乎道。文者，苟作云乎哉？必也济乎义。'"① 其意为：学习，仅指博览群书吗？一定要贯穿大道。文章，仅是指创作而言吗？一定要贯通仁义。② 宋王安石在其《取材》中，对此段文字的引用为："文中子曰：'文乎文乎，苟作云乎哉？必也贯乎道；学乎学乎，博诵云乎哉？必也济乎义。'"③ 明王琦在《送赵永明之金华序》（《明文海》卷二百八十六）中，对此也进行了引用，其文字与王安石相同。清蒋廷锡于雍正八年夏六月在其为弘历（后为乾隆皇帝）《乐善堂文钞》所做的序文中有："昔文中子有言：文必贯乎道，学必济乎义。"④ 可见，王安石等人所看到的《中说》版本，当与阮逸本不同，可能是现已失传的龚鼎臣本。关于《中说》的版本，一般认为龚本优于现存阮本。那么，王通此段话的次序，极可能是"文者，苟作云乎哉？必也贯乎道；学者，博诵云乎哉？必也济乎义"。意即：写文章，仅指创作而言吗？一定要贯通大道；学习，仅指博览群书吗？一定要贯穿仁义。⑤ 因此，笔者认为，王通对于文章创作的要求就是："文必贯道"。在隋末唐初，这不但对纠正文坛上注重声律、词藻等形式技巧，忽略文章内容意义的齐梁文风具有重要作用，而且对于古文运动亦产生了深远的影响，从而延续了中国古典文学文以载道这一重要的美学特色。

① 王通著，张沛校注《中说校注》，中华书局2013年版，第45页。

② 参见郑春颖《文中子中说译注》，黑龙江人民出版社2003年版，第27页。

③ 王水照主编《王安石全集·临川先生文集》，复旦大学出版社2016年版，第1264页。

④ 《御制乐善堂全集定本》，吉林出版集团有限责任公司2005年版，第17页。

⑤ 事实上，不管是哪种次序，其意思几乎是相同的，因为对于王通而言，儒家的仁义思想，也基本上就是它所主张的"道"。详见下文。

一、融道入儒的“道”观

在《中说》中，除一处意为“取道”“经过”外，“道”字出现了196次[①]，其含义都是仁义、道理、原则、法则、方法、礼仪、规律、道德、道义等。那么，王通要求文章所贯之“道”，究竟指的是什么呢？

“道”作为中国古代一个重要的哲学范畴，儒、道两家有其不同的内涵。儒家之“道”主要是关于孔子、孟子等儒家的一系列仁义思想等政治伦理内涵。道家之“道”，则主要指的是世界的本原，以及宇宙的最高法则等。《老子》第二十五章云：“有物混成，先天地生。寂兮寥兮，独立不改，周行而不殆，可以为天下母。吾不知其名，字之曰‘道’。……人法地，地法天，天法道，道法自然。”[②]《老子》第四十二章云：“道生一，一生二，二生三，三生万物。”[③]这种作为“天下母”的“道”，具有“无为”而“无不为”的特点，《老子》第三十七章云：“道常无为而无不为。”[④]这种特点的外在表现就是“生而不有，为而不恃，长而不宰。”[⑤]意即道生万物而不把万物据为己有，道成就万物却不认为是自己的功劳，道长成万物而不宰割以为己利。这种“无为”也就是老子理想的道德境界。人若能法“道”而“无为”，就是“常德”。因而道家之“道”，既具有自然观的意义，也具有政治伦理的内涵。

笔者以为，以儒学为主的“三教可一”乃是王氏家族美学的思想基础。在“道”这一范畴的运用上，王通亦有吸收借鉴老、庄之“道”的

---

① 此处的统计止于《中说》卷十的：“门人窦威、贾琼、姚义受《礼》，温彦博、杜如晦、陈叔达受《乐》，杜淹、房乔、魏徵受《书》，李靖、薛方士、裴晞、王珪受《诗》，叔恬受《元经》，董常、仇璋、薛收、程元备闻《六经》之义。”此处阮逸注曰：“《中说》终。”

② 陈鼓应著《老子注译及评介》，中华书局2015年版，第159页。

③ 陈鼓应著《老子注译及评介》，中华书局2015年版，第225页。

④ 陈鼓应著《老子注译及评介》，中华书局2015年版，第203页。

⑤ 陈鼓应著《老子注译及评介》，中华书局2015年版，第93页。

地方。比如《中说·立命篇》中“子曰：‘和大怨者必有余怨，忘大乐者必有余乐，天之道也。’”[①]就是对《老子》第七十九章“和大怨，必有余怨；（报怨以德，）安可以为善？是以圣人执左契，而不责于人。有德司契，无德司彻。天道无亲，常与善人”[②]这一段的借鉴。再如《中说·王道篇》中“子曰：‘化至九变，王道其明乎？’”[③]乃是对《庄子·天道篇》中“古之语大道者，五变而形名可举，九变而赏罚可言也。骤而语形名，不知其本也；骤而语赏罚，不知其始也”[④]这一段的吸收借鉴。可见王通对于道家思想烂熟于心，能够信手拈来，随时化用。事实上，《中说》中所反映出的王通之“道”，时有融通儒、道之处，从而“使他的‘道’成为融通儒、道的范畴。”[⑤]如《中说·天地篇》载：“李靖问圣人之道，子曰：‘无所由，亦不至于彼。’……或问彼之说，子曰：‘彼，道之方也。必也无至乎？’董常闻之，悦。门人不达，董常曰：‘夫子之道，与物而来，与物而去；来无所从，去无所视。’”[⑥]“无所由，亦不至于彼”，意即“道”没有起点，也没有终点，“彼”也不是“道”的界限。“是王通对‘道’的无限性的规定。”[⑦]而“与物而来，与物而去，来无所从，去无所视”，则“体现了道家对‘道’的自然主义的理解，而不像儒家那样，赋予‘道’政治伦理的内容”。[⑧]

在王通对“道”的具体论述上，亦表现出融通儒、道的特点。[⑨]主要表现在：

其一，对道家“无为”思想的吸纳。如上所述，“无为”乃是道家

① 王通著，张沛校注《中说校注》，中华书局2013年版，第242页。
② 陈鼓应著《老子注译及评介》，中华书局2015年版，第340页。
③ 王通著，张沛校注《中说校注》，中华书局2013年版，第20页。
④ 庄子著，方勇译注《庄子》，中华书局2010年版，第208—209页。
⑤⑦⑧ 张成权《道家与中国哲学》（隋唐五代卷），人民出版社2004年版，第116页。
⑥ 王通著，张沛校注《中说校注》，中华书局2013年版，第59—60页。
⑨ 具体可参见张成权《道家与中国哲学》（隋唐五代卷），人民出版社2004年版，第116—122页。

之“道”的重要特点，而王通对此颇为赞同。如在《中说·礼乐篇》中有：

> 仲长子光曰：“在险而运奇，不若宅平而无为。”文中子以为知言。[①]

仲长子光乃是受道家思想影响颇深的隐士，曾在王通的家乡河汾隐居三十多年。对于其“无为”思想，王通是持肯定态度的，而且还吸纳于自己的政治思想之中，如《中说·立命篇》中有：

> 古者圣王在上，田里相距，鸡犬相闻，人至老死不相往来，盖自足也。是以至治之代，五典潜，五礼措，五服不章，人知饮食，不知盖藏，人知群居，不知爱敬，上如标枝，下如野鹿。何哉？盖上无为、下自足故也。[②]

这种无为而治，人人自足，老死不相往来的图景，正是脱胎于老子“小国寡民”的社会理想。然而此种纯朴自然的社会模式，在封建帝国时代是无法实现的。并且在“天子战兵”的时代，连“帝制”也没落不实了。故而《中说·问易篇》中有：

> 文中子曰：“强国战兵，霸国战智，王国战义，帝国战德，皇国战无为。天子而战兵，则王霸之道不抗矣，又焉取帝名乎？故帝制没而名实散矣。”[③]

① 王通著，张沛校注《中说校注》，中华书局2013年版，第174页。
② 王通著，张沛校注《中说校注》，中华书局2013年版，第238页。
③ 王通著，张沛校注《中说校注》，中华书局2013年版，第146页。

“天子战兵”，连儒家的“王道”理想都达不到，更不用说“无为”而治了。所以在王通看来，两汉之后“帝制”已经名存实亡了。

其二，对道家全身避祸思想的体悟。《中说》中，常可见到王通关于全身避祸思想的言论和体悟，这无疑是他对社会人生的长期观察，以及受道家思想影响的结果。如《中说·礼乐篇》中有：

古之有道者，内不失真而外不殊俗，夫如此故全也。①

这不正是对道家“和光同尘”“全身远祸”思想的吸纳吗？再如《中说·问易篇》中有：

子曰：“多言，德之贼也；多事，生之仇也。”薛方士曰：“逢恶斥之，遇邪正之，何如？”子曰：“其有不得其死乎？必也言之无罪，闻之以诫。”②

为了全身，王通以为不能“多言”“多事”。对于薛方士的“逢恶斥之，遇邪正之”的询问，王通以为这样会“不得其死”，必须做到“言之无罪”，且能够使“闻之以诫”。虽然这也是儒家委婉讽谏的一种方式，一种中庸之道，但王通这种明显的避祸意识，显然是吸收了道家的思想。类似的表述在《中说》中还有很多。如《中说·问易篇》云：

贾琼问：“何以息谤？”子曰：“无辩。”曰：“何以止

① 王通著，张沛校注《中说校注》，中华书局2013年版，第155页。
② 王通著，张沛校注《中说校注》，中华书局2013年版，第147页。

怨？”曰：“无争。”[①]

在此，王通指出可用“无辩”“无争”的方式来达到“息谤”“止怨”的目的。再如《中说·礼乐篇》中有：

文中子曰：“其名弥消，其德弥长；其身弥退，其道弥进。”[②]

似这种以为越是“消名”“身退”，却越能“长德”“进道”的观点，虽然联系上下文可知，此处王通所评论的乃是隐士仲长子光的情况，但却流露出他对道家思想的吸收和体悟。

然而王通所谓的“道”，尽管有对老庄道家思想的吸收和借鉴，其主旨却依旧是儒家思想。《中说·关朗篇》有：“又问道之旨，子曰：‘非礼勿动，非礼勿视，非礼勿听。’淹曰：‘此仁者之目也。’子曰：‘道在其中矣。’”[③]《论语·颜渊》云：“颜渊问仁，子曰：‘克己复礼为仁。’……颜渊曰：‘请问其目。’子曰：‘非礼勿视，非礼勿听，非礼勿言，非礼勿动。’”[④]可见王通以为“道”的主旨乃是儒家的仁义思想。《中说·王道篇》有：“薛收问至德要道，子曰：‘至德，其道之本乎？要道，其德之行乎？《礼》不云乎：至德为道本。《易》不云乎：显道神德行。’”[⑤]可见在王通看来，“至德”，即儒家的高尚的道德，乃是“道”的根本。

事实上，王通极为崇尚周公之道与孔子的“仁政”思想。如《中说·天地篇》云：

---

① 王通著，张沛校注《中说校注》，中华书局2013年版，第142页。

② 王通著，张沛校注《中说校注》，中华书局2013年版，第175页。

③ 王通著，张沛校注《中说校注》，中华书局2013年版，第254页。

④ 杨伯峻译注《论语译注》，中华书局2012年版，第172页。

⑤ 王通著，张沛校注《中说校注》，中华书局2013年版，第35页。

子曰："吾视千载已上，圣人在上者，未有若周公焉，其道则一而经制大备，后之为政，有所持循。吾视千载而下，未有若仲尼焉，其道则一而述作大明，后之修文者，有所折中矣。"①

在王通看来，周公、孔子之道是上下千年，后人在为政及修文中最能够参考借鉴、无所比拟的至德要道。在某种程度上，王通甚至神话了周孔之道，如《中说·王道篇》云：

文中子曰："卓哉，周、孔之道！其神之所为乎？顺之则吉，逆之则凶。"②

可见王通把周孔之道视为"顺之则吉""逆之则凶"的法宝。《中说·王道篇》中还有：

天地生我而不能鞠我，父母鞠我而不能成我，成我者夫子也。道不啻天地父母，通於夫子受罔极之恩。③

在此，王通认为"道"不亚于天地父母，并把孔子视为受罔极之恩的恩师。

王通对于周公、孔子可谓推崇备至，他立志要以行周孔之道为已任。如《中说·天地篇》云：

千载而下，有申周公之事者，吾不得而见也；千载而下，有绍

① 王通著，张沛校注《中说校注》，中华书局2013年版，第58页。
② 王通著，张沛校注《中说校注》，中华书局2013年版，第13页。
③ 王通著，张沛校注《中说校注》，中华书局2013年版，第27页。

宣尼之业者，吾不得而让也。[①]

子曰："吾于天下，无去也，无就也，惟道之从。"[②]

综上所述，王通之"道"，虽然受到道家思想的影响，并时时可见其对道家思想的吸收借鉴，但其主旨还是儒家的，其"道"观，乃是融道入儒的"道"观。

二、"文必贯道"思想的政治伦理内涵

《中说·事君篇》载王通语云："古君子志于道，据于德，依于仁，而后艺可游也。"[③] 这无疑继承了《论语·述而》中的"子曰：'志于道，据于德，依于仁，游于艺。'"[④] 可见在王通看来，"道"乃"艺"之本。君子想"游于艺"，必须有深厚的道德修养，即儒家的仁义思想作为根基。否则，"艺"就是无源之水，无本之木。在孔子所生活的时代，艺主要指礼、乐、射、御、书、数之法。到了汉代，班固在《汉书》中专辟《艺文志》，其中亦包括诗赋等，可见诗赋等文学作品，也算是"艺"的范畴，即"道"亦为"文"之本。

故而笔者以为，王通的"文必贯道"，是指文章以及诗赋等文学作品，应该贯穿儒家的道德仁义思想。《中说·天地篇》中有："薛收曰：'吾尝闻夫子之论诗矣：上明三纲，下达五常，于是征存亡，辩得失；故小人歌之以贡其俗，君子赋之以见其志，圣人采之以观其变。'"[⑤] 可见王通对于诗歌内容的要求包含"上明三纲，下达五常"的

---

① 王通著，张沛校注《中说校注》，中华书局2013年版，第58页。
② 王通著，张沛校注《中说校注》，中华书局2013年版，第69页。
③ 王通著，张沛校注《中说校注》，中华书局2013年版，第78页。
④ 杨伯峻译注《论语译注》，中华书局2012年版，第94页。
⑤ 王通著，张沛校注《中说校注》，中华书局2013年版，第43页。

政治伦理内涵，也就是诗歌要起到君臣、父子、夫妇这三纲“明”，同时还应起到“仁、义、礼、智、信”这五常“达”的道德功用。这无疑是对《诗大序》所宣扬的《诗经》的“经夫妇，成孝敬，厚人伦，美教化，移风俗”[①]的“《诗》教”作用的继承。而其“征存亡，辩得失”，则是历经战乱和分裂之后，对汉代“《诗》教”作用的新发展。可见王通极为重视文学的政治伦理价值。

事实上，文学作为人类语言的艺术，与道德伦理有着复杂的、多方面的关系。“雷德尔和杰苏普认为，这种关系可以体现在以下三个方面：第一，艺术活动涉及完整的人，当然也就包括人的道德本性；第二，艺术是各种人类价值的表现，因此，在广泛的艺术表现内容中就必然包含了道德的价值；第三，在艺术活动中，当各种价值彼此抵牾冲突时，就必然涉及有关善恶的价值判断，只有与这种道德伦理判断相一致的审美价值才是令人满意的”。[②]可见，在很多人心目中，文学只有体现出道德意义上的善，使其符合伦理学的标准，才是值得称道的。否则，就会受到道德的谴责和批判。如此，文学与伦理学之间就以道德为中介建立了不可分割的联系。在文学的创作过程中，“严肃的作家总是自觉到某种使命感和责任感，其伦理含义就体现在他对人类社会现状和处境深切的道德关注，对现存文化中不公正的、丑恶的方面的批判与否定，以及对正义与美好社会生活的褒奖与颂扬。此乃文学的伦理本质”。[③]故而，“文学对社会文化的反思、批判和重建，本身就是一个实实在在的伦理学问题”。[④]

重视文学的伦理价值，体现道德意义上的善，是儒家的传统思想。

---

① 毛公传，郑玄笺，孔颖达等正义《毛诗正义》，上海古籍出版社1990年版，第17页。
② 参见周宪著《超越文学——文学的文化哲学思考》，上海三联书店1997年版，第295页。
③ 参见周宪著《超越文学——文学的文化哲学思考》，上海三联书店1997年版，第298页。
④ 参见周宪著《超越文学——文学的文化哲学思考》，上海三联书店1997年版，第289页。

孔子云：“有德者必有言。”[①] 儒家学者以为：“德行者，本也；文章者，末也。”[②] 这种“德在言先”“德本书末”的观点，正是极度重视伦理道德之意义的我国古典文学，对于作家精神素质的一条最重要的要求。为什么把作者的道德修养看得如此重要呢？因为唯其如此，才能实现作家或者说作家所作“文章”的重要社会功用：教化、讽谏、劝善惩恶。在先秦两汉，以“诗教”为主线的文学伦理，起到了极其重要的“人文化成”的教化作用。《诗大序》云：“诗者，志之所之也。在心为志，发言为诗。情动于中，而形于言。……情发于声，声成文谓之音。治世之音安以乐，其政和；乱世之音怨以怒，其政乖；亡国之音哀以思，其民困。故正得失，动天地，感鬼神，莫近乎诗。”[③] 此处，《诗大序》承认了诗歌的情感因素，并为之规定了严格的界限：“发乎情，止乎礼义。”[④] 因为唯其如此，才能起到“经夫妇，成孝敬，厚人伦，美教化，移风俗”[⑤] 的教化作用。

然而，在魏晋南北朝时期，由于儒学的式微，个体的觉醒以及所谓的“文学觉醒”等复杂因素的影响，文学的伦理价值被相对忽视了。而对于文学的审美价值，尤其是文学的抒情特征和文词绮丽等方面却更为注重。降及南朝，更是出现了柔靡浮艳的“宫体诗”。众所周知，南朝宫体诗主要以“咏女”与“咏物”为题材，格调轻靡，文辞侧艳，如萧纲《咏舞二首》之二：

可怜称二八，逐节似飞鸿。悬胜河阳伎，暗与淮南同。
入行看履进，转面望鬟空。腕动苕华玉，衫随如意风。

① 杨伯峻译注《论语译注》，中华书局2012年版，第203页。
② 葛洪著，张松辉、张景译注《抱朴子外篇》，中华书局2013年版，第949页。
③ 毛公传，郑玄笺，孔颖达等正义《毛诗正义》，上海古籍出版社1990年版，第15—16页。
④ 毛公传，郑玄笺，孔颖达等正义《毛诗正义》，上海古籍出版社1990年版，第19页。
⑤ 毛公传，郑玄笺，孔颖达等正义《毛诗正义》，上海古籍出版社1990年版，第17页。

上客何须起，啼乌曲未终。[1]

又如其《咏橘》：

萎蕤映庭树，枝叶凌秋芳。故条杂新实，金翠共含霜。

攀枝折缥干，甘旨若琼浆。无假存雕饰，玉盘余自尝。[2]

似这种“咏女”而不言及其德行，“咏物”而毫无兴寄的诗歌，更是与儒家的文学伦理相去千里，甚至走向了它的对立面。例如，梁简文帝萧纲在《诫当阳公大心书》中曾言：“立身之道，与文章异。立身先须谨重，文章且需放荡。”[3]

在历经长达四百余年的政治分裂之后，隋文帝杨坚终于又在广袤的华夏大地上建立了大一统的封建帝国。政治的一统迫切需要隋王朝重新建立包括文学在内的秩序的一统，以利于国家的长治久安。总结前朝的教训，隋初的学者以为，背离儒学伦理的文学，在魏晋南北朝时期，据李谔《上隋文帝革文华书》，因“文笔日繁”而“其政日乱”[4]，最终导致亡国。于是决定对浮靡的文学进行清理。“及大隋受命，圣道聿兴，屏黜轻浮，遏止华伪。……开皇四年，普诏天下，公私文翰，并宜实录。”[5]隋文帝对于华而不实、绮丽雕琢的文章深恶痛绝，甚至不惜动用刑罚手段，企图转变积习已久的浮靡文风。《隋书·文学传》云：“高祖初统万机，每念斫雕为朴，发号施令，咸去浮华。然时俗词藻，犹多淫丽，故宪台执法，屡飞霜简。”[6] 如开皇四年九月，因泗州

① 逯钦立辑校《先秦汉魏晋南北朝诗》，中华书局1983年版，第1942页。
② 逯钦立辑校《先秦汉魏晋南北朝诗》，中华书局1983年版，第1959页。
③ 严可均辑《全上古三代秦汉三国六朝文》，中华书局1965年出版，第3010页。
④⑤ 魏徵等撰《隋书》，中华书局1973年版，第1545页。
⑥ 魏徵等撰《隋书》，中华书局1973年版，第1730页。

刺史司马幼之文表华丽，竟被“付所司治罪”。[①] 希望尽快建立起风雅文德，为其政治统治服务。然而，如前所述，因为积习日久以及文帝的继承者隋炀帝杨广的个人喜好等原因，所谓的江左余风，即南方美学风尚在隋末唐初依旧盛行不衰。就是在这种背景下，王通提出了“文必贯道”的命题。

三、“文必贯道”的具体实践

如前所述，王通的“文必贯道”主要指的是文章应该贯通儒家的道德仁义思想。在具体实践中，王通主要通过以下方式来贯通文道。

（一）《续六经》，兴王道

王通的政治理想乃是儒家的“王道”政治。王通所谓的“王道”，通读《中说》可知，乃是指尧、舜、禹至汉代的圣贤帝王所施行的道德仁义、礼乐制度等儒家的治国之道。然而，自从东汉之末，这种王道政治就难以施行了。《中说·王道篇》开篇就发出这样的感叹：

> 文中子曰：“甚矣，王道难行也！吾家顷铜川六世矣，未尝不笃于斯，然亦未尝得宣其用，退而咸有述焉，则以志其道也。盖先生之述曰《时变论》六篇，其言化俗推移之理竭矣。江州府君之述曰《五经决录》五篇，其言圣贤制述之意备矣。晋阳穆公之述曰《政大论》八篇，其言帝王之道著矣。同州府君之述曰《政小论》八篇，其言王霸之业尽矣。安康献公之述曰《皇极谠义》九篇，其言三才之去就深矣。铜川府君之述曰《兴衰要论》七篇，其言六代之得失明矣。余小子获睹成训，勤九载矣。服先人之义，稽仲尼之

① 魏徵等撰《隋书》，中华书局1973年版，第1545页。

心，天人之事，帝王之道，昭昭乎！”①

王氏家族中王通上溯六代，可以说都在探讨施行王道的方法，并皆有著述，但他们的学说都未被统治者见用。王通在此基础上，又以九年之功来写作《续六经》，希望实现其王道理想。

王通《续六经》决非对孔子的盲目模仿，而是他在六朝儒学式微、礼崩乐坏之后，在大一统王朝的重建之时，对于天、地、人之关系，或者说对于天、地、人之“道”思考的产物，其目的是为大一统的政治服务。从这一点来看，《续六经》的作用与他早年游长安，向文帝献《太平十二策》的目的相同。《中说·述史篇》有云：

董常曰：“子之《十二策》奚禀也？”子曰：“有天道焉，有地道焉，有人道焉，此其禀也。”董常曰：“噫，三极之道，禀之而行，不亦焕乎！”子曰：“《十二策》若行于时，则《六经》不续矣。”董常曰：“何谓也？”子曰：“仰以观天文，俯以察地理，中以建人极，吾暇矣哉，其有不言之教行而与万物息矣。”②

正是因为“十二策”未行于时，“道”亦混乱不明，王通才会去续包括“诗”“书”在内的《六经》。《中说·天地篇》云：

子曰：“王道之驳久矣，《礼乐》可以不正乎？大义之芜甚矣，《诗书》可以不续乎？”③

① 王通著，张沛校注《中说校注》，中华书局2013年版，第4页。
② 王通著，张沛校注《中说校注》，中华书局2013年版，第196页。
③ 王通著，张沛校注《中说校注》，中华书局2013年版，第57页。

在王通生活的时代，王道不但废行已久，而且已经驳杂荒芜，使人无法明辨。于是王通才写作《礼论》《乐论》《续诗》《续书》等来“正之”“明之”。这些著作虽然已经亡佚，但王通曾以实际行动，通过这些著作和讲授，来贯通王道思想，弘扬儒家的治国之道，并在历史上留有深深的印记。据《中说·魏相篇》载，他不辞劳苦，决心为了复兴王道“死而后已”。事实上，他短暂的生命旅程中最重要的阶段都是在对王道政治的期望和宣扬中度过的。总之，王通的《续六经》，正是他的“贯道”之作，是他“文必贯道”思想的实践。

因为《续六经》中的《续诗》与其他著述相比，更具美学价值，故而在此我们以《续诗》为例，来具体探讨一下王通对于“文必贯道”思想的实践。从东汉以后，儒学就渐渐失去了其独尊的地位，“《诗》教”也失去了其应有的作用。朝廷对“诗”已不再像以往那样重视，《中说·问易篇》云：

> 文中子曰：“诸侯不贡诗，天子不采风，乐官不达雅，国史不明变。呜呼，斯则久矣！《诗》可以不续乎？”①

故而杨炯在《王子安集原序》中有云：“文中子之居龙门也，睹隋室之将丧。知吾道之未行。……甄正乐府，取其雅奥，为三百篇以续《诗》。”②可见《续诗》有着很强的政治色彩，是王通复兴王道的途径之一。

另外，在王通看来，《诗》对于个人可以起到修身养性、完善道德的作用。如《中说·魏相篇》云：“《诗》以正性”③，即《诗》对于个

① 王通著，张沛校注《中说校注》，中华书局2013年版，第151—152页。
② 王勃著，蒋清翊注，汪贤度校点《王子安集注》，上海古籍出版社1995年版，王子安集注卷首第74页。
③ 王通著，张沛校注《中说校注》，中华书局2013年版，第204页。

人来说可以培养人良好的道德品质，健全人善良的本性。《中说·立命篇》有："夫教之以《诗》，则出辞气，斯远暴慢矣；约之以《礼》，则动容貌，斯立威严矣。度其言，察其志，考其行，辩其德。志定则发之以《春秋》，于是乎断而能变；德全则导之以《乐》，于是乎和而知节；可从事则达之以《书》，于是可以立制；知命则申之以《易》，于是乎可与尽性。若骤而语《春秋》，则荡志轻义；骤而语《乐》，则喧德败度；骤而语《书》，则狎法；骤而语《易》，则玩神。是以圣人知其必然，故立之以宗，列之以次。先成诸己，然后备诸物；先济乎近，然后形乎远。亶其深乎！亶其深乎！"[①]这一段话虽是王通弟子姚义之言，但也符合王通的思想。可见学《诗》对个人来说是至关重要的，也是道德修养的第一步。而对于治理国家来说，则可以通过学《诗》来明"兴衰之由"。在《中说·王道篇》中，王通提出了"三经皆史"的观点："昔圣人述史三焉：其述《书》也，帝王之制备矣，故索焉而皆获；其述《诗》也，兴衰之由显，故究焉而皆得；其述《春秋》也，邪正之迹明，故考焉而皆当。此三者，同出于史而不可杂也，故圣人分焉。"[②]在此，王通把《诗》的作用上升到探究国家"兴衰之由"的历史高度。可见《诗》在王通那里，上可辅国兴道，下可修身体道，具有非常重要的作用。而当时的情形却是"诸侯不贡诗，天子不采风，乐官不达雅，国史不明变"。[③]故而王通就当仁不让地以孔子为榜样，开始了编纂《续诗》的工作。

故而笔者以为，《续诗》正是王通在"文必贯道"思想的指导下，出于伦理学的目的和对于国家治乱兴衰的关注而做出的努力。《中说·天地篇》云："子谓《续诗》可以讽，可以达，可以荡，可

① 王通著，张沛校注《中说校注》，中华书局2013年版，第233页。
② 王通著，张沛校注《中说校注》，中华书局2013年版，第8—9页。
③ 王通著，张沛校注《中说校注》，中华书局2013年版，第151—152页。

以独处；出则悌，入则孝；多见治乱之情。”[①] 阮逸注曰：讽为“讽时政”，达为“达下情”，荡为“荡涤郁结”，独处为“独处无邪”。“上四德备矣，则孝悌动天地、感鬼神。”[②]而这正是儒家之道的体现。可见《续诗》确是起到了“文必贯道”的作用。

（二）对六朝文学的批评

以“文必贯道”思想为指导，王通以儒学大师近乎“苛刻”的眼光，对曹魏以来的文人，多持否定态度。《中说·事君篇》云：

> 子谓文士之行可见：“谢灵运，小人哉！其文傲，君子则谨。沈休文，小人哉！其文冶，君子则典。鲍昭、江淹，古之狷者也，其文急以怨。吴筠、孔珪，古之狂者也，其文怪以怒。谢庄、王融，古之纤人也，其文碎。徐陵、庾信，古之夸人也，其文诞。”或问孝绰兄弟，子曰：“鄙人也，其文淫。”或问湘东王兄弟，子曰：“贪人也，其文繁。”“谢朓，浅人也，其文捷。江总，诡人也，其文虚。皆古之不利人也。”[③]

《中说·立命篇》云：

> 或问陶元亮，子曰：“放人也。《归去来》有避地之心焉，《五柳先生传》则几于闭关矣。”[④]

以上两段文字中，王通所提及的作家，都是东晋南朝时期著名的文

---

①② 王通著，张沛校注《中说校注》，中华书局2013年版，第65—66页。
③ 王通著，张沛校注《中说校注》，中华书局2013年版，第79—80页。
④ 王通著，张沛校注《中说校注》，中华书局2013年版，第241页。

人。然而王通却因极不赞赏他们的人品，进而否定了他们的作品。因为在他看来，人品决定文品，有什么样的人品，就会有与之相对应的文学作品，故而他对作家的人品极为重视，“子谓文士之行可见”，他在考察文学作品时，先考察作者的品性，对作家的伦理品德有严格的要求，这无疑是继承了孔子“有德者必有言”“德本书末”的文学伦理思想。如果作者的个人修养差，如何能达到“文必贯道”的要求呢？故而王通对他们是持批判态度的。

基于这样的指导思想，王通也肯定了颜延之等四人及其文章。《中说·事君篇》载：“子谓颜延之、王俭、任昉‘有君子之心焉，其文约以则’。”[①] “子曰：‘陈思王可谓达理者也，以天下让，时人莫之知也。’子曰：‘君子哉，思王也！其文深以典。’”[②] 颜延之、王俭、任昉、曹植等四人在王通看来乃是“君子”，是当时的道德典范，故而对他们持肯定态度，同时也指出了其作品“约以则”“深以典”这些优秀的品格。

可见，不管是批判还是肯定，王通对于六朝文人的评价，都是建立在个人道德修养基础之上的，而这种批评标准，无疑正是他“文必贯道”思想的体现。

（三）对当世文学的忧患

出于“文必贯道”。振兴王道的初衷，王通对于当世一些朝廷重臣不符合或不涉及王道政治或伦理价值的思想言论，也持否定态度。如《中说·王道篇》载：

---

① 王通著，张沛校注《中说校注》，中华书局2013年版，第80页。

② 王通著，张沛校注《中说校注》，中华书局2013年版，第83页。

子在长安，杨素、苏夔、李德林皆请见[1]。子与之言，归而有忧色。门人问子，子曰：‘素与吾言终日，言政而不及化。夔与吾言终日，言声而不及雅。德林与吾言终日，言文而不及理。’门人曰：‘然则何忧？’子曰：‘非尔所知也。二三子皆朝之预议者也，今言政而不及化，是天下无礼也；言声而不及雅，是天下无乐也；言文而不及理，是天下无文也。王道从何而兴乎？吾所以忧也。’门人退。子援琴鼓《荡》之什，门人皆沾襟焉。[2]

在王通看来，杨素等掌握朝廷权柄的重臣的言论都是表面化的浅俗之见，未达问题的根本，对于礼乐文化和文学的伦理价值都无裨益，依靠他们根本无法振兴“王道”，故而王通与他们交谈之后，“归而有忧色”。而言文“不及理”，阮逸注曰：“修词为文，知道为理……知华辞，不知实道。”[3]可见这种不能达理之文自然也不能“贯道”，故而王通产生了“天下无文”的慨叹与忧患。

王通对于缺少“贯道”意识的“天下无文”的忧患绝非夸张之辞。虽然在隋初文帝曾对浮靡的文风加以遏制，但炀帝时期宫廷文学依旧向着声律、词藻、修辞等外在的技巧回笼，而这正是所谓的“齐梁遗风”，王通对此颇为不屑。

《中说·天地篇》云：

李伯药见子而论诗，子不答。伯药退谓薛收曰：“吾上陈应、刘，下述沈、谢，分四声八病，刚柔清浊，各有端序，音若埙篪。而夫子不应我，其未达欤？”薛收曰：“吾尝闻夫子之论诗矣：上明三纲，下达五常，于是征存亡，辨得失；故小人歌之以贡其俗，

① 李德林为李伯药之父，王通十二岁时，李德林已卒。此处当是名字有误。

②③ 王通著，张沛校注《中说校注》，中华书局2013年版，第15页。

君子赋之以见其志，圣人采之以观其变。今子营营驰骋乎末流，是夫子之所痛也，不答则有由矣。”①

李伯药乃隋末唐初著名的宫廷诗人李百药，他见到王通之后，所讲的只是关于诗歌的声律、词藻等语言技巧，而对于诗歌的内容却无丝毫见解，离王通“文必贯道”的要求相距万里。故而王通保持沉默，以示对于宫廷御用文人言诗只讲求行事技巧的不屑。在王通看来，声律词华为“文章末流”，而“贯道”之文必须“上明三纲，下达五常”“征存亡，辩得失”。否则，只是关注外在的技巧这些“末流”，继续延续齐梁的绮靡文风，则是王通所“痛心疾首”的。

相反，对于认识到自己文章存在柔靡之风的作家，王通则予以热情的赞扬。《中说·述史篇》载：

内史薛公谓子曰：“吾文章可谓淫溺矣。”文中子离席而拜曰：“敢贺丈人之知过也。”薛公因执子手，喟然而咏曰：“老夫亦何冀？之子振颓纲。”②

内史薛公即隋朝代表作家薛道衡，他虽为北朝旧臣，但诗文也受到南朝美学风尚的影响，如其名作《昔昔盐》及七言长诗《豫章行》等，皆杂有齐梁风习，故而有“淫溺”之自评。王通对薛道衡的“知过”予以高度赞扬。因为只有去除“淫溺”之风，才有可能达到“文必贯道”。

综上所述，王通通过自己的著述和对六朝及当世文学的批评，来贯彻其“文必贯道”的主张。

---

① 王通著，张沛校注《中说校注》，中华书局2013年版，第43页。
② 王通著，张沛校注《中说校注》，中华书局2013年版，第189页。

四、“文必贯道”思想的影响

王通的“文必贯道”思想在当时起到的作用可能不是很明显，但通过其门人弟子、后代子孙，以及后世对于《中说》的阅读与接受等，在历史上产生了深刻的影响。

（一）对其弟子门人的影响

王通通过与弟子门人的日常接触，使“文必贯道”思想对他们产生了积极的影响。比如上引《中说·王道篇》中的“子在长安，杨素、苏夔、李德林皆请见”一段中，通过王通对于杨素、苏夔、李德林言行的评价，以及“子援琴鼓《荡》之什”后，“门人皆沾襟”①，可知王通的言行对于其门人弟子的触动非常大，甚至深深地感染了他们，否则不至于“皆沾襟”。而这种触动，在他们日后的文章写作，以及从政治国等生涯中，都必将有所体现。

事实亦是如此。王通卒后，其弟子门人多投靠李渊父子，有些人如魏徵、房玄龄等成为贞观名臣，对初唐的政治文化建设做出了重要贡献。如魏徵在《隋书·文学传序》中云：

> 梁自大同之后，雅道沦缺，渐乖典则，争驰新巧。简文、湘东，启其淫放，徐陵、庾信，分路扬镳。其意浅而繁，其文匿而彩，词尚轻险，情多哀思。格以延陵之听，盖亦亡国之音乎！②

魏徵所谓的“雅道沦缺，渐乖典则”，无疑与上文中王通对六朝的批判相一致。“雅道沦缺”，自然不能做到“文必贯道”，而“渐乖典

① 王通著，张沛校注《中说校注》，中华书局2013年版，第15页。
② 魏徵等撰《隋书》，中华书局1973年版，第1730页。

则”，当然也达不到王通所肯定的颜延之、王俭、任昉、曹植四位“君子”之文的“约以则”“深以典”。而魏徵对于简文湘东王的批评“启其淫放”“意浅而繁”，也正是对《中说·事君篇》中王通批判湘东王兄弟“贪人也，其文繁”的继承。

初唐的修史工作无疑非常有利于文化和政治的反思，从而为新王朝的统治提供借鉴。对于文学而言，初唐史学家几乎都指斥梁陈文学为“亡国之音”，出于为统治者提供借鉴的目的，初唐史家在批评齐梁文风的同时，更把这种绮丽文风与国家的覆亡相联系，与此相对应，他们普遍认为文学应该担负起神圣的伦理学重任。如魏徵《隋书·文学传序》云：

> 文之为用，其大矣哉！上所以敷德教于下，下所以达情志于上，大则经纬天地，作训垂范，次则风谣歌颂，匡主和民。[1]

这种以文学的伦理价值为重的历史观，虽然形成于先秦两汉，但其极可能直接获益于王通《中说·天地篇》中关于文学的“上明三纲，下达五常，于是征存亡，辩得失；故小人歌之以贡其俗，君子赋之以见其志，圣人采之以观其变”。[2]以及《中说·王道篇》中“其述《诗》也，兴衰之由显，故究焉而皆得”[3]等关于诗教学说的教诲。故而笔者以为，包括魏徵[4]、房玄龄在内的初唐史家和许多重要的朝臣，他们对六朝文风的批判和对文学伦理的重视，与王通的观点都是一脉相承的。

① 魏徵等撰《隋书》，中华书局1973年版，第1729页。

② 王通著，张沛校注《中说校注》，中华书局2013年版，第43页。

③ 王通著，张沛校注《中说校注》，中华书局2013年版，第9页。

④ 《中说》中提及魏徵及魏徵问学于王通者共十五处，其《周公篇》中有：“薛收游于馆陶，适与魏徵归。告子曰：‘徵，颜、冉之器也。’徵宿子之家，言《六经》，逾月不出，及去，谓薛收曰：‘明王不出而夫子生，是三才九畴属布衣也。’”可知魏徵受过王通的影响是无疑的。

（二）对其孙王勃的影响

在家族内部，王通关于“文必贯道”的思想影响了生活于高宗、武后时期的孙子王勃。此一时期，讲究文采，绮靡婉媚而毫无生气的宫廷文学仍然处于垄断之势，其情形正如杨炯在《王子安集原序》中所描述的那样：

> 龙朔初载，文场变体，争构纤微，竞为雕刻。糅之金玉龙凤，乱之朱紫青黄。影带以徇其功，假对以称其美。骨气都尽，刚健不闻。①

可见高宗时期，“朝廷写作曾经向极度的雕琢和只关心表面之辞藻的风气回潮”。②《旧唐书·儒学传》云：“高宗嗣位，政教渐衰，薄于儒术，尤重文吏。”③在讲究词藻，“薄于儒术”的时代，王通的“文必贯道”思想自然无法施行。于是年轻的王勃（当时只有十几岁）继承其祖的遗志，“成为改变这一文风的新一代的一分子”。④《王子安集原序》云其：“鼓舞其心，发泄其用，八纮驰骋于思绪，万代出没于毫端。……以兹伟鉴，取其雄伯。”⑤在他的努力和倡导下，“长风一振，众萌自偃。遂使繁综浅术，无藩篱之固；纷绘小才，失金汤之险。积年绮碎，一朝清廓。”⑥可见王勃是一位具有革新精神的作家，

① 王勃著，蒋清翊注，汪贤度校点《王子安集注》，上海古籍出版社1995年版，王子安集注卷首第69页。

② ［美］包弼德著，刘宁译《斯文：唐宋思想的转型》，江苏人民出版社2001年版，第111页。

③ 刘昫等撰《旧唐书》，中华书局1975年版，第4942页。

④ ［美］包弼德著，刘宁译《斯文：唐宋思想的转型》，江苏人民出版社2001年版，第111页。

⑤ 王勃著，蒋清翊注，汪贤度校点《王子安集注》，上海古籍出版社1995年版，王子安集注卷首第69—70页。

⑥ 王勃著，蒋清翊注，汪贤度校点《王子安集注》，上海古籍出版社1995年版，王子安集注卷首第70页。

在与龙朔初年的文场变体的斗争中，取得了较大的成功。“但是，王勃并不只考虑文风，他的目标是抓住过去和现在那些拥有持久价值的问题，追求圣人之理以及天人的结合”。[①]“持久”的价值问题，指的就是儒家文学的伦理价值，也就是其祖王通的“文必贯道”思想。如其《平台秘略论·艺文》云：

> 论曰：《易》称“观乎天文，以察时变”。《传》称“言而无文，行之不远”。故“文章经国之大业，不朽之能事”。而君子等役心劳神，宜于大者远者，非缘情体物，雕虫小技而已。[②]

此处，王勃把“缘情体物”视为“雕虫小技”，正如其祖父王通把声律词华视为“文章末流”一样，都是用儒家的思想来考察文学的价值功用。并且，像王通一样，王勃对于六朝甚至此前的忽视文学伦理价值的文章也提出了尖锐的批判。在《上吏部裴侍郎启》中，他以为：

> 自微言既绝，斯文不振。屈宋导浇源于前，枚马张淫风于后。谈人主者，以宫室苑囿为雄；叙名流者，以沉酗骄奢为达。故魏文用之而中国衰，宋武贵之而江东乱。虽沈谢争骛，适先兆齐梁之危；徐庾并驰，不能止周陈之祸。于是识其道者，卷舌而不言；明其弊者，拂衣而径逝。《潜夫》《昌言》之论，作之而有逆于时；周公孔氏之教，存之而不行于代。天下之文，靡不坏矣。[③]

在此，他把批判的矛头上溯到屈宋，对楚辞、汉赋以及六朝文学，

① ［美］包弼德著，刘宁译《斯文：唐宋思想的转型》，江苏人民出版社2001年版，第111页。
② 王勃著，蒋清翊注，汪贤度校点《王子安集注》，上海古籍出版社1995年版，第302—303页。
③ 王勃著，蒋清翊注，汪贤度校点《王子安集注》，上海古籍出版社1995年版，第130—131页。

都有所否定，批判的力度甚至比王通还要大。他认为文章应以雅训为本，以家国风俗为重，要有助于教化。他将周陈的灭亡与徐陵、庾信相提并论，所谓的“徐庾体”，在他看来，正是南朝走向没落的标志。可见王勃是从传统的儒家诗教出发，认为国家兴衰与文学有着密切的联系，六朝之衰落其实也正是因为文学伦理价值的缺失。并且一刀切地认为“天下之文靡不坏矣”。可见他对于文学的伦理要求是很高的。在《上吏部裴侍郎启》中，王勃认为：

> 夫文章之道，自古称难。圣人以开物成务，君子以立言见志。遗雅背训，孟子不为；劝百讽一，扬雄所耻。苟非可以甄明大义，矫正末流，俗化资以兴衰，家国由其轻重，古人未尝留心也。①

在《续书序》中，他表达了类似的思想：

> 苟非可以燮理情性，平章邦国，敷彝伦而叙要道，察时变而经王猷，树皇极之纲维，资生灵之视听，皆可略也。②

对此，美国学者包弼德以为，王勃的《续书序》“为后世的文章能够等同于圣人之文确立了几条标准：‘燮理情性，平章邦国，敷彝伦而叙要道。’”③无疑这些都是从伦理学的角度对文学提出的要求。而“敷彝伦而叙要道”，则正是王勃继承其祖王通关于“文以贯道”思想的文字表达。

为了达到“文必贯道”或者说“敷彝伦而叙要道”的要求，王勃作

① 王勃著，蒋清翊注，汪贤度校点《王子安集注》，上海古籍出版社1995年版，第129—130页。
② 王勃著，蒋清翊注，汪贤度校点《王子安集注》，上海古籍出版社1995年版，第275页。
③ ［美］包弼德著，刘宁译《斯文：唐宋思想的转型》，江苏人民出版社2001年版，第112页。

了充分的准备，其《上吏部裴侍郎启》中有云：

蒙父兄训导之恩，藉朋友琢磨之义。好学近乎知，力行近乎仁。知忠孝为九德之源，故造次必于是；审名利为五常之贼，故颠沛而思远。虽未之逮也，亦有其志焉。①

在此，王勃以为自己已经学有所成，具有了经纬天地的资本，在道德上也达到了近乎“仁”的境界，才敢于像祖父那样，当仁不让地为恢复王道政治和“文必贯道”思想不懈努力。在《上吏部裴侍郎启》中，王勃慷慨陈词：

国家应千载之期，恢百王之业。天地静默，阴阳顺序。方欲激扬正道，大庇生人。黜非圣之书，除不稽之论。牧童顿颡，思进皇谋；樵夫拭目，愿谈王道。崇大厦者，非一木之材；匡弊俗者，非一日之卫。众持则力尽，真长则伪销，自然之数也。②

对于王勃的贡献，美国学者包弼德盛赞他曾“为《周易》作注，借此深入玄域。他撰写关于《论语》和王通著作的文章，除了偶然之作和应命之作，他完成了各种各样的个人著作。简单地讲，杨炯将王勃作为一种榜样，高祖和太宗朝的朝廷学者认为，学者就应该是这样一种人”。③

（三）对古文运动的影响

唐代的古文运动即中唐时期以韩愈、柳宗元等为代表的，以复兴儒

① 王勃著，蒋清翊注，汪贤度校点《王子安集注》，上海古籍出版社1995年版，第129页。
② 王勃著，蒋清翊注，汪贤度校点《王子安集注》，上海古籍出版社1995年版，第131页。
③ ［美］包弼德著，刘宁译《斯文：唐宋思想的转型》，江苏人民出版社2001年版，第111页。

学、宣传道统、干预现实政治为目标的，主张文章应该“变骈为散”的文学改革运动。陈平原先生以为论述古文运动应该从隋代谈起：“追溯隋唐文人之重提明道宗经，以及尝试使用散体单行文体，也就成了描述古文运动发展的主要线索。之所以从隋代说起，就因为隋文帝之摒黜浮华、李谔之上书请求革正文体，以及大儒王通之提倡文章贯道，显示其时朝野间已有取六朝骈俪而代之的声音。”①

对于王通“文必贯道”思想对于“古文运动”的影响，众多学者给予了充分的肯定。如成复旺、黄保真等人的《中国文学理论史》第二册认为：“在中国古代以政教为中心的文学思想的发展史上，王通起了上承秦汉，下开唐宋的历史作用。”② 王运熙、顾易生主编的《中国文学批评史》认为：“王通的贯道济义之说，开启了唐代古文运动的先声。”③ 朱东润《中国文学批评史大纲》第十六章论述了王通的文学理论，认为其“论文独重约以则、深以典二者；至于急以怨、怪以怒，此则狂狷之文，亦非所弃；若夫傲冶碎诞，淫繁捷虚，此则小人之文，概所勿取矣。要而言之，盖以儒家宗旨，评论文学者也”。④ “唐韩愈之言文，元、白之言诗，其义先发于此”。⑤ 郭绍虞《中国文学批评史》中有：“《中说》中首先对于南朝文学施一总攻击，这即是唐代古文运动的先声。”⑥ 认为《中说·天地篇》中的“贯道”说“即是后来韩愈《送陈秀才彤序》所谓‘学所以为道，文所以为理’二语之所本”，还认为“《中说》虽不显于当时，但到了中唐以后却是相当流行的，所以这种思想也有相当的影响”。⑦

① 陈平原《唐宋古文运动述略》（上），载《浙江社会科学》，1996年第1期，第81页。
② 成复旺，黄保真，蔡忠翔著《中国文学理论史》（二），北京出版社1987年版，第31页。
③ 王运熙，顾易生主编《中国文学批评史》（上），上海古籍出版社2002年版，第222页。
④ 朱东润著，章培恒导读《中国文学批评史大纲》，上海古籍出版社2001年版，第83页。
⑤ 朱东润著，章培恒导读《中国文学批评史大纲》，上海古籍出版社2001年版，第84页。
⑥ 郭绍虞著《中国文学批评史》，上海古籍出版社1979年版，第108页。
⑦ 郭绍虞著《中国文学批评史》，上海古籍出版社1979年版，第108—109页。

这种影响在古文运动的先驱者那里，就得到了深刻的体现。如柳冕在《谢杜相公论房杜二相书》中论述道：

相公如变其文，即先变其俗，文章风俗，其弊一也。变之之术，在教其心，使人日用而不自知也。伏维尊经术，卑文士，经术尊则教化美，教化美则文章盛，文章盛则王道兴，此二者在圣君行之而已。[1]

在此，柳冕把经术、教化、文章、王道看作一个相互影响的系统，把风俗、人心、文章看作一个互动的体系，但其把“王道兴”作为最终目的。可见，只有文章能够重新担负起伦理教化的功用，才能最终振兴王道。那么，如何恢复文章的道德伦理职能呢？“文章的复古，要求学者作为个人通过他们的文学写作为公共道德负责。8世纪70年代这一代文学士大夫，一致认为文学事业必须是一项道德事业”。[2] 如萧颖士认为，“要恢复文章的道德职能，就有必要回到那些文学创作仍然能够印证道德关怀的作者那里……他要在文学写作传统的内部拯救文章。它不是谈论作为一个范畴的‘价值’，而是一种写作风格，这种风格印证了对现存（但经常被忽视）之礼的关注”。[3] 而对于李华来讲，“要为文化形式与个人行为的联合寻找基础，就需要将典籍传统集中到一系列道德正确的作品上”。[4] 贾至，735年他与李华、萧颖士一起及第。“他想，只有那些深受经书教育，将文学与伦理行为结合起来的人才能拯救斯文”。[5]

这些作家的共同特点就是看到了文学与伦理教化的关系，以为文学必

---

① 董皓等编《全唐文》，上海古籍出版社1990年版，第2371页。

② ［美］包弼德著，刘宁译《斯文：唐宋思想的转型》，江苏人民出版社2001年版，第129页。

③ ［美］包弼德著，刘宁译《斯文：唐宋思想的转型》，江苏人民出版社2001年版，第119页。

④⑤ ［美］包弼德著，刘宁译《斯文：唐宋思想的转型》，江苏人民出版社2001年版，第121页。

须与伦理道德结合，或者说文学必须体现伦理价值才能拯救“王道”。

到了韩愈和柳宗元那里，更是提出了“文以明道”的主张。韩愈在贞元八年（792年）的《争臣论》中说：“君子居其位，则思死其官；未得位，则思修其辞以明其道：我将以明道也。”[①]二十年后，柳宗元在《答韦中立论师道书》中也明确提出了“文以明道”的见解：“始吾幼且少，为文章，以辞为工。及长，乃知文者以明道，是固不苟为炳炳烺烺，务采色、夸声音而以为能也。”[②]

“文以明道”可以说是古文运动的纲领。韩愈一直都把文章作为明道的工具，其在《答李秀才书》中有云：“愈之所志于古者，不惟其辞之好，好其道焉尔。”[③]韩愈倡导古文的目的，就是要恢复古道，即恢复从尧以来传之孟子的儒学道统，恢复文学的伦理价值功能。为此，他和王通一样，也对作者提出了严格的道德修养要求，其《答李翊书》中有云：“将蕲至于古之立言者，则无望其速成，无诱于势利，养其根而俟其实，加其膏而希其光。根之茂者其实遂，膏之沃若其光晔；仁义之人，其言蔼如也。”[④]“仁义之人，其言蔼如”，无疑是对孔子“有德者必有言”的继承，也与王通对作者道德修养的基本要求相一致。

据《汉书·董仲舒传》载，汉代大儒董仲舒曾对封建伦理的构建做过这样的描绘：“人有父子兄弟之亲，出有君臣上下之谊，会聚相遇，则有耆老长幼之施，粲然有文以相接，欢然有恩以相爱，此人之所以贵也。”[⑤]而韩愈也曾在《原道》等文章中复述过这一君君臣臣的社会结构蓝图。在这种伦理等级体系中，自觉地修身养性，进行伦理道德的自我完善，为社会秩序的稳定奉献自己，就是封建士大夫的最高追求。

---

① 韩愈著，马其昶校注，马茂元整理《韩昌黎文集校注》，上海古籍出版社2018年版，第133页。
② 柳宗元著《柳宗元集》，中华书局1979年版，第873页。
③ 韩愈著，马其昶校注，马茂元整理《韩昌黎文集校注》，上海古籍出版社2018年版，第207页。
④ 韩愈著，马其昶校注，马茂元整理《韩昌黎文集校注》，上海古籍出版社2018年版，第199页。
⑤ 班固撰《汉书》，中州古籍出版社2018年版，第1027页。

而文学在这一伦理秩序中，在“道”的承载和传递中，起着非常重要的作用。

综上所述，王通所提出的“文必贯道”思想，不唯在文风浮靡的当时对于恢复文学所应该承载的道德伦理价值具有重要的意义，而且对后世也产生了深远的影响。如北宋周敦颐等人认为不载道之文，即使文辞华美也没有用处。无疑，王通对中国古典文学文以载道这一重要美学特色的传承起到了承上启下的关键作用。

【第五章】

会意为功——王绩对唐代诗歌美学的贡献

王绩一生三仕三隐，思想较为复杂，儒、释、道及玄学思想等都对他产生了深刻的影响。在其晚年作品《答处士冯子华书》中，王绩提出了“题歌赋诗，以会意为功。不必与夫悠悠闲人相唱和也”。[①] 的美学主张。这种美学主张超越了初唐宫廷诗的生成方式与审美趣味，汇通儒道玄佛思想，使其美学思想与创作实践达到了意统情志[②] 、意通自然、意与境偕的审美境界，为唐代的诗歌美学及创作实践都做出了重要贡献。

一、意统情志

初唐诗歌，以宫廷诗为主流，而宫廷诗，一般为帝王倡导下的帝王与大臣们的游宴或奉和应制之作。初唐时期，宫廷诗歌的作者及相关诗歌的数量占绝对优势。明人杨慎在其《升庵集》中，甚至认为唐代自贞观至景龙年间，诗人的作品，全是应制。这种说法虽然过于绝对，但很多诗歌为应制之作却是实情。这种宫廷诗的生成方式，也为美国著名汉学家宇文所安察觉：“在南朝和初唐，诗歌的合法场合受到严格的限制，大部分属于官场和社交的环境。”[③] “在七世纪初期，诗歌基本上是作为一种程式化的社交形式，主要创作于宫廷圈子里。”[④] 有学者统计：“清编《全唐诗》共录许敬宗诗二十七首，其中奉和应制诗二十首；录李适诗十七首，其中奉和应制诗十二首；录武平一诗十五首，其中奉和应制诗十二首；录李乂诗四十三首，其中奉和应制诗二十九首；

① 王绩著，韩理洲校点《王无功文集》（五卷本会校），上海古籍出版社1987年版，第148页。

② 关于“意统情志”的内涵，请参阅肖鹰《意统情志的王阳明美学》，《文史哲》2006年第6期，第47—53页。

③ ［美］宇文所安著，贾晋华译《盛唐诗》，生活·读书·新知三联书店2014年版，第6—7页。

④ ［美］宇文所安著，贾晋华译《盛唐诗》，生活·读书·新知三联书店2014年版，第4页。

而刘宪存诗二十六首，二十四首为奉和应制诗。还有一大批文馆学士存诗各在十首以下，而所存全都是应制诗就更突出了。”①

对于以奉和应制为主的诗歌的兴盛原因及生成方式，明胡震亨《唐音癸签》卷二十七云：“有唐吟业之盛，导源有自。文皇英姿间出，表丽缛于先程；玄宗材艺兼该，通风婉于时格。是用古体再变，律调一新；朝野景从，谣习浸广……文馆既集多材，内庭又依奥主，游宴以兴其篇，奖赏以激其价。……太宗作诗，每使虞世南和；世南死，即灵座焚之。开元帝制春雪、春台望等诗，舍人蔡孚称美，请示百僚，编国史。孚撰偃松篇，帝亦令群臣尽和之。”② 据他所见的部分文献，太宗朝和高宗朝集宴赋诗就有二十次之多，其形式或为帝王赋诗命侍臣和，或止命侍臣赋等。《新唐书·李适传》云：“凡天子飨会游豫，唯宰相及学士得从。春幸梨园，并渭水祓除，则赐细柳圈辟疠；夏宴蒲萄园，赐朱樱；秋登慈恩浮图，献菊花酒称寿；冬幸新丰，历白鹿观，上骊山，赐浴汤池，给香粉兰泽，从行给翔麟马，品官黄衣各一。帝有所感即赋诗，学士皆属和。当时人所歆慕。”③ 可见，宫廷诗的生成方式往往是皇帝作诗后，群臣纷纷应制。这些以奉和应制为主的宫廷诗歌因为社交的功用，或者为了迎合君王的品味等外在于诗歌的功利性，多歌功颂德之作，其注重的多为诗歌技艺性的东西，讲究的是字句的雕琢等形式技巧，常常是祥瑞词汇的堆垛，难以形成完整的审美意象。

如唐太宗有《正日临朝》诗云：

条风开献节，灰律动初阳。百蛮奉遐赆，万国朝未央。
虽无舜禹迹，幸欣天地康。车轨同八表，书文混四方。

① 罗实进著《唐诗演进论》，江苏古籍出版社2001年9月版，第12页。
② 胡震亨著《唐音癸签》，上海古籍出版社1981年版，第281页。
③ 欧阳修、宋祁撰《新唐书》，中华书局1975年版，第5748页。

赫奕俨冠盖，纷纶盛服章。羽旄飞驰道，钟鼓震岩廊。
组练辉霞色，霜戟耀朝光。晨宵怀至理，终愧抚遐荒。①

诸大臣纷纷奉和。魏徵《奉和正日临朝应诏》诗为：

百灵侍轩后，万国会涂山。岂如今睿哲，迈古独光前。
声教溢四海，朝宗引百川。锵洋鸣玉佩，灼烁耀金蝉。
……
既欣东日户，复咏南风篇。愿奉光华庆，从斯亿万年。②

李百药《奉和正日临朝》诗为：

化历昭唐典，承天顺夏正。百灵警朝禁，三辰扬旆旌。
充庭富礼乐，高宴齿簪缨。献寿符万岁，移风韵九成。③

岑文本、颜师古、杨师道等亦有同题诗作。这些同题之作，往往流于模式化，诗歌大都富贵华丽，具有类似的结构，但缺乏个人的思想情志。对于此类作品，杨慎在其《升庵集》中认为："命题既同，体制复一，其绮绘有余，而微乏韵度。"④并且"宫廷应制诗特殊的对象、写作主体及程式化的结构方式——破题、眼前景象的描述、歌功颂德，使得它缺少审美的新鲜感和诗意。"⑤

初唐时期宫廷诗创作的热闹，还在于对大臣们的作品，常常评定优

① 中华书局编辑部点校《全唐诗》（增订本），第3页。
② 中华书局编辑部点校《全唐诗》（增订本），第441页。
③ 中华书局编辑部点校《全唐诗》（增订本），第539页。
④ 丁福保《历代诗话续编》，中华书局1983年版，第787页。
⑤ 吴功正《初唐宫廷诗风与隐逸诗韵并生现象论析》，《福建论坛·人文社会科学版》2002年第6期，第42页。

劣，进行激赏，犹如赛诗会。《唐诗纪事》卷三就记载了一次应制诗的擂台赛实况："中宗正月晦日幸昆明池赋诗，群臣应制百余篇。帐殿前结彩楼，命昭容选一首为新翻御制曲。从臣悉集其下，须臾纸落如飞，各认其名而怀之。既进，唯沈、宋二诗不下。又移时，一纸飞坠，竞取而观，乃沈诗也。及闻其评曰：'二诗工力悉敌，沈诗落句云：微臣雕朽质，羞睹豫章材，盖词气已竭。宋诗云：不愁明月尽，自有夜珠来，犹陟健举'。沈乃伏，不敢复争。"①在这种竞争体制下，无疑很难表达出作者的真情实感。在一派奉和应制之中，其结果就是"戴着学士桂冠的诗人们争构纤微，竞为雕刻，自觉不自觉的回归齐梁，在用似乎精致而生动的声光色彩把一时承平的宫廷生活描绘得淑景宏赡，祥瑞佳美的同时，流失了真诗，也流失了诗人的本性和风采。"②

这种诗歌的生成方式与功利性的价值取向，使得传统的诗歌的言志抒情功能，在宫廷诗的体制下很难实现。故而王绩所提出的"题歌赋诗，以会意为功。不必与夫悠悠闲人相唱和"③的主张，在当时宫廷文人因御用而失去自我与个性的时代，是弥足珍贵的，为诗歌重新走上"言志""抒情"的健康轨道具有重要的现实意义。

"诗言志"最早见于《尚书·尧典》，《左传》襄公二十七年亦有类似记载。在先秦时期，诗言志"主要就是指用诗歌表现作诗者或赋诗者的思想、志向、抱负。这种思想、志向、抱负是和政治、教化密切联系着的"。④汉代及魏晋南北朝，随着诗歌创作实践的不断发展及文学的觉醒，在"诗言志"外，又提出了"吟咏情性"（《毛诗序》）和"诗缘情而绮靡"⑤（陆机《文赋》）的观点，故而传统意义上的"诗言志"

---

① 计有功辑撰《唐诗纪事》，上海古籍出版社2013年版，第28页。

② 罗实进著《唐诗演进论》，江苏古籍出版社2001年版，第13页。

③ 王绩著，韩理洲校点《王无功文集》（五卷本会校），上海古籍出版社1987年版，第148页。

④ 叶朗著《中国美学史大纲》，上海人民出版社1985年版，第256页。

⑤ 陆机著，杨明校笺《陆机集校笺》，上海古籍出版社2016年版，第17页。

已不能囊括诗歌情感表达的需要。

那么，“意”与上文所说的“志”“情”是什么关系呢？所谓“意”，《说文解字》释为“志也。从心，察言而知意也。从心从音”。[①]释“志”为“意也。从心之声”。可见，“意”“志”同意。故而《史记·五帝本纪》将《尧典》中的“诗言志”写成“诗言意”，《汉书·司马迁传》则云“诗以达意”。与王绩同时的经学家、美学家，奉太宗之命编《五经正义》的孔颖达（574—648年）认为：

> 诗者，人志意之所之适也；虽有所适，犹未发口，蕴藏在心，谓之为志；发见于言，乃名为诗。言作诗者，所以舒心志愤懑，而卒成于歌咏，故《虞书》谓之“诗言志”也。[②]

可见在初唐的诗歌美学中，“志”“意”亦为同意。至于“情”与“志”的关系，孔颖达以为：

> 在己为情，情动为志，情、志一也。[③]

在孔颖达看来，“情”“志”在本质上相同。诗歌乃是作者对于自己情志的抒发，即诗歌是用来言志抒情的，要有一定的内容思想，不能无病呻吟。它的领域非常广阔，而不必拘泥于宫廷诗的游宴和奉和应制的狭隘空间。

《说文解字》释“会”为：“合也，从亼从曾。”[④]意思就是两个或多个事物的集合。那么，在初唐孔颖达“志”“意”同意、“情”“志”统

---

① 许慎撰，徐铉校订，愚若注音《说文解字》（注音版），中华书局2015年版，第216页。
② 毛公传，郑玄笺，孔颖达等正义《毛诗正义》，上海古籍出版社1990年版，第15页。
③ 阮元校勘《十三经注疏·左传》，艺文印书馆股份有限公司（台北），2013年版，第891页。
④ 许慎撰，徐铉校订，愚若注音《说文解字》（注音版），第104页。

一的诗歌美学界定下，王绩所主张的“会意”，我们便可理解为“情”与“志”的统一，“情”与“志”的合一，或曰“意统情志”。如此，王绩的“题歌赋诗，以会意为功”[①]就是以诗歌作者的身份，与孔颖达一道，重新张扬一种言志抒情的诗歌美学。其“不必与夫悠悠闲人相唱和”的主张，则是对当时背离言志抒情轨道，以奉和应制为诗歌生成方式的批判。如此，王绩的诗歌美学，就为初唐诗歌从宫廷诗的奉和应制的生成方式重新走向言志抒情的轨道迈出了重要的一步，将诗歌重新置于一种自由抒写，而不必受宫廷社交场合等限制的超脱境界，是对初唐宫廷诗内容的狭隘和生成方式单一的批判与超越。

正如他所主张的一样，王绩现存的大约120首诗歌，基本上都是言志抒情的会意之作。闻一多在《类书与诗》里说：“太宗对于好诗的认识力很差。假如他是有眼力的话，恐怕当日撑持诗坛的台面的，是崔信明、王绩，甚至王梵志，而不是虞世南、李百药一流人了。”“我们许要想到前面所引时人批评李善‘释事而忘意’，和我批评类书家‘采事而忘意’两句话。现在我若给那些作家也加上一句‘用事而忘意’的案语，我想读者们必不以为过分。拿虞世南、李百药来和崔明信、王绩、王梵志比，不简直是‘事’与‘意’的比照吗？”[②]从闻一多先生的论述可知，王绩的诗歌非常注重“意”的表达。可见其“以会意为功”的诗歌美学主张已经融会到其诗歌创作中了。

在这种美学思想的指引下，王绩的诗歌极具个性色彩，在初唐一片奉和应制的华贵而单调的气息中，王绩的诗歌以其率真朴野的美学风貌，成为初唐文学史上的一道独特而亮丽的风景。因为其诗歌就是对其内在志意的表达，因而决不会像一些宫廷诗因面貌雷同，读后如过眼云烟一样，而是往往能给人留下深刻的印象与审美体验。

---

① 王绩著，韩理洲校点《王无功文集》（五卷本会校），上海古籍出版社1987年版，第148页。

② 闻一多著《唐诗杂论》，上海古籍出版社1998年版，第6页。

如其《未婚山中叙志》：

物外知何事？山中无所有。
风鸣静夜琴，月照芳樽酒。
直置百年内，谁论千载后！
张奉聘贤妻，考莱藉嘉偶。
孟光傥未嫁，梁鸿正须妇。[①]

这是中国文学史上一首非常独特的“征婚诗”，此诗中，王绩直抒胸臆，介绍了自己的志趣及择偶要求：其心目中的妻子绝非才子佳人模式中的娇滴滴的美女，而是像孟光那样能与自己举案齐眉，志同道合的贤妻。这首“征婚诗”质朴、亲切、自然、真诚，表达的完全是自己的心意。这种无须去迎合任何权贵，源于内心的情志是如此的率真洒脱，令人过目不忘，不愧为会意言志之作。

再如其《晚年叙志示翟处士正师》：

弱龄慕奇调，无事不兼修。望气登重阁，占星上小楼。
明经思待诏，学剑觅封侯。弃繻频北上，怀刺几西游。
中年逢丧乱，非复昔追求。失路青门隐，藏名白社游。
风云私所爱，屠博暗为俦。解纷曾霸越，释难颇存周。
晚岁聊长想，生涯太若浮。归来南亩上，更坐北溪头。
古岸多盘石，春泉足细流。东隅诚已谢，西景惧难收。
无谓退耕近，伏念已经秋。庾袞逢处跪，陶潜见人羞。
三晨宁举火，五月镇披裘。自有居常乐，谁知我世忧？[②]

① 王绩著，韩理洲校点《王无功文集》（五卷本会校），上海古籍出版社1987年版，第116—117页。
② 王绩著，韩理洲校点《王无功文集》（五卷本会校），上海古籍出版社1987年版，第110—111页。

全诗毫无保留地抒写了自己一生的心志，从少年时代因受儒家思想影响，渴望“思待诏”“觅封侯”，到中年时期试图有所作为而付出的诸多努力，再到晚年对“居常乐”的描绘和“身后忧”的担心等，全都跃然纸上。通过这首诗，我们可以很好地把握其心路历程，甚至可以从一个侧面了解隋末唐初混乱的社会状况和战乱对个人前途的影响。

王绩这种率真的、毫无雕琢的抒情言志之作，在绮绘满眼的宫廷诗时代，可谓独树一帜。难怪翁方纲在《石洲诗话》中说：“王无功以真率疏浅之格，入初唐诸家中，如鸾凤群飞，忽逢野鹿，正是不可多得也。”[①]可见其诗歌具有独特的美学价值。而盛唐诗歌能够达到文学史的高峰，唐诗能成为一代文学的代表，不也是因为其情志与审美个性的完美统一吗？

二、意通自然

王绩这种“会意”的美学主张的提出，并非仅仅是儒家“诗言志”传统的回归，还当与其追摹魏晋风度，受老庄哲学、魏晋玄学影响有关。在这些思潮影响下，王绩诗歌所会之意，往往与自然，即他所生活和热爱的山水田园相通，从而促进了唐代田园诗与山水诗的初步融合。

在《答程道士书》中，王绩明确提出：“吾欲自适其适”[②]，而不会“适人之适”。“自适”既是对老庄哲学的继承，又是对魏晋风度的追摹。《庄子》一书中，首先提出了“自适其适”“适性为美”的美学命题。《庄子·骈拇》云：

> 夫不自见而见彼，不自得而得彼者，是得人之得而不自得其得

① 王绩著，韩理洲校点《王无功文集》（五卷本会校），上海古籍出版社1987年版，第274页。
② 王绩著，韩理洲校点《王无功文集》（五卷本会校），上海古籍出版社1987年版，第157页。

者也，适人之适而不自适其适者也。夫适人之适而不自适其适，虽盗跖与伯夷，是同为淫僻也。[①]

《庄子·大宗师》云：

若狐不偕、务光、伯夷、叔齐、箕子、胥馀、纪他、申徒狄，是役人之役，适人之适，而不自适其适者也。[②]

在庄子看来，人只有“自适其适”，其自然本性才能得到保存和伸张，才能达到真正的美，此“适性”为美，“自适”为美的美学命题，在本质上就是对自然、自由的追求和肯定。这种精神，曾为魏晋名士所继承、发挥和实践。

魏晋时代，是中国历史上极为混乱的时代。司马氏集团篡魏自立，常借“不孝”罪名杀戮异己，从而使名教充满虚伪性。以“竹林名士”为代表的知识分子对此进行了激烈的鞭挞。如嵇康在《养生论》中提出“越名教而任自然”的思想，在《与山巨源绝交书》中更是提出“非汤武而薄周孔”的与虚伪礼教进行对抗的战斗宣言，显示了其与司马氏不合作的强硬姿态。他们对自然、自由的追求，可以说正是一种在特定的历史时期追求“自适”的表现。

如前文所述，追求“自适其适”的王绩，曾三仕三隐，放旷不羁，溺于酒德，在创作上以魏晋名士自比，如其《春园兴后》云：“散腰追阮籍，招手唤刘伶。”[③]《春日还庄》云：“坐棠思邵伯，看柳忆嵇康。”[④]《醉后口号》云：“阮籍醒时少，陶潜醉日多。百年何足度，

① 庄子著，方勇译注《庄子》，中华书局2010年版，第140页。
② 庄子著，方勇译注《庄子》，中华书局2010年版，第95页。
③ 王绩著，韩理洲校点《王无功文集》（五卷本会校），上海古籍出版社1987年版，第69页。
④ 王绩著，韩理洲校点《王无功文集》（五卷本会校），上海古籍出版社1987年版，第74页。

乘兴且长歌。”[①]《田家》云：“阮籍生年嬾，嵇康意气疏。相逢一饱醉，独坐数行书。”[②]这些诗歌中所列举的多是代表魏晋风度的杰出人物，可见其精神层面上与魏晋风度相通之深。

而魏晋风度的哲学基础乃魏晋玄学。王绩在《答处士冯子华书》中有：“床头素书三帙，《老》、《庄》及《易》而已。过此以往，罕尝或披。”[③]《老》《庄》《易》是魏晋玄学的经典，被奉为“三玄”，可见晚年的王绩，较为偏爱老庄哲学，受玄学影响颇深。

玄学兴起于“言意之辨”，王弼在《周易略例·明象》中指出：

> 夫象者，出意者也。言者，明象者也。尽意莫若象，尽象莫若言。言生于象，故可寻言以观象；象生于意，故可寻象以观意。意以象尽，象以言著。故言者所以明象，得象而忘言；象者，所以存意，得意而忘象。[④]

即在言、象、意三者中，“意”成为最终目的，“言”“象”只是达“意”的工具或途径。于是，“玄学发现并突出了‘意’的超越性，也就是说，玄学汇通儒道，在人生论与本体论相统一的意义上，重新规定了‘意’。因此，‘意’既突破了以政治、教化为内涵的‘志’，也突破了感于哀乐的‘情’，而成为既超越二者，又统一二者的本原性的内容——道，或道的体认”。[⑤]

王绩也认为，在“言”“象”“意”三者之中，最重要的是“意”，所以才会提出“题歌赋诗，以会意为功”[⑥]的美学命题，并对“言”的烦琐

① 王绩著，韩理洲校点《王无功文集》（五卷本会校），上海古籍出版社1987年版，第58页。
② 王绩著，韩理洲校点《王无功文集》（五卷本会校），上海古籍出版社1987年版，第65页。
③⑥ 王绩著，韩理洲校点《王无功文集》（五卷本会校），上海古籍出版社1987年版，第148页。
④ 王弼撰，楼宇烈校释《周易注》，中华书局2011年版，第414页。
⑤ 肖鹰《意统情志的王阳明美学》，《文史哲》2000年第6期，第51页。

和“象”的劳心表示不满。其《游北山赋》云：

觉老释之言繁，恨文宣之技痒。彼事业之迂斥，岂明神之宰掌？物无往而咸彰，生有资而必养。嗟大道之泯没，见人情之委枉。《礼》费日于千仪，《易》劳心于万象。[①]

并且“相对于‘志’联系于政治伦理，‘情’联系于个人性情，‘意’则联系于天地万物，在根本上即是‘自然’或‘自然之意’。玄学倡导忘言忘象，其宗旨就在于会得此‘意’”。[②] 同样，王绩所会之意，在很大程度上也正是逍遥自适的自然之意。

王绩一生虽也历经战乱，但其大部分时光是在隋及唐初比较安定的时期度过的。其诗歌中也多次有意强调他的归隐是治世的归隐。可见，王绩的自适是在政治清明的时代背景下，建立在对魏晋风度扬弃基础之上的对自然、自由的向往之情。他提出“适意”之主张时，也是在其生活富足，天下安定的贞观中期以后。其《答程道士书》云：“圣人者非他也，顺适无阂之名，即分皆通之谓。即分皆通，故能立不易方；顺适无阂，故能游不择地。”[③] 这种状态，对于王绩来说，就是他的自适之道。而这种自适，并非狭隘的适应自己的内心，而是要上升到与自然相适的状态。唯其如此，方能达到“立不易方”“游不择地”的境界。比如《醉乡记》等一些看似离经叛道的文章的写作，使“自适其适”的生活美学自然而然地化为一种自由自在、自然自适的创作心态。这种追求自由与自然的创作心态当然不是集于朝堂之上，写作奉和应制的宫廷诗的作者所能达到的。因而在玄学思想与魏晋风度的影响下，在自适其适

① 王绩著，韩理洲校点《王无功文集》（五卷本会校），上海古籍出版社1987年版，第2页。
② 肖鹰《意统情志的王阳明美学》，《文史哲》2000年第6期，第51页。
③ 王绩著，韩理洲校点《王无功文集》（五卷本会校），上海古籍出版社1987年版，第158页。

的生活与审美心态的影响下，远离了宫廷诗创作群体的王绩，其所会之意，往往是逍遥自适、与他心灵相通的自然之道，而这种自然之道，就体现在对他所熟悉和热爱的山水田园的文学性描绘与审美之中。如此，王绩之“会意”，无疑带有汇通自然之意的成分。

可见，王绩对于诗歌美学的界定，没有用传统的“情”“志”，而是选择了被魏晋玄学所高高标举的“意”字，这自然是他受玄学影响，崇尚自然之道，追摹魏晋风度所致。

而正是这种追求自适、汇通自然之意的美学实践，使王绩在唐代成为发现和追慕陶渊明的第一位重要诗人。王绩对陶渊明倾慕备至，其三仕三隐的经历恰如陶渊明，并在诗文中多次提及。如《薛记室收过庄见寻率题古意以赠》云：“尝爱陶渊明，酌醴焚枯鱼。”[①]《赠学仙者》云：“谁知彭泽意，更道步兵耶？”[②]甚至屡屡化用其诗文，如《田家》诗中的：“草生元亮径，花暗子云居。”[③]《秋园夜坐》诗中的：“寂寞知何事？东篱菊稍芳。”[④]《采药》诗中的：“且复归去来，刀圭养衰疾。”[⑤]等。因其作风与诗歌韵味与陶渊明极为相似，明黄汝亨在《黄刻东皋子集序》中云：“东皋子放逸物表，游息道内。师老、庄，友刘、阮。其酒德诗妙，魏、晋以来，罕有俦匹。行藏生死之际，澹远真素，绝类陶征君。”[⑥]

王绩对陶渊明的发现和追慕，可谓开盛唐诗人追慕陶渊明之先河。宇文所安在其《盛唐诗》中以为：“当八世纪的诗人从诗歌历史中寻找在价值观上与宫廷诗对立的作家时，他们发现田园诗人陶潜（365—427年）的文学天赋和诗歌个性完全符合这一要求。陶潜的简朴语言与

① 王绩著，韩理洲校点《王无功文集》（五卷本会校），上海古籍出版社1987年版，第55页。
② 王绩著，韩理洲校点《王无功文集》（五卷本会校），上海古籍出版社1987年版，第68页。
③ 王绩著，韩理洲校点《王无功文集》（五卷本会校），上海古籍出版社1987年版，第65页。
④ 王绩著，韩理洲校点《王无功文集》（五卷本会校），上海古籍出版社1987年版，第133页。
⑤ 王绩著，韩理洲校点《王无功文集》（五卷本会校），上海古籍出版社1987年版，第102页。
⑥ 王绩著，韩理洲校点《王无功文集》（五卷本会校），上海古籍出版社1987年版，第224页。

宫廷诗人的雕琢和雅致相对立；他的反叛性自由与宫廷诗人的卑躬顺从相对应；他强调诗歌创作纯是为了个人愉悦，正可以用来替代宫廷诗的为社交需要而作诗。陶潜是自由诗人与个性诗人的完美模式。”① “在所有取自文学传统的模式中，陶潜的模式最有力、最持久地取代了宫廷诗。”② 可以说，盛唐诗人正是追寻着王绩的步武，对陶潜进行了大规模的集体性的挖掘，而王绩恰是一个孤独的先行者，这正可说明王绩具有超越其时代的审美鉴赏眼光。

早在第一次弃官归隐时，王绩就表达出了对于陶渊明式的田园生活的热爱之情。其《解六合县丞还》云：

我家沧海白云边，还将别业对林泉。
不用功名喧一世，直取烟霞送百年。
彭泽有田惟种黍，步兵从宦岂论钱？
但使百年相续醉，何辞夜夜瓮间眠？③

林泉烟霞，田园杯酒，这就是王绩所向往的生活。第二次出仕时，王绩更是流露出了对故乡田园的无限牵挂和重新归隐的意愿。其《在京思故园见乡人遂以为问》云：

旅泊多年岁，忘去不知回。忽逢门外客，道发故乡来。
敛眉俱握手，破涕共衔杯。殷勤访朋旧，屈曲问童孩。
衰宗多弟侄，若个赏池台？旧园今在否？新树也应栽？
柳行疏密布？茅斋宽窄裁？经移何处竹？别种几株梅？

① ［美］宇文所安著，贾晋华译《盛唐诗》，生活·读书·新知三联书店2014年版，第7页。
② ［美］宇文所安著，贾晋华译《盛唐诗》，生活·读书·新知三联书店2014年版，第8页。
③ 王绩著，韩理洲校点《王无功文集》（五卷本会校），上海古籍出版社1987年版，第61—62页。

渠当无绝水？石计总生苔？院果谁先熟？林花那后开？

羁心祇欲问，为报不须猜。行当驱下泽，去剪故园莱。[①]

全诗十一问，只一句问到了“弟侄”，却不是问学业等建功立业之事，而是关心谁跟自己一样对园林之美情有所钟。其他十问都是对故乡园林景致的关切，可见在旅泊多年之后，最让他魂牵梦萦的就是故园的树、竹、梅、渠、石、苔、果、花等景致。其对故乡田园的深厚感情通过这些质朴的发问得到了淋漓尽致的发挥。而其结语“行当驱下泽，去剪故园莱”，恰如陶渊明《归去来兮辞》中的“幸迷途其未远，觉今是而昨非”，似乎是其行将归隐的宣言。

真正归隐之后，王绩的诗歌创作便显示出了无限的自由与独特的魅力，如其《春日山庄言志》：

平子试归田，风光溢眼前。野楼全跨迥，山阁半临烟。

入屋欹生树，当阶逆涌泉。剪茅通涧底，移柳向河边。

崩砂犹有处，卧石不知年。入谷开斜道，横溪渡小船。

郑玄唯解义，王列镇寻仙。去去人间远，谁知心自然。[②]

王绩诗中的山庄景色皆为一种原生状态，纯属自然本色，斜生的树、逆涌的泉、剪茅才可通的涧底、尚未植柳的河边以及古老的崩砂、卧石等这些人迹罕至的自然风光，都让他感到欣喜万分，因为这正可表达他汇通田园山水之“意”，即他所追求的“心自然”状态。就这样，弃官归隐的王绩，在故乡过着自在逍遥的田园生活。其在《答处士冯子华书》中自谓：“吾河渚间，元有先人故田十五六顷。河水四绕，东西

① 王绩著，韩理洲校点《王无功文集》（五卷本会校），上海古籍出版社1987年版，第127—128页。

② 王绩著，韩理洲校点《王无功文集》（五卷本会校），上海古籍出版社1987年版，第46页。

趣岸，各数百步。”[①] 他干脆在此结庐构屋，与隐士为邻而摒弃世俗吊庆十有余年，真正过着自适其适的自在生活。

家乡壮丽的自然山水，让王绩无限向往和喜爱。农闲之余，据其《答刺史杜之松书》载，他常常是“登山临水，邈矣忘归；谈虚语玄，忽焉终夜。”[②] 其《答处士冯子华书》中也有：“遇天地晴朗，则于舟中诵大谢‘乱流趋孤屿’之诗，眇然尽山林陂泽之思。觉瀛洲方丈森然在目前。”[③] 可见，他不但爱好陶渊明的田园诗，而且对于谢灵运的山水之作，也甚是欣赏，常常咏诵。躬耕东皋、啸傲山林、弹琴饮酒、吟咏泉林，就是这位孤高隐士的日常生活。正是此前这些著名的山水田园诗人的哺育，再加上他那颗意通自然的诗心，王绩写作了大量的山水田园诗歌。这些诗歌，不仅是描写田园生活，也不仅是描绘山光水色，而是将二者融汇一处，难分彼此。如其广为称颂的《野望》：

> 薄暮东皋望，徙倚将何依？树树皆秋色，山山唯落晖。
> 牧人驱犊返，猎马带禽归。相顾无相识，长歌怀采薇。[④]

诗中既有落晖满眼的山色，亦有牧人、猎马返家的田园牧歌式的风光，更有作者在这种暮景中的独特感受。据笔者初步统计，王绩山水田园之作共计七十余首，占其现存诗歌的一半以上，这些作品堪称王绩诗作的精华，很多在艺术上甚至可与盛唐诗歌相媲美。纪昀在《四库全书总目提要》中有云：“其诗惟《野望》一首为世传诵，然如《石竹咏》，意境高古；《薛记室收过庄见寻》诗二十四韵，气格遒健，皆解

① 王绩著，韩理洲校点《王无功文集》（五卷本会校），上海古籍出版社1987年版，第148页。
② 王绩著，韩理洲校点《王无功文集》（五卷本会校），上海古籍出版社1987年版，第134页。
③ 王绩著，韩理洲校点《王无功文集》（五卷本会校），上海古籍出版社1987年版，第148页。
④ 王绩著，韩理洲校点《王无功文集》（五卷本会校），上海古籍出版社1987年版，第77页。

涤初唐排偶板滞之习，置之开元、天宝间，弗能别也。”①

王绩这些汇通自然之意的山水田园诗歌，以其高度的艺术价值和意趣，对盛唐田园山水诗派的形成产生了重要的启迪作用。有研究者以为：“王、孟的山水田园诗的内容大体上没有超出王绩的范围，如隐者的孤怀幽情、静夜的相思，季节转换带给内心的波动以及山光水色带给生命的欢愉、了悟。”②

正是这种追摹魏晋风度的自适之道与魏晋玄学的影响，使王绩的美学趣味远离了宫廷文学的束缚，转向了山水田园，从而汇通自然之意，上承陶、谢，下启王、孟，促成了田园与山水诗派的初步融合，为唐代诗歌美学的发展丰富开了一代先河。

三、意与境偕

“会意”的美学主张与创作实践，还使王绩成为唐代诗歌意境追求的先行者。

“意境”是我国古代重要的美学范畴之一。虽然对于诗歌意境理论的提出和探讨主要是在中晚唐完成的，但它实质上是对此前和当时的文学，主要是诗歌在主体与客体、情与景、语言的字面意义与联想意义等创作实践和审美特点方面的总结与概括。如果没有此前丰富的文学实践，就不可能有意境理论的提出。而“盛唐诗人在创作实践中解决了诗歌意境创造所应解决的几乎所有问题”，③ 于是在中晚唐才出现了对于意境的广泛研究和探讨，并最终确立了这一重要的美学范畴。

要探讨意境理论的形成和理解意境的含义，必须要弄清如下概念：

其一是“象”。“象”乃客观景象、客观物象、客体形象之意。《周

① 王绩著，韩理洲校点《王无功文集》（五卷本会校），上海古籍出版社1987年版，第226页。

② 高建新《王绩：盛唐山水田园诗的先声》，《内蒙古大学学报》（人文社会科学版）2001年第3期，第16页。

③ 罗宗强著《隋唐五代文学思想史》，中华书局2003年版，第149页。

易·系辞上》有云：

子曰："书不尽言，言不尽意。"然则圣人之意，其不可见乎？子曰："圣人立象以尽意，设卦以尽情伪。"①

其二是"意象"。意象是作者的主观情意、情思与客观物象相融合的产物。刘勰《文心雕龙·神思》云：

使元解之宰，寻声律而定墨；独照之匠，窥意象而运斤：此盖驭文之首术，谋篇之大端。②

神用象通，情变所孕。物以貌求，心以理应。刻镂声律，萌芽比兴。结虑司契，垂帷制胜。③

在此，刘勰指出了意象对于文章构思的重要作用，并认为诗人使外物形象与主观神思相通融，并在诗人的情思中孕育成审美意象，即"神用象通，情变所孕"。

其三是"境"或"境界"。"境"或"境界"在先秦两汉的古籍中多指边界即疆土的界线。东汉以后佛经的翻译中，"境"或"境界"又从实体的界线，借用为指精神所能达到的某种终极地步。《佛学大辞典》释"境界"为："自家势力所极之境土。又，我得之果报界域，谓之境界""心之所游履攀援者谓之境，如色为眼识所游履，谓之色境；乃至法为意识所游履，谓之法境。"④受此影响，"境"或"境界"便可指一种精神现象。

① 杨天才、张善文译注《周易》，中华书局2011年版，第599页。
② 刘勰著，杨明照校注拾遗《增订文心雕龙校注》，中华书局1999年版，第372页。
③ 刘勰著，杨明照校注拾遗《增订文心雕龙校注》，中华书局1999年版，第373—374页。
④ 丁福保编《佛学大辞典》，文物出版社，1994年版，第1247页。

作为审美范畴的意境理论的提出，一般认为可从生活于开元、天宝年间的殷璠说起，在他评选的《河岳英灵集》中，提出了“兴象”这一概念，用以指代诗歌中完整的审美意象，这种审美意象具有“兴”的特点，它“可以极大的感发人的性灵，产生浓厚的审美兴趣，启发人们丰富的想象”。[①] 而首先提出诗歌“意境”这一词语的，为署名王昌龄的《诗格》[②]：“诗有三境。一曰物境：欲为山水诗，则张泉石云峰之境极丽绝秀者，神之于心，身处于境，视境于心，莹然掌中，然后用思，了然境象，故得形似。二曰情境：娱乐怨愁，皆张于意而处于身，然后驰思，深得其情。三曰意境：亦张之于意，而思之于心，则得其真矣。”[③] 在此，《诗格》论述了意境构成的“心”与“物”之间的关系，“为我国古代对诗歌意境进行探讨的最早的明确的理论表述。”[④]

其后，诗僧皎然（720—800年）也指出了意与境之间的关系，其在《秋日遥和卢使君游何山寺宿敭上人房论涅磐经义》中提出：“诗情缘境发，法性寄筌空。”[⑤]与皎然同时期的戴叔伦（732—789年）提出：“诗家之景，如蓝田日暖，良玉生烟，可望而不可置于眉睫之前也。”[⑥] 刘禹锡（772—842年）在《董氏武陵集序》中则认为：“诗者，其文章之蕴耶？义得而言丧，故微而难能；境生于象外，故精而寡和。”[⑦] 戴叔伦的“兰田日暖，良玉生烟，可望而不可置于眉睫之前”，正可看作是刘禹锡“境生象外”的形象表述。

晚唐的司空图更提出“韵外之致”“味外之旨”“象外之象”，

① 张少康著《中国文学理论批评史教程》，北京大学出版社，1999年版，第169页。

② 王昌龄是否为《诗格》之作者，尚有疑问。参见罗宗强《隋唐五代文学思想史》，中华书局2003年版，第150—151页。

③ 罗宗强著《隋唐五代文学思想史》，中华书局2003年版，第151页。

④⑤ 罗宗强著《隋唐五代文学思想史》，中华书局2003年版，第153页。

⑥ 司空图著，祖保泉、陶礼天笺校《司空表圣诗文集笺校》，安徽大学出版社2002年版，第215页。

⑦ 董皓等编《全唐文》，上海古籍出版社1990年版，第2708页。

"景外之景"。其在《与李生论诗书》中提出了"辨于味而后可以言诗"[①]以及"韵外之致""味外之旨"[②]这两个问题。"辨于味"是指辨别诗歌中所蕴含的情趣韵味，"韵外之致""味外之旨"是指诗歌情趣韵味之外的旨趣，比如醯虽酸，鹾虽咸，然于酸咸之外，乏醇美之味，醇美对于酸咸而言，就是"味外之旨""韵外之致"。诗歌要想获得这样的境界，就需要"近而不浮，远而不尽"。[③]

在《与极浦书》中，司空图还提出了"象外之象""景外之景"[④]，即在诗歌所描写的具体意象之外，读者还能体会出文字所描绘的具体意象之外更为深远、空灵的艺术境界，这种体会是借助于读者的审美联想而实现的。通过这种联想，读者可品味到诗歌所蕴含的"韵外之致""味外之旨"，即后代学者所说的"言有尽而意无穷"的高妙境界。[⑤]

可见，诗歌意境理论的形成，是一个不断丰富和发展的过程。此外，意境理论的形成，也曾受到玄学和佛教思想的深刻影响。关于言、象、意的关系，除了《周易》中提出的"言不尽意""立象尽意"外，《庄子·外物》中还有："荃者所以在鱼，得鱼而忘荃；蹄者所以在兔，得兔而忘蹄；言者所以在意，得意而忘言。"[⑥]在此庄子强调的着重点不在于文辞，而在于意。"言"乃得"意"之工具。王弼在《周易略例·明象》中，进一步发挥了这一观点，认为"言"的作用在于"明象"，"得象"即可"忘言"；"象"的作用在于"存意"，"得意"即

① 司空图著，祖保泉、陶礼天笺校《司空表圣诗文集笺校》，安徽大学出版社2002年版，第193页。

② 司空图著，祖保泉、陶礼天笺校《司空表圣诗文集笺校》，安徽大学出版社2002年版，第194页。

③ 司空图著，祖保泉、陶礼天笺校《司空表圣诗文集笺校》，安徽大学出版社2002年版，第193—194页。

④ 司空图著，祖保泉、陶礼天笺校《司空表圣诗文集笺校》，安徽大学出版社2002年版，第215页。

⑤ 宋代严羽以禅喻诗，认为"大抵禅道惟在妙悟，诗道亦在妙悟。……诗者，吟咏性情也。盛唐诸人惟在兴趣，羚羊挂角，无迹可求。故其妙处透彻玲珑，不可凑泊，如空中之音，相中之色，水中之月，镜中之象，言有尽而意无穷。"（《沧浪集》卷一）

⑥ 庄子著，方勇译注《庄子》，中华书局2010年版，第466页。

可“忘象”。言、象、意三者之间，“象”是由“言”到“意”的中介。通过象，才能以具体之“言”来达抽象之“意”。而使诗歌产生“言”有尽而“意”无穷的效果，也是靠“象”来传达的，即“境生象外”。可见，关于“言”“象”“意”三者关系的探讨，对于诗歌意境理论的产生有着重要的启发意义。佛教学说的有些认识与上述玄学对“言”“象”“意”关系的认识较为一致。如僧肇在《般若无知论》中就强调超于“言象”及“象外之谈”对于佛法领悟的重要性，即要想领悟佛法之“意”，必须超越于“言象”之外。故而佛教学说中关于“象外”的理论，对诗歌意境理论的提出，也有着直接的影响与启迪作用。可见，“玄学中‘言、象、意’关系的辨析及佛教中关于‘象外’说的理论，与诗歌意境理论的产生有极密切的关系。”①

从上述诸家关于意境的探讨可知，意境乃是依靠作品形象的艺术张力所引发的更加广阔的艺术空间，是以有限的诗歌语言营造出的言有尽而意无穷的艺术境界，是超越于字面意义的更加丰富的艺术联想境界。因而主要是因为意境的营造，才形成了我国古典诗歌含蓄蕴藉的审美特点。

王绩生活的时代，意境理论尚未提出，但因王绩出身于六代冠冕的文化世家，且博学多识，对于影响意境理论产生的诸多因素，比如上文提到的儒道玄佛思想等，王绩都非常谙熟，甚至超越了任何一家单一的思想而能将之融会贯通，其《答程道士书》云：“昔孔子曰‘无可无不可’，而欲居九夷；老子曰‘同谓之玄’，而乘关西出；释迦曰‘色即是空’，而建立诸法：此皆圣人通方之玄致，宏济之秘藏。实冀冲鉴君子相期于事外，岂可以言行诘之哉？故仲尼曰‘善人之道不践迹’，老子曰‘夫无为者，无不为也’，释迦曰‘三灾弥纶，行业湛然’。夫一

① 孟二冬《意境与禅玄——中唐诗歌意境论之诞生》，《北京大学学报》（哲学社会科学版），1996年第4期，第62页。

气常凝，事吹成万；万殊虽异，道通为一。”[①]其晚年受玄学和佛教思想的影响更为深刻。如他的《薛记室收过庄见寻率题古意以赠》中有：“赖有北山僧，教我以真如。使我视听遗，自觉尘累祛。何事须筌蹄？今已得兔鱼。”[②]此一段诗中，就显示出了其所受释、道两家思想影响之深。遣去视听，祛除尘累，留下的只有所悟到的真谛，联系下句他对“得兔忘蹄”“得鱼忘筌”的运用，我们知道，其悟到的真谛，不正是一个“得意忘言”的“意”字吗？如此说来，参佛悟道的过程，不也正是“会意”的过程吗？可见，佛教真如思想是如此深刻的渗透到其内心。这自然会影响到他的美学思想与诗歌创作，影响到他所提出的“题歌赋诗，以会意为功”。[③]的美学主张。

笔者以为，“以会意为功”，也就抓住了意境产生的最本质的东西：诗歌的写作，不是词藻的堆积，也非仅仅是形象的描摹，其绝妙之处唯在表达出一种玄远的象外之意。有学者指出，“所谓‘会意’，即文学艺术的创作，重在创作主体主观意兴的表达，即使描写客观事物，也重在把握对象与主体心境相符的整体特征。以这种创作思想为主导，作者一般不会对客体事物作外形上的细致描绘，而是将自己的感兴融汇到客观事物中，从而创造出浑然的意境”。[④]这种对王绩“会意”美学主张的分析是非常有道理的。

同时，王绩还具有审美上的意境感，即在阅读别人作品时，善于抓住和领会作品中的意境。如在《答处士冯子华书》中有：“吾往见薛收《白牛溪赋》，韵趣高奇，词义旷远，嵯峨萧瑟，真不可言。壮哉邈乎！杨班之俦也。”[⑤]在此，王绩体会到了《白牛溪赋》的“韵趣高

---

① 王绩著，韩理洲校点《王无功文集》（五卷本会校），上海古籍出版社1987年版，第158页。

② 王绩著，韩理洲校点《王无功文集》（五卷本会校），上海古籍出版社1987年版，第55页。

③ 王绩著，韩理洲校点《王无功文集》（五卷本会校），上海古籍出版社1987年版，第148页。

④ 张海沙《题歌赋诗以会意为功——试论王绩的佛学思想及其文学实践》，《学术研究》1997年第10期，第81页。

⑤ 王绩著，韩理洲校点《王无功文集》（五卷本会校），上海古籍出版社1987年版，第149页。

奇，词义旷远”的境界，韵趣高者，乃境界高；词义远者，乃言有尽而意无穷，故而王绩感觉到其赋的妙处“真不可言”，即具有只可意会，不可言传的意境美。这些用语与此后意境理论的探讨者所用的语言，已经相差无几。从这个意义上讲，王绩真可算作唐朝意境理论的先行者。再如《答处士冯子华书》中还有：“遇天地晴朗，则于舟中诵大谢‘乱流趋孤屿’之诗，眇然尽山林陂泽之思。觉瀛洲方丈森然在目前。”①在阅读“乱流趋孤屿”诗时，产生的“眇然尽山林陂泽之思。觉瀛洲方丈森然在目前”这种感觉，正是诗歌语言在读者那儿产生的“象外之象”“景外之景”。可见，王绩非常善于领会和把握作品的意境。

因为具有了这样的美学主张和审美能力，王绩在自己的诗歌中创造出了诸种审美意境，主要有：

（一）淡泊空灵的无碍之境

王绩善于在诗歌中运用一些简单自然的意象，创造出一种淡泊空灵、毫无滞障的境界。如其《夜还东溪中口号》：

石苔应可践，丛枝幸易攀。青溪归路直，乘月夜歌还。②

“口号”是一种即兴之作，这首诗只有短短的四句，简单明了，毫无雕琢的痕迹。其描写的画面或者说情景无非是诗人在月光下践石苔，攀丛枝，沿着小溪，唱着歌回家而已，但其中无处不在的诗人的感触，让我们读到了超越了字面意义的诗人的心情和归途的环境。从而形成了“境生于象外”的审美感受。如首句中的“应”字，让我们联想起石苔可能是滑滑的，因而诗人走在上面的时候先要试探一下，虽然觉

① 王绩著，韩理洲校点《王无功文集》（五卷本会校），上海古籍出版社1987年版，第148页。
② 王绩著，韩理洲校点《王无功文集》（五卷本会校），上海古籍出版社1987年版，第46页。

得可以从上面走，但还是担心会有滑倒的可能，于是第二句用了一个“幸”字，幸好有这么多的枝条能够随时抓在手里，这样就不容易被滑倒了。为什么这儿这么滑要时刻小心翼翼呢？原来这是走在水流潺潺的青溪边上，回家的心情在柔媚的月光下，化作一首悠扬的歌从诗人心头流出——我们且不用去问他唱的是什么，如果说清楚了反而就失去韵味了，但我们知道一定是能够与他的心情“会意”的——这歌声伴着流水在夜空中荡漾，虽然隔着遥远的时空，但那袅袅的余韵，仿佛还飘荡在我们的心头……这就是诗人创造出的淡泊空灵、毫无滞碍的优美意境给我们带来的审美体验。其他如《秋夜喜遇姚处士义》等，也带给我们同样的审美感受。

这种空灵无碍的境界，当对盛唐的山水田园诗产生了深刻的影响，像王维的《山居秋暝》等诗中表现出的空灵、澄澈的艺术境界，正可从王绩的一些山水田园诗中寻到其端倪。

（二）清高寂寞的隐者之境

虽然王绩也像陶渊明一样选择了归隐，但他却没有像陶渊明一样与周围的群众打成一片，而是在他的诗歌里形成了一种清高寂寞的氛围。如其《山夜调琴》：

促轸乘明月，抽弦对白云。从来山水韵，不使俗人闻。[①]

从中我们可以读出王绩内心的清高玄远，仿佛只有明月与白云这样高雅脱俗的自然风物，才有资格聆听他的琴声。当然，这种清高让他难免寂寞，其《题黄颊山壁》云：

---

① 王绩著，韩理洲校点《王无功文集》（五卷本会校），上海古籍出版社1987年版，第65页。

别有青溪道，斜亘碧岩隈。崩榛横古蔓，荒石拥寒苔。
野心长寂寞，山径本幽回。步步攀藤上，朝朝负药来。
几看松叶秀，频值菊花开。无人堪作伴，岁晚独悠哉！①

不管是“野心长寂寞”，还是“无人堪作伴”，我们都可以透过其字面意义，体会出隐者那种清高而又寂寞的心境。上文所提到的《野望》等诗，也体现了同样的感觉。这种寂寞清高的隐者之境，也可从盛唐诗人王维的诗中读到：如其《辛夷坞》《竹里馆》等诗中的“涧户寂无人”“深林人不知”等诗句，表达了同样的寂寞之情。可能正是某种心态的相似性，使得这样一种诗歌意境在山水诗之间传承不衰。

（三）道家的不平与超越之境

王绩受道家思想的影响较深，因而在其作品中常显示出对社会和人生的反思、批判，以及超越等意味。如其《赠程处士》：

百年长扰扰，万事悉悠悠。日光随意落，河水任情流。
礼乐囚姬旦，诗书缚孔丘。不如高枕枕，时取醉消愁。②

这首诗的字面意义就是首先指出了人世“长扰扰”“悉悠悠”的纷繁状态，然后描述了自然界的日光、河水之“随意”“任情”的自然状态，接着指出礼乐、诗书实际上把他们的创制与提倡者给束缚住了，最后表明自己的态度：还是高卧枕上，常常以醉消愁吧！我们说这首诗有超越字面意义的境界，是因为读完这首诗后我们感觉到，与人世的纷繁状态相比较，自然界“随意”“任情”的自然状态看起来更加自由、逍

① 王绩著，韩理洲校点《王无功文集》（五卷本会校），上海古籍出版社1987年版，第48页。
② 中华书局编辑部点校《全唐诗》（增订本），中华书局1999年版，第485页。

遥；那些维持社会政治生活秩序的诗书礼乐以及其他规范性的东西，实质上都是对人性自然状态的束缚，所以只有对其进行超越，才能摆脱束缚，获得身心的自由。罗宗强、郝世峰主编的《隋唐五代文学史》认为，王绩的诗“有一种庄子式的不平，和由这种不平走向任自然、超然物外的境界”。[①] 笔者深以为然。

（四）天趣高妙的自然之境

王绩在隐居的岁月里，把身心融入了家乡的树木山水、药田樵路，获得了高妙自然的天趣，故而在其诗歌中，能够营造出一种高妙的自然之境。如其《山中夏日九首》之七：

幽居枕广川，长望郁芊芊。北岩采樵路，东坡种药田。
涧泉通院井，山气杂厨烟。向夕林庭旷，萧条鸣一弦。[②]

透过文字描写的优美宁静的山居环境，我们还能从通院井的涧泉，隐约听到潺潺的流水声；还能通过郁芊芊的林木，杂厨烟的山气，感受到人与自然的亲密融合。诗中那一声鸣弦，不管是诗人的即兴弹奏，还是风儿的随意撩拨，都似绝尘的天籁之音，让这种美丽的境界获得了极为高妙的自然天趣，具有不可言说之美。这种自然、高妙又不乏洒脱的境界，在王维的《终南别业》等诗歌中，得到了很好的继承和发扬。可知，王绩诗歌的这种审美意境，已启盛唐之先鞭。

而当时占主流地位的宫廷诗歌，是不可能创作出像王绩这样的诗歌意境的，因为模式化的宫廷诗歌，其创作的目的就与意境理论相悖，它表达的意思不是求玄远，而是要让人一看就懂，不需要长时间品味。

---

① 罗宗强、郝世峰主编《隋唐五代文学史》（上），高等教育出版社1990年3月版，第48页。
② 王绩著，韩理洲校点《王无功文集》（五卷本会校），上海古籍出版社1987年版，第86页。

“宫廷诗是一种表面化的诗歌，它所说出来的确是它所要表达的。宫廷诗的隐喻只采用易懂的代用语，如以天庭指宫廷，以仙人指朝廷”。[①] 而王绩则“创造了一种宁静淡泊而又朴厚疏野的诗歌境界”。“标志着文学史上一个新的时期的开始，他是唐代诗歌对意境追求的先行者。”[②] 通过以上分析，笔者以为，研究者对王绩意境美的追求和创造的肯定，绝非溢美之词，他以自己的创作实践，开启了一条唐诗追求意境美的光明大道。

综上所述，王绩的“题歌赋诗，以会意为功。不必与夫悠悠闲人相唱和”[③] 的美学主张，在宫廷诗占主宰地位的初唐，重新标举言志抒情的旗帜，追求自然与自由的美学思想，走出了宫廷诗歌狭小的空间和审美范式，汇通了田园山水诗歌，并且以自己的美学主张与创作实践，开唐诗追求意境美的先河，成为唐代诗歌美学的重要组成部分而值得我们继续探讨。

① ［美］宇文所安著，贾晋华译《盛唐诗》，生活·读书·新知三联书店2014年版，第46页。

② 张海沙《题歌赋诗以会意为功——试论王绩的佛学思想及其文学实践》，载《学术研究》，1997年第10期，第81页。

③ 王绩著，韩理洲校点《王无功文集》（五卷本会校），上海古籍出版社1987年版，第148页。

【第六章】气陵云汉——王勃与唐诗风骨美的生成

与同时代的宫廷文学相比，王勃的诗文充斥着一股刚健宏博的气势，蕴含着生命的激情，句美意丰，读之酣畅淋漓，令人不忍释卷。笔者以为，这种审美境界是与他讲求文“气”之壮美分不开的。唯文气壮美，慷慨任气，故能形成其诗文之风骨，正如王世贞在《艺苑卮言》中的评价，其诗文虽沿陈隋之遗，但因其骨气翩翩，意象老境，而能超胜于陈隋之习。王勃在《平台秘略赞十首·艺文》中提出，文章当“气陵云汉，字挟风霜。”[①]在《上绛州上官司马书》中有：“逸气遒文，运风霜于掌握。”[②]可见他对文气壮美的追求不仅停留在创作的层面上，而且上升到了理论的高度。为此，笔者在本章将对王勃所用之“气”范畴作一梳理，来探讨和把握王勃之文气与风骨的关系，并以此探寻王勃在形成盛唐之音的美学高峰中所做出的努力。

一、唐前“气”范畴概说

“气”，在中国传统文化中，是一个非常重要的哲学、美学范畴。其内涵非常丰富，几乎中国古代哲学的各个派别以及美学的各个领域都对它有所论及。在此，笔者仅根据本书的需要，择其要者，对王勃所生活的唐朝之前“气”这一范畴的概况作一简述。

“气”的本义，指的是自然界的云气。许慎《说文解字》认为，“气”是一个象形字，指的是云气之形。其后，便引申为一切气体，以及气体的味道、状貌等特征，甚至与气相关的一些概念等，都离不开气

① 王勃著，蒋清翊注，汪贤度校点《王子安集注》，上海古籍出版社1995年版，第428页。
② 王勃著，蒋清翊注，汪贤度校点《王子安集注》，上海古籍出版社1995年版，第169页。

的参与，像气候、节气、天气等。比如早在春秋时期，人们就认为“天有六气”，即阴、阳、风、雨、晦、明，等等。

而我国古代哲学则依据自然的发展演变规律，认为“气”是宇宙的本原和生命的根基，并形成了自然元气说。元气乃是指天地未分以前的浑然之气，或指天地之间的总体之气。《老子》第四十二章云：“万物负阴而抱阳，冲气以为和。”①《庄子·知北游》亦云：“通天下一气耳。”②认为天地万物都是禀受阴阳冲和之气生成的，气乃是宇宙和生命的本源。《周易·系辞》亦主“精气为物”说。《管子》一书，也指出自然界的一切事物都是“根天地之气”，③“有气则生，无气则死，生者以其气”。④汉代以降，自然元气本体论已被广泛接受。如王充在前人基础上，建立了较为系统的自然元气本体论，其《论衡·谈天》认为：“元气未分，浑沌为一。……及其分离，清者为天，浊者为地。”⑤《论衡·自然》认为：“天地合气，万物自生。”⑥《论衡·言毒》认为：“万物之生，皆禀元气。”⑦由此，“气”作为宇宙和生命的本源，成为中国哲学的重要范畴，并以其丰富的内涵，贯穿中国哲学的始终，甚至具有解释一切的本体论意义。张岱年说:“在中国哲学中，注重物质，以物的范畴解说一切之本根论，乃是气论。”⑧

气既然是宇宙和生命的本源，人自然也是“禀元气”而生的万物之一，所以人的生命也依赖于自然之气。故而《庄子·知北游》以为：“人之生，气之聚也；聚则为生，散则为死。”⑨因为“气”是人生命的

① 陈鼓应著《老子注译及评介》，中华书局2015年版，第225页。
②⑨ 庄子著，方勇译注《庄子》，中华书局2010年版，第359页。
③ 李山译注《管子》，中华书局2009年版，第58页。
④ 李山译注《管子》，中华书局2009年版，第85页。
⑤ 陈蒲清点校《论衡》，岳麓出版社2006年版，第139页。
⑥ 陈蒲清点校《论衡》，岳麓出版社2006年版，第234页。
⑦ 陈蒲清点校《论衡》，岳麓出版社2006年版，第293页。
⑧ 张岱年《中国哲学大纲》，江苏教育出版社2005年版，第50页。

本根，所以人的一切活动，也就是气的运动形式。而气的运动又表现为人的心理、精神活动。如《素问·阴阳应象大论》认为："人有五脏化五气，以生喜怒悲忧恐。"[①]可见，中国传统文化中的哲学、医学都认为，人的心理、情感活动皆由气生，自然之气再化生为人的情感之气，这正是中国古代"天人合一"思想在"气"论中的表现。此后，很自然地便有血气、志气、意气、才气、风气等相应概念的出现。于是，"气"不仅是万物的本源，还被认为是一种"天人合一"的主体精神现象。

"气"作为人的一种精神现象，对后世影响深远的有孟子的"养气"说。《孟子·公孙丑上》云:"我善养吾浩然之气。"[②]"其为气也，至大至刚，以直养而无害，则塞于天地之间。"[③]作为主体之人的气生于自然，而这种源于自然，化生为主体的人的"气"，又被作为主体的人所"养"，培育成为一种顶天立地的"浩然之气"。可见在孟子那里，"气"作为一种"天人合一"的媒介，开始了在人与自然之间的互动。人的主体力量所表现出来的气概，得到了前所未有的张扬。孟子之气，是一种巨大的主观精神力量。这种力量具有宏伟刚健、勇往直前的特点。而"养气"本身就是儒家道德修养、人格完善的过程。为此，孟子特别指出："其为气也，配义与道。"[④]这就把自然之气与人类社会的修身养性、道德伦理联系起来。"气"也从自然哲学的领域进入到了精神哲学的领域。

"气"既是万物的本原，又是一种精神现象，就不可避免的与美学发生关联。"就是在王充的元气自然论的直接影响下，魏晋南北朝时期出现了'气'的美学。"[⑤]在文艺美学方面，曹丕在其《典论·论文》

① 姚春鹏译注《黄帝内经》，中华书局2010年版，第58页。

② 孟子著，杨伯峻译注《孟子译注》，中华书局2008年，第46页。

③④ 孟子著，杨伯峻译注《孟子译注》，中华书局2008年，第46—47页。

⑤ 叶朗著《中国美学史大纲》，上海人民出版社，1985年版，第97页。

中曾明确提出“文以气为主”。[①]以“气”来论述作家的个性、气质的不同，也以“气”来论述文学艺术的不同风格。“气之清浊有体，不可力强而致。譬诸音乐，曲度虽均，节奏同检，至于引气不齐，巧拙有素，虽在父兄，不能以移子弟”。[②]此处之“气”，是指创作主体所具有的气质和个性。这种“气”是天生的，具有鲜明的个性特点，可以称为“主体之气”，也是一种精神现象。而此处的“清浊”，大体上具有刚柔之意。当他在分析当时作家的作品时，指出的所谓“齐气”“体气”“逸气”等[③]，显然是指“文章之气”，即文章表现出来的不同风格和美感特征。曹丕的“文气”说，一方面强调了作家个体具有不同的气质才性，同时认为作品之气是作家之气在作品中的体现，而艺术创作过程，也就是作家之气灌注到作品中的气化过程。曹丕的观点，对后世产生了深远的影响。

继曹丕之后，刘勰进一步发挥了“文气”说，强调了作家个性不同对文章的制约作用。其《文心雕龙·体性》云：“才力居中，肇自血气。”[④]并且认为“气”对于文章的构思写作，具有重要作用。其《文心雕龙·神思》云：“志气统其关键。”[⑤]刘勰还把曹丕的“气之清浊有体”，发展为“气有刚柔”说。《文心雕龙·体性》云：“才有庸俊，气有刚柔。”[⑥]“刚柔”与“清浊”虽都指作家的才性气质，且意思相近，但“刚柔”较之“清浊”，因更具形象性和通俗性，更容易被理解和体验，故而被后世所沿用。同时，刘勰还把“文气”与“风骨”联系起来，把“气”作为“风骨”之本，倡导刚健清新的风格。《文心雕龙·风骨》云：“缀虑裁篇，务盈守气，刚健既实，辉光乃

①② 曹丕撰，夏传才、唐绍忠校注《曹丕集校注》，河北教育出版社2013年出版，第237页。

③ 《典论·论文》云：“王粲长于辞赋，徐干时有齐气。……孔融体气高妙。”《与吴质书》认为刘桢“有逸气，但未遒耳”。

④⑥ 刘勰著，杨明照校注拾遗《增订文心雕龙校注》，中华书局1999年版，第383页。

⑤ 刘勰著，杨明照校注拾遗《增订文心雕龙校注》，中华书局1999年版，第372页。

新。”[①]“鹰隼乏采，而翰飞戾天，骨劲而气猛也：文章才力，有似于此。”[②]北朝颜之推在此基础上提出，“文章当以理致为心肾，气调为筋骨，事义为皮肤，华丽为冠冕”。[③]进一步强调了文气对于风骨产生的重要作用。

以上是王勃生活的唐朝之前，“气”作为哲学和文艺美学范畴的概况，笔者主要择其与本书密切相关的情况作此简要概述。此后，气之范畴在哲学领域和美学领域都在不断地丰富和发展，成为中国哲学和美学最重要的范畴之一。

二、王勃之“气”范畴的文本意义

王勃现存的诗文中，“气”字共计出现130余次。这些“气”，有的表示自然界的元气、天气、节气、气体、云气、瑞气等“自然之气”，有的作为人的性情、气质等的“主体精神之气”，还有的则代表文学创作、审美范畴的“文章之气”等。

（一）自然之气

王勃诗文中所用的“气”这一范畴，有很大一部分是表示自然界的元气、天气、节气、气体、气味等。如其《七夕赋》中有：“布元气于浩荡，运太虚于寥廓。”[④]如前所述，“元气”乃是指天地未分以前的浑然之气，或指天地之间的总体之气。其《春思赋》中的“若夫年临九域，韶光四极，解宇宙之严气，起亭皋之春色”[⑤]中的“严气”，《游庙山赋》中的“隔浮埃于地络，披颢气于天罗”[⑥]中的“颢气”，

①② 刘勰著，杨明照校注拾遗《增订文心雕龙校注》，中华书局1999年版，第391页。
③ 王利器著《颜氏家训集解》，中华书局1993年版，第267页。
④ 王勃著，蒋清翊注，汪贤度校点《王子安集注》，上海古籍出版社1995年版，第19页。
⑤ 王勃著，蒋清翊注，汪贤度校点《王子安集注》，上海古籍出版社1995年版，第2页。
⑥ 王勃著，蒋清翊注，汪贤度校点《王子安集注》，上海古籍出版社1995年版，第29页。

指的是季节之气。其中“严气”指的是冬天之气，而“颢气”指的是秋天之气。其《八卦卜大演论》中的“分十二月者，二十四气也”[①]中的“二十四气”，指的是节气。其《七夕赋》中的“气敛天标”[②]，以及《采莲赋》中的“怜曙野之绛气，爱晴天之碧云”[③]中的“气”和“绛气”，则指的是自然界的气体。其《圣泉宴》中的“兰气薰山酌，松声韵野弦”[④]中的“兰气”，指的是气味，即兰花的香气。

我国古人认为，自然界中的气体可以形成颜色各异、形态不同的种种云气。通过观察这种成象的云气可以预知人、地方或者国家的吉凶祸福等。某些宝物也可以形成特定的云气。而某些重要的人物，比如帝王等，也带有“王者之气”等。王勃诗文中的“气”，也有这方面的意思。比如其《春思赋》中的“宝刀尚拥干星气”[⑤]中的“星气”，指的就是宝物之气。《临高台》中的“高台四望同，佳气郁葱葱”[⑥]的“佳气”，指的就是国家太平昌盛所形成的祥瑞之气。《散关晨度》中的“白马高谭去，青牛真气来”[⑦]中的“真气”，指的是仙人或者得道的高人等所具有的不同于凡俗之人的“仙气”。《乾元殿颂》中的“黄精吐瑞，潜龙苞象帝之基；紫气祯祥，鸣凤呈真王之表”[⑧]中的“紫气”，指的是“帝王之气”等。

如前所述，人的主体之气源于自然，自然之气往往与人主之气相应。王勃诗文中也常把“气”作为“天人合一”的中介，让自然之气贯注到主体身上，获得一种睿智或者激昂的力量。如其《山亭思友人

① 王勃著，蒋清翊注，汪贤度校点《王子安集注》，上海古籍出版社1995年版，第297页。
② 王勃著，蒋清翊注，汪贤度校点《王子安集注》，上海古籍出版社1995年版，第19页。
③ 王勃著，蒋清翊注，汪贤度校点《王子安集注》，上海古籍出版社1995年版，第52页。
④ 王勃著，蒋清翊注，汪贤度校点《王子安集注》，上海古籍出版社1995年版，第79页。
⑤ 王勃著，蒋清翊注，汪贤度校点《王子安集注》，上海古籍出版社1995年版，第9页。
⑥ 王勃著，蒋清翊注，汪贤度校点《王子安集注》，上海古籍出版社1995年版，第74—75页。
⑦ 王勃著，蒋清翊注，汪贤度校点《王子安集注》，上海古籍出版社1995年版，第80页。
⑧ 王勃著，蒋清翊注，汪贤度校点《王子安集注》，上海古籍出版社1995年版，第387页。

序》云："至若开辟翰苑，扫荡文场，得宫商之正律，受山川之杰气，虽陆平原、曹子建，足可以车载斗量；谢灵运、潘安仁，足可以膝行肘步。"[①] 此处"受山川之杰气"的结果，就是让主体的人获得了才子的力量。《春思赋序》中有："仆不才，耿介之士也。窃禀宇宙独用之心，受天地不平之气。虽弱植一介，穷途千里，未尝下情于公侯，屈色于流俗。"[②] 此处的主体因"受天地不平之气"，而成为不媚流俗，傲视王侯的大丈夫。其《秋日宴洛阳序》中有："年忘小大，傲天地于平生；志混荣枯，得林泉之意气。"[③] 在此，主体因"得林泉之意气"而变得洒脱不羁，逍遥自在。

以上是王勃诗文中所表现出来的自然之"气"的大略。从中可以看到，王勃不仅满怀对自然之气的关照，还关注到"自然之气"与"人主之气"的关系，让主体从自然界的俊爽之气中获得与之相对应的力量。

（二）主体精神之气

王勃诗文中，关于人的主体精神之"气"，也有相当的份量。如其《黄帝八十一难经序》中的"能遥望气色，彻视腑脏"[④] "近复钻仰太虚，导引元气，觉滓秽都绝，精明相保"[⑤] 中的"气色"和"元气"，都是中医学中的术语，指的就是人的气息面色、精神面貌以及人的生气等。其《春日孙学士宅宴序》中的："若夫怀放旷寥廓之心，非江山不能宣其气；负郁怏不平之思，非琴酒不能泄其情。"[⑥] 以及《上刘右相

① 王勃著，蒋清翊注，汪贤度校点《王子安集注》，上海古籍出版社1995年版，第274页。
② 王勃著，蒋清翊注，汪贤度校点《王子安集注》，上海古籍出版社1995年版，第1—2页。
③ 王勃著，蒋清翊注，汪贤度校点《王子安集注》，上海古籍出版社1995年版，第206页。
④ 王勃著，蒋清翊注，汪贤度校点《王子安集注》，上海古籍出版社1995年版，第267页。
⑤ 王勃著，蒋清翊注，汪贤度校点《王子安集注》，上海古籍出版社1995年版，第268页。
⑥ 王勃著，蒋清翊注，汪贤度校点《王子安集注》，上海古籍出版社1995年版，第189—190页。

书》中的："所以慷慨于君侯者，有气存乎心耳"[①]两句中的"气"，指的都是郁积于主体胸中的苦闷或慷慨不平之气。其《夏日诸公见寻访诗序》中的："天地不仁，造化无力，授仆以幽忧孤愤之性，禀仆以耿介不平之气。"[②]以及《山亭兴序》中的"文史足用，不读非道之书；气调不羁，未被可人之目"[③]中的"气"，指的都是王勃个人耿介洒脱的性格气质。

其《越州秋日宴山亭序》中的"东山可望，林泉生谢客之文；南国多才，江山助屈平之气。"[④]以及《送白七序》中的"吐词场之珠玉，作朝廷之鸾凤。寰中握手，得希代之英灵；天下倾心，尽当年之意气。"[⑤]《上许左丞启》中的"同卫玠之虚羸，谈非正始；愧刘桢之逸气，卧似漳滨。"[⑥]指的都是古今作家慷慨激昂的主体精神之气。其《秋夜于绵州群官席别薛升华序》中的："今之群公，并受奇彩，各仗异气。或江海其量，或林泉其识。"[⑦]指的则是作家个体不同的才性气质。

值得注意的是，王勃诗文中的主体精神之气，有时不只指人，还包括一些动植物。如其《驯鸢赋》中有："何气高而望阔，卒神悴而智痒"[⑧]中的"气"，指的是前文提到的鸿与鹤这些高贵禽类的情态气质。其《慈竹赋》中的"气凛凛而犹在，色苍苍而未离"[⑨]，以及《滕王阁序》中的"睢园绿竹，气凌彭泽之樽；邺水朱华，光照临川之

---

① 王勃著，蒋清翊注，汪贤度校点《王子安集注》，上海古籍出版社1995年版，第150—151页。
② 王勃著，蒋清翊注，汪贤度校点《王子安集注》，上海古籍出版社1995年版，第225页。
③ 王勃著，蒋清翊注，汪贤度校点《王子安集注》，上海古籍出版社1995年版，第269页。
④ 王勃著，蒋清翊注，汪贤度校点《王子安集注》，上海古籍出版社1995年版，第198页。
⑤ 王勃著，蒋清翊注，汪贤度校点《王子安集注》，上海古籍出版社1995年版，第250页。
⑥ 王勃著，蒋清翊注，汪贤度校点《王子安集注》，上海古籍出版社1995年版，第142页。
⑦ 王勃著，蒋清翊注，汪贤度校点《王子安集注》，上海古籍出版社1995年版，第263页。
⑧ 王勃著，蒋清翊注，汪贤度校点《王子安集注》，上海古籍出版社1995年版，第35页。
⑨ 王勃著，蒋清翊注，汪贤度校点《王子安集注》，上海古籍出版社1995年版，第39页。

笔”[①]中的“气”，指的则是“竹”这种植物的遒劲气度。可见在王勃的审美视界中，不唯人类，自然界中的动物、植物也如人类一样，都具有生气灌注的主体精神之气。

（三）文章之气

王勃诗文中，表示文章之气的“气”字，亦占一定的数量。在表示文章之气时，根据行文需要以及文章所表现出来的“气”质的不同，有单独用“气”字的，也有与它字联合，组成“风云之气”“渊云（或云渊）之气”“凌云之气”“逸气”“意气”“烟霞之气”等。

1. 单独用“气”字

其《平台秘略赞十首·艺文》云：“气陵云汉，字挟风霜。”[②]其《上从舅侍郎启》云：“一昨弟勋至，奉命以宪台诗十首垂示。气横霜署，彩洞云扃。绣衣兼藻肆之华，白简控玄机之奥。”[③]两处的“气”字，都指诗文之气。所不同的是，前者既可指对创作的要求：在诗文创作的过程中应当生气灌注，风骨凛然；也可指对作品的评价：好的诗文应该具有义薄云天，风骨凛然的气概。而后者只是对其从舅的作品“宪台诗十首”的评价，王勃认为其诗气势充沛，刚健有力。

2. 风云之气

其《游冀州韩家园序》中有：“高情壮思，有抑扬天地之心；雄笔奇才，有鼓怒风云之气。”[④]此处的“风云之气”，指的是写作过程中或者文章表现出来的一股刚健雄博的气势。

3. 渊云（或云渊）之气

其《益州德阳县善寂寺碑》云：“薜萝人事，空余江海之心；笔札

① 王勃著，蒋清翊注，汪贤度校点《王子安集注》，上海古籍出版社1995年版，第232页。
② 王勃著，蒋清翊注，汪贤度校点《王子安集注》，上海古籍出版社1995年版，第428页。
③ 王勃著，蒋清翊注，汪贤度校点《王子安集注》，上海古籍出版社1995年版，第118—119页。
④ 王勃著，蒋清翊注，汪贤度校点《王子安集注》，上海古籍出版社1995年版，第223页。

神交，尚有渊云之气。”[①] 其《为人与蜀城父老书》（一）云：“冲襟渺识，人多江汉之灵；丽藻华文，代有云泉之气。”[②] 两处中的“渊云（或云渊）”，指的是汉代赋作家王褒（字“子渊”）和扬雄（字“子云”），二人都为蜀人，所以王勃这两篇写于蜀地漫游时期的文章会用到王褒和扬雄的典故。“渊云”连用，源于班固《西都赋》、左思《蜀都赋》中亦将二人并用。王褒和扬雄都是汉大赋的重要作家，汉大赋的风格是铺张扬厉，气势磅礴。故而王勃所谓的渊云（或云渊）之气，指的当是诗文中所表现出的磅礴气势。

4. 凌（陵）云之气

其《梓州郪县兜率寺浮图碑》云：“岂可使宏规在我，空存蔽日之基；雄笔同时，不借凌云之气。”[③] 其《广州宝庄严寺舍利塔碑》云：“仲宣旅泊，方衔深井之悲；长卿罢归，空负陵云之气。”[④] “凌（陵）云之气”指的也是作家诗文中展现出的磅礴矫健气势。

5. 逸气

其《上绛州上官司马书》云：“加以雄材广度，散琬琰于胸怀；逸气遒文，运风霜于掌握。”[⑤] 此处的“逸气”指的是诗文慷慨任气，天马行空一般洒脱、劲健。

6. 意气

其《夏日宴张二林亭序》云“张二官松驾乘闲，桂筵追赏，引簪裾之胜侣，狎丘壑之神交，辩纵于解颐，道深于喻指。香杯浊醴，是河朔之平生；雄笔清词，得高阳之意气。”[⑥] 联系上文对张二的描写，此处

① 王勃著，蒋清翊注，汪贤度校点《王子安集注》，上海古籍出版社1995年版，第498页。

② 王勃著，蒋清翊注，汪贤度校点《王子安集注》，上海古籍出版社1995年版，第180页。因唐高祖名李渊，故唐讳“渊”作“泉”，故“云泉之气”实为“云渊之气”。

③ 王勃著，蒋清翊注，汪贤度校点《王子安集注》，上海古籍出版社1995年版，第517页。

④ 王勃著，蒋清翊注，汪贤度校点《王子安集注》，上海古籍出版社1995年版，第542页。

⑤ 王勃著，蒋清翊注，汪贤度校点《王子安集注》，上海古籍出版社1995年版，第169页。

⑥ 王勃著，蒋清翊注，汪贤度校点《王子安集注》，上海古籍出版社1995年版，第216—217页。

的“意气”指的当是诗文中满含着作者的主体精神，任意言志抒情而无所顾忌的气概。

7. 烟霞之气

其《秋日饯别序》中有：“论其器宇，沧海添江汉之波；序其文章，玄圃积烟霞之气。几神之外，犹是卿云；陶铸之余，尚同嵇阮。接光仪于促席，直睹明月生天；响词辩于中筵，但觉清风满室。”[①]在中国传统文化中，与烟霞相伴者或者“餐烟霞”者，乃是远离尘嚣的隐士以及得道的神仙。而“烟霞之气”，则往往指不同于流俗的具有仙风道骨的高士气概。王勃此处的“烟霞之气”指的当是文章中所表现出来的清新自然、洒脱不俗的风貌。

通过上面的分析可知，王勃所倡导的文章之气，往往蕴含着慷慨刚健、宏博洒脱、自然清新的风貌。

三、诗文革新运动与唐诗风骨

由上文可知，王勃诗文中对“气”这一范畴的使用频率较高，在自然、人以及诗文诸领域都得到了广泛的运用。不仅如此，其以气言文，还形成了诸如“风云之气”“渊云（或云渊）之气”“凌云之气”“逸气”“意气”“烟霞之气”等诸多类别，可见，王勃对文气是非常重视的。那么，王勃为什么如此重视文章之气，其对文章之气的重视在通往盛唐之音的美学历程中又发挥了怎样的历史作用呢?

笔者以为，王勃对文章之气的重视和提倡，主要是针对当时的文坛现状，希望改变六朝延续至初唐的美学风貌等原因促成的。王氏家族的成员早在王勃的祖父王通那里，就对六朝以来的浮靡文风进行了批判。王勃继承其祖父的精神，更是对浮华绮靡的文章极尽批评之能事。而初

① 王勃著，蒋清翊注，汪贤度校点《王子安集注》，上海古籍出版社1995年版，第238—239页。

唐的政治学家、历史学家们，也指出了江左文风之失。如魏徵在《隋书·文学传序》中指出：

> 梁自大同之后，雅道沦缺，渐乖典则，争驰新巧。简文、湘东，启其淫放，徐陵、庾信，分路扬镳。其意浅而繁，其文匿而彩，词尚轻险，情多哀思。格以延陵之听，盖亦亡国之音乎！周氏吞并梁、荆，此风扇于关右，狂简斐然成俗，流宕忘反，无所取裁。①

同时，提出了全新的文学期待：

> 江左宫商发越，贵于清绮，河朔词义贞刚，重乎气质。气质则理胜其词，清绮则文过其意，理深者便于时用，文华者宜于咏歌，此其南北词人得失之大较也。若能掇彼清音，简兹累句，各去所短，合其两长，则文质斌斌，尽善尽美矣。②

如前所述，这是一种融合南北文艺之长，又能各去所短的文学期待。初唐史家，如令狐德棻在《周书·王褒庾信传论》中认为，文学应该具有的品格是："文质因其宜，繁约适其变，权衡轻重，斟酌古今，和而能壮，丽而能典。"③然而，尽管自己家族的成员和初唐统治者及其初唐史家做出了上述努力，但初唐文坛依旧弥漫着所谓的"江左遗习"④。即使是提倡诗歌应该为政教服务的唐太宗李世民，也不可避免地受其影响。明王世贞在《艺苑卮言》中就认为，唐太宗的诗歌因为积

①② 魏徵等撰《隋书》，上海古籍出版社1995年版，第1730页。

③ 令狐德棻等撰《周书》，中华书局1971年版，第745页。

④ 简而言之，在隋唐之际，凡是只讲究文辞的雕琢绮丽、声韵的婉转流丽等形式因素，格调柔靡轻绮，而忽视其内容表达的诗文，都可称其为具有"江左遗习"。

习所致，不免花草点缀，缺乏丈夫气，可谓远逊汉武而近输曹公。

到了王勃生活的高宗时期，讲究文采，绮靡婉媚而毫无生气的宫廷文学仍然处于垄断之势，“朝廷写作曾经向极度的雕琢和只关心表面之辞藻的风气回潮”。[①]《旧唐书·儒学传》云：“高宗嗣位，政教渐衰，薄于儒术，尤重文吏。”[②]其情形正如杨炯在《王子安集原序》中所描述的：

> 龙朔初载，文场变体，争构纤微，竞为雕刻。糅之金玉龙凤，乱之朱紫青黄。影带以徇其功，假对以称其美。骨气都尽，刚健不闻。[③]

龙朔初载的“文场变体”，一般认为指的当是“上官体”。活跃在太宗至高宗朝的宫廷诗人上官仪，在唐高宗龙朔年间，写成《笔札华梁》，论及诗歌写作的对偶及文病等问题，并形成了在当时宫廷诗人中产生重大影响的“上官体”。[④]“上官体”以绮错靡媚为本，雕琢字句，讲究对偶，注重文采而缺乏风骨兴寄，“以追求形式上的新巧华美为能事，缺乏实质性内容。”[⑤]王勃对于这样的诗文，是持否定态度的，他在《上吏部裴侍郎启》中对类似诗文进行了批判，认为“天下之文，靡不坏矣”。[⑥]在这种宫廷诗坛的背景下，王勃在初唐文坛上发起了

---

① ［美］包弼德著，刘宁译《斯文：唐宋思想的转型》，江苏人民出版社2001年版，第111页。

② 刘昫等撰《旧唐书》，中华书局1975年版，第4942页。

③ 王勃著，蒋清翊注，汪贤度校点《王子安集注》，上海古籍出版社1995年版，王子安集注卷首第69页。

④ 史载上官仪：“龙朔二年，加银青光禄大夫，同东西台三品，兼弘文馆学士如故。本以词彩自达，工于五言诗，好以绮错婉媚为本。仪既贵显，故当时多有效其体者，时人谓为上官体。”（《旧唐书·上官仪传》）关于“上官体”的论述，详见后文。

⑤ 姚敏杰《论“初唐四杰”诗歌创作的革新实绩》，《首都师范大学学报》（社会科学版），1995年第4期，第97页。

⑥ 王勃著，蒋清翊注，汪贤度校点《王子安集注》，上海古籍出版社1995年版，第131页。

一次影响深远的“诗文革新”运动，“成为改变这一文风的新一代的一分子”。[①]

那么王勃是在什么时间发动诗文革新运动的呢？我们知道，“上官体”大致形成于唐高宗龙朔二年（662年），而上官仪于唐高宗麟德元年（664年）十二月被杀，故而王勃针对“上官体”所进行的诗文革新运动，当在杨炯所说的龙朔初载之后不会太久的时间，即662年之后的一两年内。杨炯《王子安集原序》中有：“年十有四，时誉斯归。太常伯刘公巡行风俗，见而异之，曰：‘此神童也。’因加表荐。”[②]王勃生于唐高宗永徽元年（650年），根据古人推算年龄的方法，则十四岁正是唐高宗龙朔三年（663年）。此年，王勃究竟因何“时誉斯归”，没有明确的历史记载。因《唐摭言》曾记载王勃写作《滕王阁序》时年仅十四岁，故而有些学者认为此处的“时誉斯归”，当是因为王勃在十四岁时写下了千古美文《滕王阁序》之故。[③]但《滕王阁序》究竟写于其十四岁时还是二十六岁省父交趾途中，迄今尚无定论。不管王勃是否十四岁时写作了《滕王阁序》，作为早慧的才子，其文采在彼时应该已是锋芒毕露。据《旧唐书》本传载，王勃六岁解属文，且构思无滞，词情英迈。杨炯《王子安集原序》亦云其：“九岁，读颜氏《汉书》，撰《指瑕》十卷。十岁，包综六经，成乎期月。”[④]以九岁之童子，能对当朝大儒颜师古所注《汉书》进行“指瑕”，并且写了洋洋洒洒十卷之多，不仅可以见证其广博的学识，还可以看出其初生牛犊不怕虎的锐气以及无所顾忌的才子性格。有此一举，我们就不会在其十五岁上书刘祥道时

---

① ［美］包弼德著，刘宁译《斯文：唐宋思想的转型》，江苏人民出版社2001年版，第111页。

② 王勃著，蒋清翊注，汪贤度校点《王子安集注》，上海古籍出版社1995年版，王子安集注卷首第66—67页。

③ 如聂文郁在《王勃年谱》中认为“时誉思归”当与王勃十四岁写作《滕王阁序》及《滕王阁诗》有密切关系，参见聂文郁《王勃诗解》，青海人民出版社1980年版，第35页。

④ 王勃著，蒋清翊注，汪贤度校点《王子安集注》，上海古籍出版社1995年版，王子安集注卷首第66页。

表露出对刘右相和朝廷政治、军事的批评感到惊讶[①]，自然也就可以相信其在十四岁左右便能发动针对当时文坛弊端的诗文革新运动。因而笔者以为，王勃发动诗文革新运动的时间，当在唐高宗龙朔初年（661年）到龙朔三年（663年）之间，即十四岁"时誉斯归"之前。并且笔者以为，如果王勃真是在二十六岁时写下了《滕王阁序》，那么杨炯所言的"时誉"[②]，或者与王勃发动诗文革新运动有关。

王勃在诗文革新运动中，是如何改变当时的文风的呢？换言之，既然当时的文坛现状是"骨气都尽，刚健不闻"，王勃是如何恢复诗文的"骨气"以及"刚健"精神的呢？笔者以为，回顾历史，王勃是从汉大赋以及建安、正始文学中，找到了有力的支撑。

如前所述，王勃继承其祖王通为恢复王道政治而重视文学的伦理政教功能，曾对孔子以后的文学予以批判。其《上吏部裴侍郎启》曾云：

> 自微言既绝，斯文不振。屈宋导浇源于前，枚马张淫风于后。谈人主者，以宫室苑囿为雄；叙名流者，以沉酗骄奢为达。故魏文用之而中国衰，宋武贵之而江东乱。虽沈谢争骛，适先兆齐梁之危；徐庾并驰，不能止周陈之祸。[③]

此处，王勃对于孔子以后的作家，包括楚辞的代表作家屈原、宋玉，汉大赋的重要作家枚乘、司马相如，魏文帝曹丕，宋武帝刘裕，以及南北朝时的重要作家沈约、谢朓、徐陵、庾信等几乎都持否定态度。但这并不是说王勃对前代的文学都毫无借鉴吸收，只是一概批判。

① 《新唐书·王勃传》载："麟德初，刘祥道巡行关内。勃上书自陈，祥道表于朝，对策高第。"其所上书即《王子安集》中的《上刘右相书》。书中对朝廷征伐高丽等时政进行了批判。

② 关于王勃的"时誉"，当除了其不凡的才华外，还在于其为隋末大儒王通之孙，隋唐之际的著名诗人王绩的侄孙。其深厚的家学渊源等因素当有助于其在小小年纪得到名流的赏识而获得声誉。

③ 王勃著，蒋清翊注，汪贤度校点《王子安集注》，上海古籍出版社1995年版，第130页。

相反，王勃对于上述自己提出批评的作家的优点，几乎是毫无例外地吸收学习，且在其他文章中也时有提及褒扬。若无对前代这些优秀作家的学习借鉴，王勃的绝世才华也只能是无源之水，无本之木。例如此处王勃认为屈原是破坏文学伦理政教精神的罪魁祸首，但却在诗文中屡屡引称之，且在《越州秋日宴山亭序》中云："南国多才，江山助屈平之气。"[①] 把其尊崇的"气"这一范畴直接运用到屈原身上，明显属于褒扬而非贬抑。又如他认为司马相如是导致"斯文不振"局面的推波助澜者，却在诗文中对其"凌云之气"的典故用之再三。而对于曹丕，王勃则不仅继承其"文以气为主"，对于"气"这一范畴推崇有加，还在《平台秘略论十首·艺文》中对曹丕《典论·论文》中的"文章经国之大业，不朽之盛事"[②] 进行引用，只是将"盛"字改为"能"字而已，如此等等。那么王勃为什么会有此矛盾呢？笔者以为，这是因为《上吏部裴侍郎启》这篇文章，是王勃呈送给掌管典选大任的吏部侍郎裴行俭的，其主要目的就是希望这位"受朝廷之寄，掌镕范之权"[③]，负责国家人才选拔的"人事部长"在选拔人才的时候，不要"铨擢之次，每以诗赋为先"。因为他"诚恐君侯器人于翰墨之间，求材于简牍之际"。[④] 致使真正德才兼备，具有管理才能的人才得不到选拔和任用。因为富有诗赋才华者，未必能治理国家，而有文采者也未必有德。对于治理国家而言，不能只看诗赋这种"雕虫小技"，而是更应该看重其文章所承载的道德、教化力量。所以在《上吏部裴侍郎启》中，王勃还意味深长地写道：

夫文章之道，自古称难。圣人以开物成务，君子以立言见志。

---

① 王勃著，蒋清翊注，汪贤度校点《王子安集注》，上海古籍出版社1995年版，第198页。
② 曹丕撰，夏传才、唐绍忠校注《曹丕集校注》，河北教育出版社2013年出版，第238页。
③④ 王勃著，蒋清翊注，汪贤度校点《王子安集注》，上海古籍出版社1995年版，第131页。

遗雅背训，孟子不为；劝百讽一，扬雄所耻。苟非可以甄明大义，矫正末流，俗化资以兴衰，家国由其轻重，古人未尝留心也。①

站在这样的立场上，他又指出：

《潜夫》《昌言》之论，作之而有逆于时；周公孔氏之教，存之而不行于代。天下之文，靡不坏矣。②

所以王勃对于前代作家和文学的批判，是从劝谏统治者如何进行人才选拔这种特殊的视角提出的，并不妨碍他对这些作家从文学的角度进行学习和借鉴。

在诗文革新运动中，王勃回顾历史，发现了能让人产生“凌云之气”的铺张扬厉、气势壮大的汉大赋。借鉴汉大赋的气势，不正可改变当时文坛“骨气都尽，刚健不闻”的现状吗？同时，慷慨任气，具有充实的思想内容和感情基调的汉魏风骨，也成为他改革的武器和其后的美学追求。具体来说：

（一）对汉大赋壮美气势的借鉴

王勃倡导诗文革新，试图改变“争构纤微，竞为雕刻。……骨气都尽，刚健不闻”的文坛现状，汉大赋那种铺张扬厉、壮大磅礴的气势，首先成为他增进文章之“气”的力量源泉。

在《西京杂记》中，记载了司马相如跟友人叙述自己如何作赋：“合綦组以成文，列锦绣而为质。一经一纬，一宫一商，此赋之迹也。

① 王勃著，蒋清翊注，汪贤度校点《王子安集注》，河北教育出版社2013年出版，第129—130页。
② 王勃著，蒋清翊注，汪贤度校点《王子安集注》，河北教育出版社2013年出版，第130—131页。

赋家之心，苞括宇宙，总览人物，斯乃得之于内，不可得而传。”[①]《王子安集原序》则载王勃发动诗文革新运动时所主张的写作方式：“鼓舞其心，发泄其用，八纮驰骋于思绪，万代出没于毫端。……动摇文律，宫商有奔命之劳；沃荡辞源，河海无息肩之地。”[②]比较二者可知，王勃的诗文革新运动，所向汉大赋借鉴者，正是其铺张扬厉、纵横捭阖的磅礴气势。汉大赋乃汉帝国赫赫声威及至大国文化的代表，王勃借鉴其写法，也是借鉴了其对宇宙人生审美境界的最高追求：宏大壮丽，有与天地精神相往来的气魄和豪情。

如上所述，王勃诗文中屡屡使用“渊云（或云渊）之气”“凌云之气”等这些表示汉大赋壮美气势的概念，并且“凌云之气”无疑用的就是司马相如呈献《大人赋》后，汉武帝便“飘飘有凌云之气”的典故。可见，王勃对于壮美文气的提倡，正是对当时文坛现状进行革新的重要方式。

（二）对汉魏风骨的继承

王勃对于文章之气的重视，不仅因为“气”是他在诗文革新运动中所运用的一件得力武器，还在于其对汉魏风骨的继承。

“风骨”源于后代理论家对于建安、正始作家美学风貌的概括。刘勰在《文心雕龙·风骨》中，提出并分析了“风骨”这一美学范畴：“怊怅述情，必始乎风，沉吟铺辞，莫先于骨。故辞之待骨，如体之树骸；情之含风，犹形之包气。结言端直，则文骨成焉；意气骏爽，则文风清焉。”[③]

关于对“风骨”这一范畴的解释，古往今来，纷纭复杂，莫衷一

① 葛洪著，周天游校注《西京杂记》，三秦出版社2006年版，第93页。

② 王勃著，蒋清翊注，汪贤度校点《王子安集注》，上海古籍出版社1995年版，王子安集注卷首第69—70页。

③ 刘勰著，杨明照校注拾遗《增订文心雕龙校注》，中华书局1999年版，第391页。

是。宗白华先生以为“风骨”指的是诗文中思想和情感的关系：

我认为“骨”和词是有关系的。但词是有概念内容的。词讲清楚了，它所表现的现实形象或对于形象的思想也清楚了。“结言端直”，就是一句话要明白正确，不是歪曲，不是诡辩。这种正确的表述，就产生了文骨。但光有骨还不够，还必须从逻辑性走到艺术性，才能感到人。所以“骨”之外还要有“风”。“风”可以动人，“风”是从情感中来的。中国古典美学理论既重视思想——表现为“骨”，又重视情感——表现为“风”。[①]

对此，叶朗先生深以为然，认为“‘风骨’这对范畴确实是讲情感和思想的关系。”[②]同时，他又指出：

“风”是从情感中来的，但情感不等于就是“风”。情感要和“气”结合起来，“情与气偕”。没有“气”，情感就不可能充沛，就没有“风”。所以“风骨”这对范畴是同“气”的范畴紧密联系的。[③]

可见，当曹丕提出“文以气为主”，并具体分析了建安七子的风格及诸如“齐气”“体气”“逸气”等特点时，就已经朦朦胧胧的把建安时代作家的风骨与“气”紧密地联系在一起了。降至钟嵘《诗品》，评价建安作家曹植、刘桢的诗文时，则把“气”“骨”“风”等概念并举，显示了认识的进一步深化。刘勰更是把“文气”与“风骨”联系起来，其

① 宗白华著《美学散步》，上海人民出版社1981年版，第56页。
② 叶朗著《中国美学史大纲》，上海人民出版社2014年版，第234页。
③ 叶朗著《中国美学史大纲》，上海人民出版社2014年版，第235页。

《文心雕龙·风骨》云："缀虑裁篇，务盈守气，刚健既实，辉光乃新。"① "鹰隼乏采，而翰飞戾天，骨劲而气猛也：文章才力，有似于此。"②可见，刘勰把"气"作为"风骨"之本，认为气主导着"风"和"骨"，倡导刚健清新的风格。

无疑，刘勰等人的"风骨"说，正是对于以"三曹""七子"、阮籍、嵇康等作家为代表的汉末建安、曹魏正始时期的文学美学风貌的描述，正是对他们诗文中所表现出的慷慨任气、刚健有力、感情充沛、内容充实的风格和时代气息的总结、概括和升华。

王勃对于汉魏风骨及其文风给予充分肯定。如其《上许左丞启》中云："同卫玠之虚羸，谈非正始；愧刘桢之逸气，卧似漳滨。"③其《上绛州上官司马书》云："逸气遒文，运风霜于掌握"④等，用的都是与建安刘桢相关的"逸气"。其《上明员外启》云："江东第一，家传正始之音；日下无双，誉重名流之首。"⑤ "一丘一壑，同阮籍于西山；一啸一歌，列嵇康于北面。词条郁雾，遥腾驾日之阴；辩锷横霜，直上冲星之气。"⑥则表现出了对于"正始之音"的推崇，以及对于正始文士慷慨任气的仰慕之情。

故而，王勃对于"气"范畴的重视，一个重要表现是对文章风骨之美的提倡。他极为倡导一种有风有骨、刚健宏博的文风，要"气陵云汉，字挟风霜"，要有思想内容和感情为支撑，使文章充满慷慨激昂的生命力。

在此需要指出的是，中国古代哲人之所以把原本用来阐释自然和生命现象的"气"这个范畴，导入美学领域，以"气"论文，所关注的应

①② 刘勰著，杨明照校注拾遗《增订文心雕龙校注》，中华书局1999年版，第391页。
③ 王勃著，蒋清翊注，汪贤度校点《王子安集注》，上海古籍出版社1995年版，第142页。
④ 王勃著，蒋清翊注，汪贤度校点《王子安集注》，上海古籍出版社1995年版，第169页。
⑤ 王勃著，蒋清翊注，汪贤度校点《王子安集注》，上海古籍出版社1995年版，第135页。
⑥ 王勃著，蒋清翊注，汪贤度校点《王子安集注》，上海古籍出版社1995年版，第136—137页。

该是文学的生命力，即把文学作为一个有生命的存在，关注其内含的精神价值。曹丕提出“文以气为主”，正是源于一种强烈的生命意识。其《典论·论文》云：“盖文章经国之大业，不朽之盛事。年寿有时而尽，荣乐止乎其身，二者必至之常期，未若文章之无穷。”[①] 即与短暂的生命旅程相比，形诸文字，承载着思想的文章，才是永恒不朽的。推及存在于世界上的人类，要想获得生命的延伸，一个重要的手段就是把自己的精神化为文气，灌注到文章中去。如此，写出来的文章就会生气充沛、精神饱满，从而得以一代代流传下去，通过“立言”而获得不朽的生命力量和永恒价值。

王勃在当时的文坛背景下，搬出了极富生命力的“气”这一范畴，表现出对文章生命力的看重。如曹丕一样，王勃在《平台秘略论十首·艺文》中也认为：“文章经国之大业，不朽之能事。”[②] 注重文章持久的价值。

杨炯《王子安集原序》认为，在王勃的努力和倡导下，诗文革新运动取得了满意的成效：“长风一振，众萌自偃。遂使繁综浅术，无藩篱之固；纷绘小才，失金汤之险。积年绮碎，一朝清廓。”[③] 可见，没有骨气的文场变体，最终也不会获得持久的生命力，只能以失败告终。而王勃在与龙朔年间文场变体的斗争中，杨炯认为其取得了既讲究文辞之美，又壮大刚健的艺术效果：“辞林增峻，反诸宏博。”[④]使诗文在江左柔靡余习的长期浸染，在“文场变体”的“骨气都尽，刚健不闻”后，重新注入了刚健雄峻、宏伟博大的气势。《四库全书简明目录》认为王勃为四杰之冠，并赞其文章的风格为“巨丽”。可见相对于江左余习和当时的文场变体，“宏博巨丽”当是王勃诗文革新后的创作特点。故

① 曹丕撰，夏传才、唐绍忠校注《曹丕集校注》，河北教育出版社2013年出版，第238页。

② 王勃著，蒋清翊注，汪贤度校点《王子安集注》，上海古籍出版社1995年版，第302—303页。

③④ 王勃著，蒋清翊注，汪贤度校点《王子安集注》，上海古籍出版社1995年版，王子安集注卷首第70页。

而杨炯在《王子安集原序》中盛赞王勃“诚壮思之雄宗也”。[①]并认为这次革新运动的结果，就是“已逾江南之风，渐成河朔之制”。[②]几乎达到了魏徵等初唐史家的美学期待。

如上所述，王勃发动诗文革新运动，是在其意气风发的少年时期。因而其对文章之气的重视，既是其诗文革新运动的手段，也贯穿于其后的诗文创作与文艺理论之中。

王勃等发起的诗文革新运动成为唐代诗文革新的先导，其对刚健骨气的提倡，直接影响了之后陈子昂以复古为革新的诗文革新运动。

陈子昂诗文革新运动的主张主要见于其《修竹篇序》：

> 文章道弊五百年矣。汉、魏风骨，晋、宋莫传，然而文献有可征者。仆尝暇时观齐、梁间诗，彩丽竞繁，而兴寄都绝。每以永叹，思古人常恐逶迤颓靡，风雅不作，以耿耿也。一昨于解三处见明公《咏孤桐》篇，骨气端翔，音情顿挫，光英朗练，有金石声，遂用洗心饰视，发挥幽郁。不图正始之音，复睹于兹，可使建安作者相视而笑。[③]

可见，陈子昂提倡的是具有风骨兴寄的“骨气端翔，音情顿挫，光英朗练”的作品，即具有风骨声律、感情充沛、内容刚健的作品。我们以为，这正是承王勃之步武而提出的，并对后世产生了深远的影响。

王勃在初唐对于文气的重视，被盛唐作家殷璠在《河岳英灵集序》中发展为“夫文有神来、气来、情来”。[④]而《河岳英灵集》所标举的风骨、声律成为盛唐之音的基本要素。故而王勃以气论文，可谓上承曹

①② 王勃著，蒋清翊注，汪贤度校点《王子安集注》，上海古籍出版社1995年版，王子安集注卷首第71页。

③ 陈子昂撰，徐鹏点校《陈子昂集》（修订本），上海古籍出版社2013年版，第16页。

④ 傅璇琮、陈尚君、徐俊编《唐人选唐诗新编》（增订本），中华书局2014年版，第156页。

丕，而下启殷璠，不仅对于扫荡长期形成的浮靡文风具有重要的价值和意义，而且还使“气”跟“神”“情”等共同成为通往盛唐之音美学高峰的重要范畴。故而王勃对于“气”的倡导和实践，为气韵生动的盛唐美学导入了鲜活的气息，在唐代文艺美学的发展中具有继往开来的重要意义。

四、王勃之“气”的生成

如上所述，王勃倡导文章当“气陵云汉，字挟风霜”，具有刚健的风骨。那么王勃倡导的文气从何而来，换言之，王勃是如何获得这种刚健鲜活之“气”的呢？其在《上绛州上官司马书》中曾云：“孟轲养浩然之气。”①可见他对孟子的“养气”说是颇为赞赏的。笔者以为，王勃倡导文章当有刚健之气，也与他毕生注重“养气”是分不开的。韩愈在《答李翊书》中，论述其如何养气时，曾云：“行之乎仁义之途，游之乎《诗》《书》之源。”②而对于王勃而言，除了韩愈所说的两条之外，笔者以为，当还有“秉之乎自然之性”“受之乎林泉之境”“导之乎太虚之域”“成之乎昌盛之世”。

（一）行之乎仁义之途

封建士大夫言“气”，常与儒家的伦理道德、教化理论联系在一起，倡导仁义。如孟子的“养气”说，强调气当“配义与道。”将“道”与“义”均视为“气”之表现。刘勰《文心雕龙·风骨》中有：“诗总六义，风冠其首，斯乃化感之本原，志气之符契也。”③将儒家诗教说与作家志气表现联系起来，如此等等。可见在古人看来，儒

① 王勃著，蒋清翊注，汪贤度校点《王子安集注》，上海古籍出版社1995年版，第165页。

② 韩愈著，马其昶校注，马茂元整理《韩昌黎文集校注》，上海古籍出版社2018年版，第200页。

③ 刘勰著，杨明照校注拾遗《增订文心雕龙校注》，中华书局1999年版，第391页。

家的道德仁义思想，与作家个体的养气是分不开的，作家养气，则必当行仁义。

儒家的仁义、王道思想贯穿于王勃的一生，且体现在其诗文中。其《送劼赴太学序》云："吾家以儒辅仁，述作存者八代矣，未有不久于其道，而求苟出者也。故能立经陈训，删书定礼，扬魁梧之风，树清白之业，使吾徒子孙有所取也。"[①] 并且这些"述作"都贯穿儒家的道德仁义。故而其《续书序》云："苟非可以燮理情性，平章邦国，敷彝伦而叙要道，察时变而经王猷，树皇极之纲维，资生灵之视听，皆可略也。"[②] 在此，他认为作家的著述若没有贯穿儒家的伦理道德，就没有必要存在和流传。不仅如此，他还把"仁义"贯穿于行为之中，如其《上吏部裴侍郎启》说自己"力行近乎仁"。[③] 而且在《送劼入太学序》中，他还要求自己的兄弟千万不要"轻进苟动，见利忘义"。最重要的是，王勃还身体力行，要用这种仁义之道来济苍生。他把自己医学老师曹道真的训导编附于医家秘籍《黄帝八十一难经》后，希望以此实现"存斯文""济苍生"的愿望。其《黄帝八十一难经序》云："苍生可以救邪？斯文可以存邪？昔太上有立德，其次有立功，其次有立言。非以徇名也，将以济人也。谨录师训，编附圣经，庶将来君子，有以得其用心也。"[④] 可知，此举不为名利，只为实践自己的仁义思想。

王勃的这种无处不在的仁义思想，支撑着他的精神世界，使其所养之气能够至大至刚，充盈鲜活。

（二）游之乎诗书之源

王勃自幼博览群书。《王子安集原序》云其："九岁，读颜氏《汉

① 王勃著，蒋清翊注，汪贤度校点《王子安集注》，上海古籍出版社1995年版，第252页。
② 王勃著，蒋清翊注，汪贤度校点《王子安集注》，上海古籍出版社1995年版，第275页。
③ 王勃著，蒋清翊注，汪贤度校点《王子安集注》，上海古籍出版社1995年版，第129页。
④ 王勃著，蒋清翊注，汪贤度校点《王子安集注》，上海古籍出版社1995年版，第268页。

书》，撰《指瑕》十卷。十岁，包综六经，成乎期月。悬然天得，自符昔训。时师百年之学，旬日兼之；昔人千载之机，立谈可见。”① 王勃不仅聪慧异常，而且非常好学。其在《上吏部裴侍郎启》中自云：“好学近乎知。”② 不过，王勃所读之书，是有选择的，其《山亭兴序》云：“文史足用，不读非道之书。”③ 可见，其所阅读的书籍，是经过选择的，只有蕴含道义之作，才能入王勃之眼。这些蕴含道义的书籍给王勃提供了足够的精神食粮，为其充沛刚健的文气奠定了良好的基础。

值得一提的是，在阅读的书籍之中，《周易》对其产生了较为深刻的影响。他曾著《周易发挥》五卷，《王子安集原序》云其：“每览韦编，思弘大《易》，周流穷乎八索，变动该乎四营，为之发挥，以成注解。”④ 惜此书已经亡佚。但现存的《八卦卜大演论》，却可窥见其受易学思想影响之深。王勃生平短暂却命运多舛，但面对磨难，他表现得非常坚强，相信人生是一个否极泰来、殊途同归的过程，这无疑是得益于易学思想的影响。其《平台秘略论十首·贞修》曾云：“《易》曰：‘君子或出或处，或默或语。’‘天下何思何虑，同归而殊途，百虑而一致。’”⑤ 无论遇到什么打击，他都会到《周易》中去寻找精神的支撑。如因官奴曹达之事连累了他的父亲，在其父远贬交趾，又匮乏资费之际，其在《上百里昌言书》中云：“勃尝闻之《大易》曰：‘人之所助者，信也；天之所助者，顺也。’是以君子不以否屈而易方，故屈而终泰；忠臣不以困穷而丧志，故穷而必亨。”⑥ 可见，易学思想给了王勃

① 王勃著，蒋清翊注，汪贤度校点《王子安集注》，上海古籍出版社1995年版，王子安集注卷首第66页。

② 王勃著，蒋清翊注，汪贤度校点《王子安集注》，上海古籍出版社1995年版，第129页。

③ 王勃著，蒋清翊注，汪贤度校点《王子安集注》，上海古籍出版社1995年版，第269页。

④ 王勃著，蒋清翊注，汪贤度校点《王子安集注》，上海古籍出版社1995年版，王子安集注卷首第73页。

⑤ 王勃著，蒋清翊注，汪贤度校点《王子安集注》，上海古籍出版社1995年版，第302页。

⑥ 王勃著，蒋清翊注，汪贤度校点《王子安集注》，上海古籍出版社1995年版，第189页。

无穷的力量，使其即使在最困顿之时，仍能文气充沛，刚卓不凡。

（三）秉之乎自然之性

人的气质个性总有其先天的因素。王勃天性聪慧、率真、耿直。杨炯《王子安集原序》云：“君之生也，含章是讬。神何繇降？星辰奇伟之精；明何由出？家国贤才之运。性非外奖，智乃自然。孝本乎未名，人应乎初识。器业之敏，先乎就传。”[①] 可见在杨炯等时人看来，王勃乃是钟天地之精气而降生的神童才子。同时他自己在《山亭兴序》中评价自己：“下官天性任真，直言淳朴。”[②] 在《夏日诸公见寻访诗序》中以为：“天地不仁，造化无力，授仆以幽忧孤愤之性，禀仆以耿介不平之气。”[③] 在《春思赋序》中表达了近乎同样的看法：“仆不才，耿介之士也。窃禀宇宙独用之心，受天地不平之气。”[④] 正是因为天性率真耿介，故而他在《春思赋序》中认为自己“虽弱植一介，穷途千里，未尝下情于公侯，屈色于流俗，凛然金石自匹。”[⑤] 正是这种才华横溢、率真耿直的天性造就了王勃笑傲王侯，不屈不挠，具有金石一样刚强坚韧的气概。这种气概表现在文章中，不就是他所倡导的“气陵云汉，字挟风霜”的凛然风骨吗？

（四）受之乎林泉之境

王勃少年时期，有着非常强烈的儒家出仕思想，并曾积极干谒，上书朝廷官员，希望获得推荐。即便如此，他依旧念念不忘山野林泉。如其《上刘右相书》云：“山野悖其心迹，烟露养其神爽。未尝降身

① 王勃著，蒋清翊注，汪贤度校点《王子安集注》，上海古籍出版社1995年版，王子安集注卷首第65—66页。

② 王勃著，蒋清翊注，汪贤度校点《王子安集注》，上海古籍出版社1995年版，第269页。

③ 王勃著，蒋清翊注，汪贤度校点《王子安集注》，上海古籍出版社1995年版，第225页。

④ 王勃著，蒋清翊注，汪贤度校点《王子安集注》，上海古籍出版社1995年版，第1—2页。

⑤ 王勃著，蒋清翊注，汪贤度校点《王子安集注》，上海古籍出版社1995年版，第2页。

摧气，逡巡于列相之门；窃誉干时，匍匐于群公之室。”[①]《上明员外启》云：“拂衣长谢，林泉多倦俗之因；安枕有余，庙堂非养高之所。松椂坐月，临黛壑而遐征；桂席攀风，附青岩而自足。”[②]可见其对林泉有一股甚为难舍的眷恋之情。

如前文所述，与当时的宫廷文人相比，王勃虽然有在王宫任职的经历，但非常短暂。被唐高宗因其游戏之作《檄英王鸡》赶出沛王府后，王勃曾到蜀地漫游，成为从宫廷走向江山与塞漠者。与林泉山野接触越多，对大自然的感情就越深厚。其《三月上巳祓禊序》云：“观夫天下四方，以宇宙为城池；人生百年，用林泉为窟宅。虽朝野殊致，出处异途，莫不拥冠盖于烟霞，披薜萝于山水。”[③]在王勃看来，不管在朝在野，做官与否，人们都离不开自然山水。

王勃一生，曾宦游于长安、洛阳、东吴、巴蜀、虢州以及交趾等地，漫游占据了其短暂一生的大部分时光。因其才名，结交广泛，与朋友们宴游的机会特别多。其现存的诗序，很大一部分是在山水之游以后留下的。大自然的壮美风姿，林泉烟霞，养其神爽，增其神韵，使其获气良多。如其《秋日宴洛阳序》云：“年忘小大，傲天地于平生；志混荣枯，得林泉之意气。”[④]可见，山野林泉正是王勃养气的绝佳之境。

（五）导之乎太虚之域

对于王勃而言，养气不只限于精神领域，他还根据自己所学的医学知识，运用于身体元气的导引锻炼。其《黄帝八十一难经序》云：“勃受命伏习，五年于兹矣，有升堂睹奥之心焉。近复钻仰太虚，导引元

① 王勃著，蒋清翊注，汪贤度校点《王子安集注》，上海古籍出版社1995年版，第150页。
② 王勃著，蒋清翊注，汪贤度校点《王子安集注》，上海古籍出版社1995年版，第139页。
③ 王勃著，蒋清翊注，汪贤度校点《王子安集注》，上海古籍出版社1995年版，第210—211页。
④ 王勃著，蒋清翊注，汪贤度校点《王子安集注》，上海古籍出版社1995年版，第206页。

气，觉滓秽都绝，精明相保。”[①] 可见王勃所习，近似于一种气功。这种导引之术对于身体和精神都能起到良好的保健作用，可以促进身体健康，保持神清气爽。

内因决定外因，只有元气充盈，体气充沛，才能更好地将自身之气外化为刚健磅礴的文气。王勃的“钻仰太虚，导引元气”也是一种重要的养气之道。

（六）成之乎昌盛之世

时代风习往往对作家气质及文章气势具有重要的影响。刘勰在《文心雕龙·时序》中以为：“时运交移，质文代变。”[②] 所谓一代有一代之文章。王勃对文气刚健风格的重视，也正是蒸蒸日上的大唐风范的反映。王勃生活的高宗、武后时期，大唐开国已有半个世纪，国势日昌，呈现出一派盛世将至的欣欣向荣景象。对此，王勃深有感触，在《临高台》中赞曰：“佳气郁葱葱，高台四望同。”[③] 在《夏日诸公见寻访诗序》中云：“顿忘山岳，坎坷于唐尧之朝；傲想烟霞，憔悴于圣明之代。”[④] 虽然自己的人生坎坷，时运多舛，但他依旧执着地认为自己生活于“唐尧之朝”“圣明之代”，对于统治者和自己生活的时代充满信心。王勃对其所生活的时代，做了甚为客观的观察和评价，并不因为自身的遭遇去贬低所生活的时代。正因为如此，他才能从时代中汲取勃勃生气，并内化于自己的人格精神之中，从而胸怀更为宽广，豪气更为充盈。

综上所述，王勃之气的生成，乃是个体学识修养、个性气质体魄、自然条件、社会条件等综合因素促成的。在这些因素的共同作用下，

① 王勃著，蒋清翊注，汪贤度校点《王子安集注》，上海古籍出版社1995年版，第268页。
② 刘勰著，杨明照校注拾遗《增订文心雕龙校注》，中华书局1999年版，第545页。
③ 王勃著，蒋清翊注，汪贤度校点《王子安集注》，上海古籍出版社1995年版，第74—75页。
④ 王勃著，蒋清翊注，汪贤度校点《王子安集注》，上海古籍出版社1995年版，第225页。

王勃振臂一呼，不仅发动了初唐第一次诗文革新运动，而且倡导文章当“气陵云汉，字挟风霜”，提倡充满骨气和刚健精神的美学风姿，并且将这一主张贯彻始终，为盛唐之音美学高峰的到来奠定了良好的基础。

【第七章】

感而成兴——王氏家族对宫廷诗歌美学的超越

“兴”是中国古代一个重要的美学范畴。“兴”字在《王子安集》中共出现了70余次，在《王无功文集》中也出现近十次。除去少部分表示兴亡、兴衰等意思之外，多数都可理解为美学意义上的“兴”。如王勃在《涧底寒松赋序》中有“士有因感而成兴”①，在《夏日登龙门楼寓望序》中有“兴含情逸”②，在《越州秋日宴山亭序》中有“瑶觞抒兴”③等。前引王绩在《醉后口号》中有“乘兴且长歌”，在《答处士冯子华书》中有“赏洽兴穷”④等。这些美学意义上的“兴”，在陈子昂《修竹篇序》所云“文章道弊五百年矣。……彩丽竞繁，而兴寄都绝”⑤的历史背景下，为初唐文坛重新标举具有“感兴”“兴寄”美学内涵的诗文，具有重要的理论价值和实践意义，是王氏家族为美学发展所作的又一重要贡献。

一、诗文创作论中“兴”之美学内涵

“兴”的内涵演变，经历了一个漫长的过程。作为创作论中的“兴”，大致形成了三种内涵，现略述如下：

① 王勃著，蒋清翊注，汪贤度校点《王子安集注》，上海古籍出版社1995年版，第37页。
② 王勃著，蒋清翊注，汪贤度校点《王子安集注》，上海古籍出版社1995年版，第197页。
③ 王勃著，蒋清翊注，汪贤度校点《王子安集注》，上海古籍出版社1995年版，第199页。
④ 王绩著，韩理洲校点《王无功文集》（五卷本会校），上海古籍出版社1987年版，第150页。
⑤ 陈子昂撰，徐鹏点校《陈子昂集》（修订本），上海古籍出版社2013年版，第16页。

（一）作为修辞学的“兴”，一种表达政治伦理的手段

最早的作为创作手法的“兴”，[①] 主要指的是《诗经》六义之一，《周礼·春官·大师》曾载《诗经》之“六诗”，包括“风”“赋”“比”“兴”“雅”以及“颂”。其后的《诗大序》中对于《诗经》“六义”也有类似的表述，“兴”依旧排在“六义”的第四位。孔颖达《毛诗正义》卷一对诗“六义”的解释为：

> 然则风、雅、颂者，诗篇之异体；赋、比、兴者，诗文之异词耳。大小不同，而得并为六义者，赋、比、兴是诗之所用，风、雅、颂是诗之成形，用彼三事，成此三事，是故同称为义，非别有篇卷也。[②]

可见在孔颖达等看来，“赋比兴”乃“诗之所用”，即表现手法。汉儒常以“赋比兴”解说《诗经》，郑玄以为：

> 赋之言铺，直铺陈今之政教善恶。比，见今之失，不敢斥言，取比类以言之。兴，见今之美，嫌于媚谀，取善事以喻劝之。[③]

可见，“比兴”都被认为是一种修辞技巧。比为“取比类以言之”，自然是一种比喻；而兴“取善事以喻劝之”，也具有比喻的意义。那么二者的区别是什么呢？郑玄的理解就是“比”是专门以诗言政

---

① “兴”主要有两层含义，其一是孔子在《论语·阳货》中所提出的“兴”“观”“群”“怨”说中的“兴”：子曰：“小子何莫学夫诗？诗可以兴，可以观，可以群，可以怨。”此处的“兴”，是从鉴赏的角度而言的。其二就是作为《诗经》六义中的“赋”“比”“兴”中的“兴”。此处主要是从创作的角度而言的。本节主要从创作的角度探讨“兴”的内涵。

② 毛公传，郑玄笺，孔颖达等正义《毛诗正义》，上海古籍出版社1990年版，第18页。

③ 郑玄注，贾公彦疏《周礼注疏》，《十三经注疏》（影印本）上册，中华书局1980年版，第271页。

之“失”的，而“兴”则是专用以诗言政之“美”的。朱自清先生以为“《毛传》‘兴也’的‘兴’有两个意义，一是发端，一是譬喻；这两个意义合在一块才是‘兴’”。[①]因而“兴”在汉儒那儿具有修辞学上比喻的意义。“兴”与“比”的区别，刘勰《文心雕龙·比兴》以为，主要是“比显而兴隐”。[②]

在为《毛诗》作笺时，郑玄还把《诗经》一百一十六篇“兴”辞都解释成是有思想寄托的。“经过郑玄的解释，‘比’、‘兴’都成了用比喻来表现政治伦理的‘义理’的一种手段”。[③]这种解释被后世经学家和政治家所继承。如唐孔颖达《毛诗正义序》云：“夫诗者，论功颂德之歌，止僻防邪之训。虽无为而自发，乃有益于生灵。六情静于中，百物荡于外。情缘物动，物感情迁。若政遇醇和，则欢娱被于朝野；时当惨黩，亦怨刺形于咏歌。作之者所以畅怀舒愤，闻之者足以塞违从正。发诸情性，谐于律吕。故曰感天地，动鬼神，莫近于诗。此乃诗之为用，其利大矣。”[④]在孔颖达那里，诗所以具有“感天地动鬼神”的艺术效果，是因为诗的功能就是在“政遇醇和”“欢娱被于朝野”时来“论功颂德”，而“时当墋黩”“怨刺形于咏歌”时来“止僻防邪”的。一言以蔽之，诗存在的意义主要是一种政治伦理价值，对国家治理负有政治教化、警戒匡正的功能。那么作为“诗之所用”的“比兴”，自然也就成为达到诗所承载的政治伦理的手段。直到清朝修订《四库全书》时，乾隆皇帝在《御制咏诗六义》中的《兴》和《比》两首诗中，除了对“比兴”本身的修辞技巧的概括外，乾隆帝所强调的主要还是“比兴”的“美刺”“惬情”“思无邪”“止于正”等政治伦理意义。可见，在正统的儒家政治思想及统治者眼中，政治伦理功用一直是“比

① 朱自清著《比兴》，见《诗言志辨》，华东师范大学出版社1996年版，第53页。
② 刘勰著，杨明照校注拾遗《增订文心雕龙校注》，中华书局1999年版，第460页。
③ 叶朗著《中国美学史大纲》，上海人民出版社2014年版，第91页。
④ 毛公传，郑玄笺，孔颖达等正义《毛诗正义》，上海古籍出版社1990年版，第1页。

兴”所承载的第一要义。

总之，在《诗经》的诠释史上，在一些经学家和政治家那里，“兴”基本上被认为是一种语言技巧，是一种用于诗歌发端的比喻，并且这种比喻还带有讽谏的政教伦理色彩，即兴辞是有所寄托的，是表达政教伦理的手段。

“兴”的这种源于儒家经典的“比兴”“寄托”的伦理内涵，可以说贯穿于中国文化的始终，成为后世捍卫文学伦理价值的重要工具。尤其是在批判形式绮丽浮华，内容空洞或者过于香艳的文风时，历代改革家们往往会高举“比兴”“寄托”的大旗，呼吁文学改邪归正。

（二）感物起情，诗歌生成的动因

汉末魏晋，被认为是人性与文学觉醒的时代。残酷的社会现实、玄学的兴起以及佛教思想的传入等，使人们的思维从“独尊儒术”的框架中解放出来，他们对于传统经典的认识，随着个体意识的成熟和思想解放的时代潮流而发生了深刻的变化。对于汉儒解经时所形成的概念内涵，新一代的文艺理论家在美学的层面上又有了新的认识。比如对于《诗经》六义的“比兴”，晋挚虞《文章流别论》中，对于“比”，更强调其作为一种比喻的修辞手法；而对于“兴”，更强调其为“有感”之辞。这种对于“兴”乃是有感而发的认识，被六朝的理论家和文学家所继承发展。

刘勰《文心雕龙·比兴》云：“比者，附也；兴者，起也。附理者切类以指事，起情者依微以拟议。起情故兴体以立，附理故比例以生。比则畜愤以斥言，兴则环譬以记讽。盖随时之义不一，故诗人之志有二也。观夫兴之托谕，婉而成章，称名也小，取类也大。”[①]可见，在刘

① 刘勰著，杨明照校注拾遗《增订文心雕龙校注》，中华书局1999年版，第460页。

勰那里，“兴”虽然依旧具有“环譬以记讽”“婉而成章”的委婉讽谏的比喻的内涵，但他却强调了在诗歌创作的过程中，“兴”之“起情”的重要特点：“起情故兴体以立。”此处的“起情”应该是一种缘心感物的情感活动过程，是参与激发创作冲动的一种自然而然的审美体验。其在《文心雕龙·明诗》中说：“人禀七情，应物斯感，感物吟志，莫非自然。”① 故而在刘勰看来，诗赋的生成是受外物感召，情感自然流露的结果。而情感自然流露的诗歌生成方式，在刘勰看来就是“兴”，故而其在《文心雕龙·物色》中云：“春日迟迟，秋风飒飒。情往似赠，兴来如答。”②

同样，钟嵘也主张这种与“兴”相关的“感物说”。其在《诗品序》中认为创作动因正是因为物之感人，所以才会有创作冲动，并行之于笔。可见在六朝，“兴”已不仅仅是与赋、比并列的一种修辞技法，而成为艺术创作的真正动因。故而后世的论者，如杨慎《升庵诗话》等对于“兴”的这种感物起情的内涵，直接概括为触物起情谓之兴，认为它是客观之物对诗人心灵的触动，是诗歌生成之本。

“兴”的这种触物起情的审美特性，使其不再局限于《诗经》诠释过程中的修辞学内涵，而有了更加丰富的意义。这种意义是常常跟它联系在一起的“比”所没有的。叶嘉莹在《比兴之说与诗可以兴》中以为：“比”是以思索安排为主；“兴”是“自然感发”。③ 叶朗先生亦以为：

> 其中所谓的“兴”，是起于“物”对“心”的感发，“物”的触引在先，“心”的情意感发在后，而且这种感发是自然的，无意

① 刘勰著，杨明照校注拾遗《增订文心雕龙校注》，中华书局1999年版，第65页。
② 刘勰著，杨明照校注拾遗《增订文心雕龙校注》，中华书局1999年版，第574页。
③ 参见《光明日报》1987年9月21日《文学遗产》副刊。

的，大多由于感性的直觉的触引，不必有理性的思索安排。①

袁济喜对此发挥道：

> “比”系一般的比喻，是使主观表达走向形象化的修辞手段。这种主观表达可以是审美的情感，也可以为非审美的思想概念……“比”是无法走出修辞手法天地的，而“兴”则不同，它背后的本体是审美情感，它的意蕴与象征天地与“比”相较，要大得多，也深得多，因为只有人的审美情感是最丰富多彩，最难以言说清楚的。②

“兴”作为诗歌生成的情感动力，正如灵感一样不可抑止。接下来作家所要做的就是赶紧把心中所感形诸“篇什”，撰成情感充沛的诗文，把自己的所感所思传达出去。

可见“兴”来之作，乃是有感而发，是诗人审美情感的自然流露，而非无病呻吟，东拼西凑。“兴”对于诗歌的生成具有重要的作用，有了“触物起情”的过程，才能写出好的作品。后世论者对此认识深刻。葛立方《韵语阳秋》卷二中有：“自古工诗者，未尝无兴也。观物有感焉，则有兴。”③谢榛更是以为：“凡作诗，悲欢皆由乎兴，非兴则造语弗工。……熟读李杜全集，方知无处无时而非兴也。”④他认为，如果作诗“非兴”，没有“兴”的触发和参与，那么语言表现就会不佳。而著名作家如李白、杜甫者，其作品多是“兴”的结果。不仅作诗如此，其他的艺术像绘画、音乐等也只有“兴”的参与，才能充分发挥出

① 叶朗著《中国美学史大纲》，上海人民出版社2014年版，第263页。
② 袁济喜《论兴的审美意义》，《文学遗产》，2002年第2期，第26页。
③ 何文焕辑《历代诗话》，中华书局2004年版，第497页。
④ 丁福保《历代诗话续编》，中华书局1983年版，第1194页。

艺术家的水平，创作出最优秀的、淋漓尽致的感兴之作。

“兴”的这种感物起情的内涵，形成了“兴会”“感兴”等概念。如沈约《宋书·谢灵运传论》中有：“爰逮宋氏，颜、谢腾声。灵运之兴会标举，延年之体裁明密，并方轨前秀，垂范后昆。”[①]李善认为，兴会，乃情兴所会之意，即外物所感与作者的情感相会，从而形成自然感发的过程，是内外的契合。唐朝及其后世的诗歌，常常直接以《感兴》为题，如王维、李白、皎然、孟郊、白居易、郑谷等都有题为《感兴》的诗作。其后题为《感兴》的作品也不绝如缕。这些作品，虽然常常也有寄托讽喻之旨，但往往是因触物起情而作，而非无病呻吟。

触物起情，作为审美创作之“兴”，实际上就是一种主客观的融合，这是与我们传统的思维方式与审美心理密不可分的。我们中华民族的传统文化和审美心理非常注重形象与直觉，偏重于感性。如上所述，古人认为，天、地、人在“气”的作用下，相互流通、感应，万物才能生生不息。故而天人合一、天人感应成为中华民族重要的认识论和方法论。主客相融，内外相感，用心灵去体验、感受外物的存在成为古人认识世界并进行审美创造和艺术鉴赏的一种重要方式。“兴”作为文学生成之本，乃是沟通内心与外物、融合主观与客观的触发点，既是中国文化的产物，也最能反映民族文化的上述特征。如此，“兴”在创作上，便体现出情景交融的特点。

“兴”的这种触物起情的美学内涵，还蕴含着一种倡导书写的自由性，以充分发挥作家的主观能动性。所以，在正式写作之前，要讲“虚静”，即保持主体内心“空”和“静”的状态。唯其如此，才能更好的入兴。故而刘勰在《文心雕龙·物色》中指出：“是以四序纷回，而入

① 沈约撰《宋书》，中华书局1974年版，第1778—1779页。

兴贵闲。”[①] 而任何功利性的东西，在审美意义上都只能是“兴”的对立面。宋大樽在《茗香诗论》中云：“诗以寄兴也。有意为诗，复有意为他人之诗，修辞不立其诚，未或闻之前训矣。蔡中郎曰：‘诸生竞利，作者鼎沸。其高者颇引经训风谕之言，下则连偶俗语，有类俳优，或窃成文，虚冒名氏。’虽言辞赋，厥后诗之仿效，亦莫不然。盖竞利者如彼矣。”[②] 蔡邕对鸿都门学中有些门徒的批评，就是因为其出于“竞利”的目的，既违背了儒家修辞立诚的宗旨，也背离了“诗以寄兴”的初衷。可见，“兴”的触物感兴的美学内涵，还蕴含着一种自觉的文学精神。

（三）意寄于彼，兴象宛然

如上所述，源于《诗经》诠释过程中的“兴”，作为一种修辞手法，具有劝喻、美刺的隐喻特点。刘勰在《文心雕龙·比兴》中也指出：“观夫兴之托谕，婉而成章，称名也小，取类也大。”[③] 可见“兴”作为一种修辞手法，不是像“赋”那样直言铺陈，也非像“比”那样显而易见，而是具有言在此而意寄于彼的非常委婉含蓄的特点。可以说在表达一种政教伦理思想时，“兴”乃是有所寄托之辞。

《诗经》诠释过程中“兴”的这种委婉含蓄、有所寄托的特点，为后世的作家在创作的过程中所吸收运用，并发展成了中国古典诗歌所特有的兴象宛然、含蓄蕴藉、言有尽而意无穷的美学特点。钟嵘在《诗品序》中对“兴”的解释是文已尽而意有余。宋罗大经《鹤林玉露·诗兴》认为“兴”是因物感触，言在于此而意寄于彼，需要仔细玩味才能辨识，不像是“赋”和“比”那样直陈其事。

---

① 刘勰著，杨明照校注拾遗《增订文心雕龙校注》，中华书局1999年版，第574页。
② 王夫之等著《清诗话》上册，上海古籍出版社1978年版，第104页。
③ 刘勰著，杨明照校注拾遗《增订文心雕龙校注》，中华书局1999年版，第460页。

文已尽而意有余，言在于此而意寄于彼，概括了古典诗歌含蓄蕴藉、寄托委婉的重要特征。因中国古代的优秀作品常常是有所寄托，有所象征，意韵悠长，于是“兴”的内涵又发展出“兴寄”“兴象”等，并在唐代得到了广泛的认同和长足的发展。例如陈子昂就倡导“兴寄”说，要求作品有感兴，有寄托，要把积极健康的思想意义蕴含在兴象之中。“兴象”，即富有意蕴的诗歌意象。叶朗先生以为：“‘兴象’乃是‘意象’之一种，它是与‘赋’‘比’‘兴’这一组美学范畴中的‘兴’直接相连的。”① 并且：

> 如果“意象”的产生是“物”对于“心”的一种自然的触发，“意象”结构中的“意”与“象”又融为一体，那么这种“意象”就称之为“兴象”。②

而最早提出“兴象”这一概念的是唐代的殷璠。他在《河岳英灵集序》中批评齐梁文风时说：“理则不足，言常有余，都无兴象，但贵轻艳。”③ 评唐代孟浩然诗云：“无论兴象，兼复故实。”④ 殷璠的“兴象”指的是客观的景物与作者的主观情意交融而形成的一种审美境界，即“意”“象”交融，主客相通。此后，“兴象”便成为我国古代美学中一个重要概念。比如刘禹锡曾提出“兴在象外”，司空图则提出“象外之象”“景外之景”等经典说法。唐代以后，“兴象”说获得了进一步的发展，如明胡震亨《唐音癸签》卷二载胡应麟以为：“作诗大要不过二端，体格声调、兴象风神而已。”⑤ 清纪昀在《瀛奎律髓刊误》中

① 叶朗著《中国美学史大纲》，上海人民出版社2014年版，第263页。
② 叶朗著《中国美学史大纲》，上海人民出版社2014年版，第264页。
③ 傅璇琮、陈尚君、徐俊编《唐人选唐诗新编》（增订本），中华书局2014年版，第156页。
④ 傅璇琮、陈尚君、徐俊编《唐人选唐诗新编》（增订本），中华书局2014年版，第232页。
⑤ 胡震亨著《唐音癸签》，上海古籍出版社1981年版，第13页。

则提出“兴象深微”“兴象天然”等等。叶朗先生认为：“‘兴象’这个概念的出现，反映了唐代诗歌在审美意象方面的新成就。唐代美学家提出‘兴象’这个概念，就是要求诗歌的审美意象达到一种自然精妙的境界。”①

如此，“‘兴’从创作对象的角度来说，倡导缘物而感；从作者主观方面来说，提倡寓情写意；从主客观合一的作品层面来说，则倡导意在言外、回味无穷的审美境界”。②可见，“兴”的这层“文已尽而意有余”“言在于此而意寄于彼”的内涵，使其与意境理论产生了密切联系，显示了在诗歌意境的创作过程中，“兴”的重要意义。“文已尽而意有余”，乃是“韵外之致”“味外之旨”；“言在于此而意寄于彼”，则是“象外之象”“景外之景”。

综上所述，在文学创作论中，“兴”由作为《诗经》“赋、比、兴”之一的、用于发端的修辞手法，发展出“触物起情”的“感兴”这一文学创作的动因，同时，又因其蕴含伦理政教、具有寄托等特点，发展出“文已尽而意有余”“言在于此而意寄于彼”的含蓄蕴藉、直通意境理论的这一内涵。通过“兴”的内涵发展、丰富这一过程的大致梳理，我们知道，“兴”对于文学，尤其是诗歌的创作，具有重要的意义。“兴”之“触物起情”，作家才有创作的冲动，才能在创作时做到情景交融；“兴”之“寄意于彼”，作家才能营造出兴象宛然、意在言外的审美境界。故而在某种程度上可以说，在中国古代，要想创作出优秀的作品，“兴”是不可或缺的。没有“兴”的参与，创作就变成了被动的造作，作品也往往会索然无味，缺少美感。

① 叶朗著《中国美学史大纲》，上海人民出版社2014年版，第264页。

② 袁济喜《论“兴”的审美意义》，《文学遗产》2002年第2期，第23页。

二、“兴”缺失的宫廷诗

宇文所安在其《初唐诗》中，把“宫廷诗”特指为南朝后期、隋及初唐宫廷的诗。并认为“虽然在此前后，宫廷中也作诗，但只有在五世纪后期及六七世纪，宫廷才真正成为中国诗歌活动的中心。在这一时期里，不但作于各种宫廷场合的诗篇在现存集子中占了很大比例，就是那些写于宫廷外部的诗篇中，鲜明的‘宫廷风格’也占了上风”。[①] 聂永华在其《初唐宫廷诗风流变考论》中亦以为：“入唐以来，初唐诗歌虽然呈现出一些新气象，但从整体上看，其诗风走向仍然与魏晋南北朝一脉相承，整个诗坛的审美趣味依然为宫廷趣味所主宰，近百年中形成了太宗李世民的贞观时期、高宗武后的龙朔时期、武周时期和中宗、睿宗的景龙、景云时期等几个宫廷诗坛中心，犹如回光返照，初唐近百年是宫廷文学最为繁盛的黄金时代。”[②] 他还列举数字来证明这一时期宫廷诗占绝对优势：“《全唐诗》收录94年间存有作品的诗人共220余家，其中210多家是宫廷君臣、后妃，占初唐诗人总数的百分之九十强。……在这220多位诗人中，剔除重出和一些诗人入唐前的作品，共得2444首，其中可以确认为写于宫廷范围的约1520首，余下的仅约920首。”[③]

纵观这一时期的诗歌生成方式及美学特色，笔者以为，上述两位论者的分析是有道理的。可见，王氏家族生活的时代，正是中国文学史上宫廷诗的繁盛时代。

那么所谓的“宫廷风格”是怎样的呢？我们不妨看看古今作家或者文论家对于此一时期文学的评论。魏徵在《隋书·文学传序》中对于南朝后期至隋代文学的评价为：“梁自大同之后，雅道沦缺，渐乖典则，争驰新巧。简文、湘东，启其淫放，徐陵、庾信，分路扬镳。其意浅而

① ［美］宇文所安著，贾晋华译《初唐诗》，生活·读书·新知三联书店2014年版，导言第1页。

② 聂永华《初唐宫廷诗风流变考论》，中国社会科学出版社2002年版，第4页。

③ 聂永华《初唐宫廷诗风流变考论》，中国社会科学出版社2002年版，第5页。

繁，其文匿而彩，词尚轻险，情多哀思。格以延陵之听，盖亦亡国之音乎！周氏吞并梁、荆，此风扇于关右，狂简斐然成俗，流宕忘反，无所取裁。高祖初统万机，每念斲雕为朴，发号施令，咸去浮华。然时俗词藻，犹多淫丽，故宪台执法，屡飞霜简。炀帝初习艺文，有非轻侧之论，暨乎即位，一变其风。”①

唐殷璠在《河岳英灵集序》中对此一时期文学的评价为：“理则不足，言常有余，都无兴象，但贵轻艳。……自萧氏以还，尤增矫饰。”②可见唐代的政治家和文论家对南朝后期至隋代的宫廷诗，基本持较为一致的批判态度。因为在他们看来，此一时期的诗歌，从内容上看，“其意浅而繁”；从语言技巧上看，则繁复、绮丽、轻艳，矫饰。降至初唐，宫廷诗并没有突破上述缺陷，宇文所安以为：“到了七世纪前半叶，宫廷风格日益变得矫揉造作、刻板严格。”③

笔者以为，宇文所安所谓的宫廷诗的“矫揉造作”，是由于奉和应制的宫廷诗的生成方式造成的；而“刻板严格”则是对于诗歌的声律、对偶、词藻等形式技巧的讲求的结果。而这两种弊端的存在，都违背了诗歌生成所需要的自然感兴的美学精神，都是因为对于诗歌生成具有重要意义的“兴”的缺失。

我们先来看奉和应制的宫廷诗的生成方式。初唐宫廷诗，一般是游晏或奉和应制之作。明胡震亨《唐音癸签》卷二十七云：“有唐吟业之盛，导源有自。文皇英姿间出，表丽缛于先程；玄宗材艺兼该，通风婉于时格。是用古体再变，律调一新；朝野景从，谣习浸广……文馆既集多材，内庭又依奥主，游宴以兴其篇，奖赏以激其价。……太宗作诗，每使虞世南和；世南死，即灵座焚之。开元帝制春雪、春台望等诗，

① 魏徵等撰《隋书》，中华书局1973年版，第1730页。
② 傅璇琮、陈尚君、徐俊编《唐人选唐诗新编》（增订本），中华书局2014年版，第156页。
③ ［美］宇文所安著，贾晋华译《初唐诗》，生活·读书·新知三联书店2014年版，导言第1页。

舍人蔡孚称美，请示百僚，编国史。孚撰偃松篇，帝亦令群臣尽和之。”①《新唐书·李适传》云：“凡天子飨会游豫，唯宰相及学士得从。春幸梨园，并渭水祓除，则赐细柳圈辟疠；夏宴蒲萄园，赐朱樱；秋登慈恩浮图，献菊花酒称寿；冬幸新丰，历白鹿观，上骊山，赐浴汤池，给香粉兰泽，从行给翔麟马，品官黄衣各一。帝有所感即赋诗，学士皆属和。当时人所歆慕。”②对于这种宫廷诗的主宰状况和宫廷诗的特点，明人杨慎在其《升庵集》卷五十七中总结道：“唐自贞观至景龙，诗人之作，尽是应制。命题既同，体制复一，其绮绘有余，而微乏韵度。”③

可见，群臣的奉和应制，不是因为有所“兴会”，没有触物起情的过程，而是其作为大臣的身份决定的。为了取悦帝王，他们就顺着帝王的喜好来应制一篇，形式上讲究精巧典雅，往往以祥瑞的词汇来表达歌功颂德的主题，常常是为了作诗而作诗，甚至会言不由衷，缺乏真情实感，无法做到修辞立诚。

不仅如此，在宫廷诗的时代，有时还会举行一些诗歌的擂台赛。如前文所举《唐诗纪事》卷三所记载的“中宗正月晦日幸昆明池”时所举行的比赛。在这次比赛中，宋之问以结句“不愁明月尽，自有夜珠来”获胜。尽管此次比赛中宋之问的诗歌被认为是奉和应制中的杰作，历来备受推崇，但在这种竞争体制下，诗歌的写作成了注重文词雕琢的技艺性活动，很难表达出作者的真情实感，唯以歌功颂德为能事却是实情。诗歌的创作往往是程式化、模式化的，自然也很难有触物起情的“兴会”之作，一般很难表达出作者淋漓尽致的真性情。

这种奉和应制的诗歌生成方式，没有触物起情的“兴会”过程，违

① 胡震亨著《唐音癸签》，上海古籍出版社1981年版，第281页。
② 欧阳修、宋祁撰《新唐书》，中华书局1975年版，第5748页。
③ 丁福保《历代诗话续编》，中华书局1983年版，第787页。

背了诗之本根，自然难以产生出情景交融，兴象精妙，在内容和审美方面具有一定深度的力作。同时，朝臣们为了迎合君王的品味，无论在诗歌的内容还是艺术方面，都不可能进行自由发挥，而只能是“矫揉造作”。于是，“在自由和深度方面所失去的，宫廷诗人就试图从技巧、文体、精致等方面加以补偿”。[①] 初唐宫廷诗人所用的文体，主要是正在形成过程中的“五言律诗”。群臣写作宫廷诗时，往往对于声律、对偶及词藻都非常讲究。

因为初唐正是律诗定型的关键时期，所以在其未正式定型之前，宫廷诗人对于声律、对偶等形式技巧的探讨，主要是通过宫廷诗的写作实践及理论总结来完成的。而这一探讨经历了一个漫长而复杂的过程。若从形成于齐梁间的“永明体”算起[②]，通过声律规则、对仗模式及篇章结构的一步步完善，到公元七世纪的沈佺期、宋之问时期律诗诗体形式的最终建立，前后经历了近三百年。

魏晋以后，随着音韵学研究的不断发展，在佛经转读的过程中，人们逐渐认识到了汉字的四声规律。其后，逐渐把四声学说运用到诗歌创作的声律上来。沈约对此颇有贡献。他在《宋书·谢灵运传论》中提出：“夫五色相宣，八音协畅，由乎玄黄律吕，各适物宜。欲使宫羽相变，低昂互节，若前有浮声，则后须切响。一简之内，音韵尽殊；两句之中，轻重悉异。妙达此旨，始可言文。”[③] 沈约不仅专门研究了平、上、去、入四声，还提出“八病”说。按照《诗人玉屑》的记载，沈约所谓的“八病”是指：平头、上尾、蜂腰、鹤膝、大韵、小韵、旁纽、正纽。在这些规则之上形成的“永明体”，把诗歌的写作限制得太死，

---

① ［美］宇文所安著，贾晋华译《初唐诗》，生活·读书·新知三联书店2014年版，第6页。

② 《南史·陆厥传》：“吴兴沈约，陈郡谢朓，琅琊王融，以气类相推毂。汝南周颙，善识声韵，约等文皆用宫商，将平、上、去、入四声，以此制韵，有平头、上尾、蜂腰、鹤膝。五字之中，音韵悉异，两句之内，角徵不同，不可增减，世呼为永明体。”

③ 沈约撰《宋书》，中华书局1974年版，第1779页。

钟嵘《诗品》曾批评其文多拘忌，以至于伤其真美。这就使诗歌从民间诗的不假雕琢到文人诗的有意刻画，是由“自然的艺术”转为“人为的艺术”。[①] 但这种理论对于律诗的形成具有重要的影响。梁代的宫廷文士们即以这种新的声律论作为创作范式，且在形式上更为讲究。至初唐，元兢在其《诗髓脑》中还较为明确的将四声二元化为平仄二声，且建立了律诗声律模式上的一个重要规则：两联之间要相粘，也就是上联的对句与下联的出句第二字的平仄要相同，这样就保证了两联之间的平仄不会雷同。

除了声律上的探索以外，初唐宫廷诗人们在对仗上也进行了复杂而细致的探讨。魏晋以来，诗歌中的对偶现象并不少见，但没有严格的相关规定，“永明体”对于诗歌的对偶也没有严格的位置要求。刘勰在《文心雕龙·丽辞》中对对偶形式作出了最早的归类，即“言对”“事对”“反对”“正对”。降至初唐，上官仪则进一步把对偶进行了细化，提出“六对”和“八对”之说。[②] 其后的元兢和崔融，进一步完善了律诗的对仗规则。罗根泽以为：“对偶说的历史，盖源于唐初，而成于元兢、崔融。”[③]

整个初唐，宫廷诗人们写作了大量以律诗语言形式为研究对象的论著。从太宗贞观后期到武后长安末年，在大约60余年的时间里，出现了诸如未详作者的《文笔式》《诗格》《诗式》以及上官仪的《笔札华

① 朱光潜《诗论》，上海三联书店1998年，第222页。

② 六对：一曰正名对，“天地”“日月”是也。二曰同类对，“花叶”“草芽”是也。三曰连珠对，“萧萧”“赫赫”是也。四曰双声对，“黄槐”“柳绿”是也。五曰叠韵对，“彷徨”“放旷”是也。六曰双拟对，“春树”“秋池”是也。八对：一曰的名对，“送酒东南去，迎琴西北来”是也。二曰异类对，“风织池间树，虫穿草上文”是也。三曰双声对，“秋露香佳菊，春风馥丽兰”是也。四曰叠韵对，“放荡千般意，迁延一介心”是也。五曰联绵对“残河若带，初月如眉”是也。六曰双拟对，“议月眉欺月，论花颊胜花”是也。七曰回文对，“情新因意得，意得逐情新”是也。八曰隔句对，“相思复相忆，夜夜泪沾衣；空叹复空泣，朝朝君未归”是也。参见魏庆之《诗人玉屑》，中华书局1959年版，第165—166页。

③ 罗根泽著《中国文学批评史》，上海书店出版社2003年版，第302页。

梁》，元兢的《诗髓脑》，崔融的《唐朝新定诗格》等探讨诗歌写作的著作。这些论著，对于律诗语言技巧，包括声韵、病犯、对偶及体式等的探讨细致而又繁复，刻板而又严格。空海在其《文镜秘府论》中以为："颙约以降，兢、融以往，声谱之论郁起，病犯之名争兴，家制格式，人谈疾累。"[①] 这种对于律诗体制的探讨，对于律诗整体结构的完善自然起到了不可磨灭的作用。"在六世纪和七世纪，这些修辞和修饰的法则在宫廷诗中日益占据主导地位。它们使得诗歌成为可获得的技巧和可学习的艺术。美学判断不是基于独创的程度，或复杂严肃的意义，而是基于诗人如何在这些法则中做文章"。[②] "这种'为诗歌而诗歌'的写作方式，导致他们醉心于诗歌的美感形式，在词彩的华美、对仗的精整、声韵的谐协、用词的工巧等方面倾注心力"。[③]

不仅如此，律诗在对偶、声律等方面规矩的严格，在一定程度上束缚了个人才艺的自由发挥，对于一些生性浪漫不羁、喜爱自由的诗人，这些规矩自然是难以忍受的。比如天才诗人李白等，就不以律诗见长。究其原因，概因其清规戒律太多。诚然，律诗定型之前的古体诗，因不受格律的束缚，诗人可以任意驰骋神思，自由书写。但若是写作律诗，则必须注意平仄音律、对仗句法等格式要求，如果哪里出现了问题，哪怕是一个字的平仄不符合规定，可能就会使得整首诗不像律诗。可见因为格律之严，要求太苛，让律诗变成了一个貌似板着面孔的寡恩之人。当然，在此，我们没有批判律诗的意思，但是必须承认的是，在律诗形成的过程中及其此诗体形成之后，其对于形式技巧的追求，在一定程度上可能会限制内容的表达。"诗体建立的过程中，内容不是诗人们关注的中心。在形式确立的过程中，诗人们在形式技艺上苦苦钻研，耗尽

① 遍照金刚撰，卢盛江校考《文镜秘府论汇校汇考》，中华书局2006年版，第887页。

② ［美］宇文所安著，贾晋华译《初唐诗》，生活·读书·新知三联书店2014年版，第7页。

③ 聂永华著《初唐宫廷诗风流变考论》，中国社会科学出版社2002年版，第208—209页。

了心力，与之相比，诗作的内容则往往狭窄空洞，乏善可陈。自齐梁至初唐，利用新形式的诗作，无论是‘永明体’‘宫体诗’还是初唐‘沈宋体’，其诗作的内容一直围绕着宫廷宴集、应制唱和等非常狭窄的题材。这一现象一方面说明诗人受自身生活环境的影响，但另一方面，从律诗诗体的发展来看，则是形式建立过程中的一个必然现象，即诗人们把精力都放到了形式的研究上，于内容则无力顾及。”因而“宫廷诗是一种规范化的艺术，体现在结构、主题范围、词汇范围及摒弃强烈的政治道德和个人感情”。[①] 无疑，这种对于形式技巧的追求，使宫廷诗人热衷于对声律、对仗的精推细研，乃是“为作诗而作诗”，较难做到有触物起情的“兴”的参与。

另外，初唐类书的编纂也导致了初唐宫廷诗中“兴”的缺失。初唐虞世南等人所编的《北唐书钞》《文思博要》《艺文类聚》等类书，成为宫廷诗人写诗时查阅词藻和事典的工具书。根据闻一多先生的说法，太宗及其朝臣所推崇的诗，是“类书”式的诗。因而，“唐初人的诗，离诗的真谛是那样远，所以，我要说唐初是个大规模征集词藻的时期。我所谓征集词藻者，实在不但指类书的纂辑，连诗的制造也是应属于那个范围里的”。[②] 既然如此，诗歌的写作，当然也不会是“情动于中而行于言”的“触物起兴”过程，而是词藻的堆砌过程。“不怕太宗和他率领下的人们为诗干的多热闹，究竟他们所热闹的，与其说是诗，无宁说是学术。关于修辞立诚四个字，即算他们做到了修辞（但这仍然是疑问），那立诚的观念，在他们的诗里可说整个不存在”。[③]把诗歌的写作当作学术来研究，当然不太可能抒发作者的真情实感，因而“太宗所鼓励的诗，是类书家的诗，也便是类书式的诗。总之，太宗毕竟是一个重实际的事业中人，诗的真谛，他并没有，恐怕也不能参透。他对于诗的

① ［美］宇文所安著，贾晋华译《初唐诗》，生活·读书·新知三联书店2014年版，第183页。
②③ 闻一多著《神话与诗》，华东师范大学出版社1997年版，第218页。

了解，必定是个实际的人的了解。他所追求的只是文藻，是浮华，不，是一种文辞上的浮肿，也就是文学的一种皮肤病”。[①] 因而，在太宗朝和高宗朝的宫廷诗，看起来是一个研究诗歌词藻运用的时期，而忽视了词藻所应该蕴含的审美情感和兴象。闻一多先生的上述看法，笔者以为虽然有些苛刻，但还是有些道理的，洞察到了初唐宫廷诗写作中的一些真相和弊端，值得我们继续思索和探究。

综上所述，奉和应制的生成方式以及对于诗歌的声律、对偶、词藻的探讨与追求，使得初唐宫廷诗在写作的过程中，导致了“兴”的缺失。

三、感而成兴——王氏家族对宫廷诗歌美学的超越

如上所述，“兴”在创作论中，主要形成了源于《诗经》诠释的带有伦理政教色彩内涵的修辞手法之“比兴”，以及因“兴”一般用于发端而延伸出的文学创作的“触物起情”的“兴会”，再就是因《诗经》诠释过程中“兴”的寄托内涵而发展出的“寄意于彼”的“兴寄”“兴象”等。其第一种内涵，使中国古典文学往往带有浓厚的政教色彩，渐渐形成了“文以载道”的传统；第二种内涵，则纯粹是从美学意义上讲的，“触物起情”乃是艺术创作的动因，蕴含着艺术生成的自由精神；第三种内涵，与意境理论密切相关，只有创作出“寄意于彼”的“兴象”，才能形成“言有尽而意无穷”的审美境界。而初唐宫廷诗因其浓厚的御用色彩及功利性的价值取向，以“歌功颂德”及祥瑞的词汇淹没了诗歌所能承载的伦理政教功能，同时，也因其奉和应制的被动的诗歌生成方式以及对律诗形成过程中语言技巧的“矫揉造作”的追求而与“兴”的后两种美学内涵无缘。

---

① 闻一多著《神话与诗》，华东师范大学出版社1997年版，第219页。

与宫廷诗人不同的是，王氏家族的作家，主要是王勃和王绩，对“兴”所蕴含的儒家伦理政教色彩的内涵和美学意义上的内涵都有所提倡，并在创作实践中加以标举。

（一）继承儒家的“比兴”传统

如前所述，王勃继承了其祖父王通“文必贯道”的伦理学的价值观，认为文章应该宣扬儒家的道德教化，用以经邦治国。如其《上吏部裴侍郎启》中曾云：

> 夫文章之道，自古称难。圣人以开物成务，君子以立言见志。遗雅背训，孟子不为；劝百讽一，扬雄所耻。苟非可以甄明大义，矫正末流，俗化资以兴衰，家国由其轻重，古人未尝留心也。自微言既绝，斯文不振。屈宋导浇源于前，枚马张淫风于后。谈人主者，以宫室苑囿为雄；叙名流者，以沉酗骄奢为达。故魏文用之而中国衰，宋武贵之而江东乱。虽沈谢争鹜，适先兆齐梁之危；徐庾并驰，不能止周陈之祸。于是识其道者，卷舌而不言；明其弊者，拂衣而径逝。《潜夫》《昌言》之论，作之而有逆于时；周公孔氏之教，存之而不行于代。天下之文，靡不坏矣。[①]

在此，王勃对于屈、宋以后的作家进行了批评，其原因就是他所倡导的文章之道应该具有“甄明大义，矫正末流，俗化资以兴衰”的功能，否则只能给国家政治带来祸端。在《上拜南郊颂表》中，他提出：

> 时非苟遇，怀《雅》《颂》而知归；道不虚行，想讴歌而有

① 王勃著，蒋清翊注，汪贤度校点《王子安集注》，上海古籍出版社1995年版，第129—131页。

志。岂与夫周传考室，栽称栋宇之规；汉奏《甘泉》，未息嬉游之讽，比兴衰于列代，较驰骤於同衢而已。[①]

此处，王勃应该找到了“天下之文，靡不坏矣”的原因，那就是：“比兴衰于列代”。在此，他把比兴作为讽谏之法。所以，他认为提倡《诗经》所蕴含的风雅比兴精神，当是拯救“天下之文”的有力武器。故而他在此处非常虔诚地说：“时非苟遇，怀《雅》《颂》而知归；道不虚行，想讴歌而有志。”并在本文的末尾说自己所进献给皇帝的《拜南郊颂》：“文不足奇，意有遗美。”[②]点明自己的文章不是以“文”，即文采形式技巧等来邀功，而是以“意”，即蕴含“比兴”的文章之道为目的。

王勃的这种批判浮靡文风，张扬“比兴”的主张，被稍后的陈子昂（659—700年）所继承。其在《喜马参军相遇醉歌序》中云：“诗可以比兴也，不言曷著？”[③]在《修竹篇序》中提出：“文章道弊五百年矣。汉、魏风骨，晋、宋莫传，然而文献有可征者。仆尝暇时观齐、梁间诗，彩丽竞繁，而兴寄都绝。”[④]作为初唐诗文改革的两员健将，他们都继承了儒家经典的风雅比兴精神，提倡一种内容刚健、经纬邦国的大文学观。与同时代的宫廷诗人相比，他们以回归传统的批判精神，超越了当时注重形式的宫廷诗风。

（二）提倡感兴之作

不仅是诗歌，王氏家族的成员在诗、赋、文等文体方面，都提倡而且实践感兴之作。

---

①② 王勃著，蒋清翊注，汪贤度校点《王子安集注》，上海古籍出版社1995年版，第118页。

③ 陈子昂撰，徐鹏点校《陈子昂集》（修订本），上海古籍出版社2013年版，第52页。

④ 陈子昂撰，徐鹏点校《陈子昂集》（修订本），上海古籍出版社2013年版，第16页。

王勃在其《涧底寒松赋序》云：

岁八月壬子，旅游于蜀，寻茅溪之涧。深溪绝磴，人迹罕到。爰有松焉，冒霜停雪，苍然百丈，虽崇柯峻颖，不能逾其岸。呜呼斯松，托非其所，出群之器，何以别乎。盖物有殊类而合情，士有因感而成兴……[①]

在蜀地旅游期间，王勃登山涉水，一次看到在人迹罕至的深涧之中，有一棵百丈苍松，虽其枝条高峻，奈何生长于深深的涧底，总是无法将其枝柯探出深涧，就仿佛人世间沉沦下僚，没有出头之日的俊颖之才。王勃遂兴作赋，且感慨道："物有殊类而合情，士有因感而成兴。"可见，正是涧底寒松与王勃的境遇之间的相似性，触动了他内心的情感，于是遂有此兴会之作。

王勃的其他赋，基本上也都是触物起情的感兴之作。如其《采莲赋》云："赏由物召，兴以情迁。"[②]《慈竹赋序》云："盖抚高节而兴感，览嘉名而思归。遂为赋曰……"[③]再如其《青苔赋序》云：

吾之旅游数月矣，憩乎荒涧，睹青苔焉，缘崖而上。乃喟而叹曰：嗟乎！苔之生于林塘也，为幽客之赏；苔之生于轩庭也，为居人之怨。斯择地而处，无累于物也，爱憎从而生。遂作赋曰……[④]

自然山川的一草一木，像上文所提到的松、莲、竹、苔，这些常见

① 王勃著，蒋清翊注，汪贤度校点《王子安集注》，上海古籍出版社1995年版，第37页。
② 王勃著，蒋清翊注，汪贤度校点《王子安集注》，上海古籍出版社1995年版，第45页。
③ 王勃著，蒋清翊注，汪贤度校点《王子安集注》，上海古籍出版社1995年版，第38页。
④ 王勃著，蒋清翊注，汪贤度校点《王子安集注》，上海古籍出版社1995年版，第41页。

的物类，它们的命运情性、生长环境等，皆能触动作者善感的心灵。可见王勃之赋，往往是在游览的过程中，受到自然界的物类的触动，并由此感发意志，触景生情，遂能因感而成兴。

在王勃现存的诸多诗序中，可知王勃所提倡和实践的诗歌也多是感兴之作。如其《山亭兴序》云："情兴未已，即令樽中酒空；彩笔未穷，须使山中兔尽。"① 《夏日登龙门楼寓望序》云："兴酣情逸，共敦行役之期；搦管含毫，独对当仁之序。"② 《越州秋日宴山亭序》云："既而星回汉转，露下风高，银烛掩华，瑶觞抒兴。一时仙驭，方深摈俗之怀；五际飞文，请动缘情之作。"③ 《江宁吴少府宅饯宴序》云："情穷兴洽，乐极悲来。……玉露下而苍山空，他乡悲而故人别。请开文囿，共泻词源。"④ 《山亭思友人序》云："高兴之后，中宵起观。"⑤又云："思飞情逸，风云坐宅于笔端；兴洽神清，日月自安于调下云尔。"⑥ 其著名的《滕王阁序》亦云："遥襟甫畅，逸兴遄飞。"⑦ 这些诗序，或写于游览之际，或写于饯别的宴会上等，乃是为所有参与者赋诗之前所写的诗序。在这些诗序中，王勃号召大家在"情兴未已""高兴之后""兴洽神清""逸兴遄飞"之时，来"瑶觞抒兴"，且此"兴"须为"兴含情逸"的"缘情之作"等等。

这些感兴之作，往往是大自然的山林岩泉等客观景物与作者主观感情的密切融合。如其《夏日登韩城门楼寓望序》云："池台左右，觉风云之助人；林麓周回，观岩泉之入兴。"⑧ 其《晚秋游武担山寺序》

①⑤ 王勃著，蒋清翊注，汪贤度校点《王子安集注》，上海古籍出版社1995年版，第273页。
② 王勃著，蒋清翊注，汪贤度校点《王子安集注》，上海古籍出版社1995年版，第197—198页。
③ 王勃著，蒋清翊注，汪贤度校点《王子安集注》，上海古籍出版社1995年版，第199页。
④ 王勃著，蒋清翊注，汪贤度校点《王子安集注》，上海古籍出版社1995年版，第247—248页。
⑥ 王勃著，蒋清翊注，汪贤度校点《王子安集注》，上海古籍出版社1995年版，第274页。
⑦ 王勃著，蒋清翊注，汪贤度校点《王子安集注》，上海古籍出版社1995年版，第232页。
⑧ 王勃著，蒋清翊注，汪贤度校点《王子安集注》，上海古籍出版社1995年版，第196页。

云："玉律丰暇，傃林壑而延情；锦署多闲，想岩泉而结兴。"[①] 可见王勃所提倡的诗歌乃是一种情景交融之作。在此过程中，自然景观对于作者的"入兴"或者"结兴"是不可或缺的。故而其《入蜀纪行诗序》有云："山川之感召多矣，余能无情哉？"[②]

然而受山川之感召入兴之后，其最终的写作目的乃是抒发情志。其《仲氏宅宴序》云："盍各赋诗，放怀叙志。俾山川获伸于知己，烟霞受制于吾徒也。"[③] 山川烟霞等自然景物在"放怀叙志"的过程中，与作者的情志密切融合，并且可以"受制于吾徒"，即在抒发情志的过程中，能够随时为我所用，这正是有别于宫廷诗歌的关键所在。王勃所提倡的感兴之作，景物用来入兴，目的是使之与自己的主观情志融合，从而成为具有审美价值的"兴象"。而宫廷诗歌也有景物描写，但却少有感兴之作，正是因为其对情志抒发的忽视。

而王勃则常借写作诗序的机会，大力倡导诗歌的抒情言志功能。如其在《秋日宴季处士宅序》中云："人赋一言，各申其志。使夫千载之下，四海之中，后之视今，知我咏怀抱于兹日。"[④] 在《越州永兴李明府宅送萧三还齐州序》云："勉酌伤离之酒，具陈感别之辞。"[⑤] 在《秋夜于绵州群官席别薛升华序》云："他乡怨而白露寒，故人去而青山迥，不其悲乎！盍各赋诗云尔。"[⑥] 在《送宇文明府序》云："烟霞用足，江海情多。言泉共秋水同流，词锋与夏云争长。虽扬庭载酒，方趋好事之游；而肆乐含毫，请命升仙之笔。同抽藻思，共写离怀。"[⑦] 等等。

① 王勃著，蒋清翊注，汪贤度校点《王子安集注》，上海古籍出版社1995年版，第215页。
② 王勃著，蒋清翊注，汪贤度校点《王子安集注》，上海古籍出版社1995年版，第227页。
③ 王勃著，蒋清翊注，汪贤度校点《王子安集注》，上海古籍出版社1995年版，第202页。
④ 王勃著，蒋清翊注，汪贤度校点《王子安集注》，上海古籍出版社1995年版，第192页。
⑤ 王勃著，蒋清翊注，汪贤度校点《王子安集注》，上海古籍出版社1995年版，第244页。
⑥ 王勃著，蒋清翊注，汪贤度校点《王子安集注》，上海古籍出版社1995年版，第264页。
⑦ 王勃著，蒋清翊注，汪贤度校点《王子安集注》，上海古籍出版社1995年版，第254页。

王勃借写作诗序的机会，在当时宫廷诗占据主流的时代，大力提倡感兴之作是十分可贵的。除了上述诗序外，王勃还有一篇题目为《感兴奉送王少府序》的诗序：

八十有遇，共太公晚宦未迟；七岁神童，与颜回蚤死何益。仆一代丈夫，四海男子。衫襟缓带，拟贮鸣琴；衣袖阔裁，用安书卷。贫穷无有种，富贵不选人。高树易来风，幽松难见日。羽翼未备，独居草泽之间；翅翮若齐，即在云霄之上。乌众多而无辨凤，马群杂而不分龙。荆山看刖足之夫，湘水闻《离骚》之客。人贫材富，罔窥卿相之门；貌弱骨刚，岂入王侯之宅。王少府北辞伊阙，南登汚山。过我贫居，饮吾清酒。一谈经史，亚比孔先生；再读词章，何如曹子建。山岳藏其迹，川泽隐其形。一旦睹风云，千年想光景。孔夫子何须频删其《诗》《书》，焉知来者不如今；郑康成何须浪注其经史，岂觉今之不如古。王少府乃可畏后生，学问人也。各为四韵，共写别怀。①

这篇诗序，让王勃产生此番感慨的不是景物，而是人物。王少府当为满腹经纶、才华横溢之士，但其境遇可能正如王勃一样，仕途多舛，故而只能“山岳藏其迹，川泽隐其形”。联系到自己的性情、抱负和经历，王勃不禁“因人起情”，号召在座诸人写出满怀感兴之诗作。可见其所提倡的“感兴”，不仅仅是由自然界的风物来触兴，还可以是社会上的人物、事物等等。

王勃不仅通过诗序号召大家来写感兴之作，而且身体力行，写出了众多情景交融的佳作。而有些诗歌，有的直接就以“兴”字为题，让读

① 王勃著，蒋清翊注，汪贤度校点《王子安集注》，上海古籍出版社1995年版，第244—246页。

者一看就知道是触物起情的即兴之作。这在宫廷诗人那里，是难以想象的。如其《郊兴》：

空园歌独酌，春日赋闲居。泽兰侵小径，河柳覆长渠。
雨去花光湿，风归叶影疏。山人不惜醉，惟畏绿樽虚。[①]

《他乡叙兴》：

缀叶归烟晚，垂花落照春。边城琴酒处，俱是越乡人。[②]

《夜兴》：

野烟含夕渚，山月照秋林。还将中散兴，来偶步兵琴。[③]

再如其《郊园即事》，也是这种不事雕琢的即兴之作：

烟霞春早赏，松竹故年心。断山疑画障，悬溜泻鸣琴。
草遍南亭合，花开北院深。闲居饶酒赋，随兴欲抽簪。[④]

可见王勃对于诗、赋、文这些文体，皆提倡且实践感兴之作。王勃文思敏捷，比如他能够即席而赋《滕王阁序》，如果没有“兴”的参与，当是不可能的。

这种乘兴而作的诗文，在王绩那里，也常常见到。如其《醉后口号》：

①④ 王勃著，蒋清翊注，汪贤度校点《王子安集注》，上海古籍出版社1995年版，第85页。
②③ 王勃著，蒋清翊注，汪贤度校点《王子安集注》，上海古籍出版社1995年版，第98页。

阮籍醒时少，陶潜醉日多。百年何足度，乘兴且长歌。①

“口号”就是一种即兴而作的诗歌。再如其《食后》：

田家无所有，晚食遂为常。菜剪三秋绿，飧炊百日黄。
胡麻山麨样，楚豆野麋方。始曝松皮脯，新添杜若浆。
葛花消酒毒，萸蒂发羹香。鼓腹聊乘兴，宁知逢世昌！②

不管是酒足之后的乘兴长歌，还是饭饱之后的鼓腹乘兴，都是山野林泽之间性情的自然流露。这是堆垛祥瑞词汇，争相歌功颂德的宫廷诗人不屑为之的，当然，也不是他们能够体会得出其中的情趣，并能够付之笔端的。在《答处士冯子华书》中，王绩有云：“然烟霞山水，性之所适。琴歌酒赋，不绝于时。时游人间，出入郊郭。暮春三月，登于北山，松柏群吟，藤萝翳景，意甚乐之。箕踞散发，同群鸟兽。醒不乱行，醉不干物。赏洽兴穷，还归河渚。蓬室瓮牖，弹琴诵书。优哉游哉，聊以卒岁。”③此段文字，乃是王绩对自己隐居生活状态的描述。何其自由与自然！在这种自由与自然的山水审美观照中乘兴写出的诗歌，其境界自然与那些在宫殿苑囿之中，侍奉帝王的朝臣们写作的奉和应制的宫廷诗不可同日而语。

根据笔者所见资料，在初唐，以感兴论诗者尚有陈子昂。其《忠州江亭喜重遇吴参军牛司仓序》云：“神融兴洽，望真情高。觉清溪之仙洞不遥，见沧海之神山乍出。”④其《洪崖子鸾鸟诗序》云：“和墨瀹

① 王绩著，韩理洲校点《王无功文集》（五卷本会校），上海古籍出版社1987年版，第56页。
② 王绩著，韩理洲校点《王无功文集》（五卷本会校），上海古籍出版社1987年版，第101—102页。
③ 王绩著，韩理洲校点《王无功文集》（五卷本会校），上海古籍出版社1987年版，第150页。
④ 陈子昂撰，徐鹏点校《陈子昂集》（修订本），上海古籍出版社2013年版，第185页。

情，洒翰缛意，寄孤兴于露月，沉浮标于山海。”[①] 其《合州津口别舍弟至东阳峡步趁不及眷然有忆作以示之》中有：“孤舟多逸兴，谁共尔为邻。”[②] 等等。故而有论者指出：“可以看出，‘兴’对于陈子昂来说，已不仅仅是一种比兴手法，而是带有浓郁的感发意兴、遣兴抒怀的意味；它要求审美主体的创作过程既应是应物斯感、缘情而发，又应当情景相融、意象同构。从这一点来看，陈子昂显然是汲取刘勰、钟嵘等美学家的思想和魏晋时期的创作成果并加以发展，从而揭示出齐梁以至初唐不良文风的重要原因：缺乏感兴、真情，流于矫揉造作，其结果便只能是‘彩丽竞繁，而兴寄都绝’。”[③]

（三）寄意于彼

在上述两种意义的基础上，王氏家族的“兴”，往往有所寄托而意蕴悠远，从而创造出了优美的意境。

例如王勃的《采莲赋》强调：“赏由物召，兴以情迁。”[④] 可知其为感兴之作。在赋的结尾部分，其赋云：“永洁己于丘壑，长寄心于君王。”“莲有藕兮藕有枝，才有用兮用有时。何当婀娜花实移，为君含香藻凤池。”[⑤]《旧唐书》本传云：“上元二年，勃往交趾省父，道出江中，为《采莲赋》以见意，其辞甚美。”[⑥] 可见，王勃的此篇感兴之赋，乃“见意”之作，寄托了自己对于君王的忠诚以及重新见用的期待。而指出“士有因感而成兴”的《涧底寒松赋》，其结尾云：“徒志

① 陈子昂撰，徐鹏点校《陈子昂集》（修订本），上海古籍出版社2013年版，第187页。

② 陈子昂撰，徐鹏点校《陈子昂集》（修订本），上海古籍出版社2013年版，第34页。

③ 张云鹏《复古思潮的历史新变——试论初、盛唐之际美学思想的转型》，《河南师范大学学报》（哲学社会科学版）2001年第3期，第73页。

④ 王勃著，蒋清翊注，汪贤度校点《王子安集注》，上海古籍出版社1995年版，第45页。

⑤ 王勃著，蒋清翊注，汪贤度校点《王子安集注》，上海古籍出版社1995年版，第58页。

⑥ 刘昫等撰《旧唐书》，中华书局1975年版，第5005页。

远而心屈，遂才高而位下。斯在物而有焉，余何为而悲者！”[①] 无疑表达了对于沉沦下僚的俊杰之士的不平。王勃的其他赋作，往往都如上述两篇一样，皆为“意寄于彼”的寄托之作。

不仅如此，王勃还提出了“神驰象外”的美学命题。其在《秋晚入洛于毕公宅别道王宴序》中云：“雄笔壮词，烟霞照灼。既而神驰象外，宴洽寰中。”[②] “神驰象外”，即作者的心神意念驰骋于物象之外。写作时，只有“神驰象外”，才能观照到“象外之象”“景外之景”“味外之味”“韵外之旨”，从而创造出“言有尽而意无穷”“意寄于彼”的优美意境。计有功在《唐诗纪事》卷七中盛赞王勃《咏风》云：“肃肃凉景生，加我林壑清。驱烟入洞户，卷雾出山楹。去来固无迹，动息如有情。日落山水静，为君起松声。最有余味，真天才也。”[③] “余味”，就是“言有尽而意无穷”的“味外之味”，可见计有功通过王勃的一首短短的五言诗，体会出了其营造的境界之“余味”，从而认为王勃乃是善于营造余味无穷的诗歌意境的天才。正如王绩被认为是初唐诗歌意境追求的先行者一样，王勃现存的九十余首诗歌，也往往是含蓄蕴藉、兴象幽远的佳作，为唐代诗歌意境的营造做出了重要贡献。如其《仲春郊外》：

东园垂柳径，西堰落花津。物色连三月，风光绝四邻。
鸟飞村觉曙，鱼戏水知春。初晴山院里，何处染嚣尘。[④]

此诗所描绘的画面美丽生动，既充满生机，有鸟飞鱼戏之欢；又明朗纯净，风光满眼而无尘世的喧嚣。“鸟飞村觉曙，鱼戏水知春”二

① 王勃著，蒋清翊注，汪贤度校点《王子安集注》，上海古籍出版社1995年版，第38页。
② 王勃著，蒋清翊注，汪贤度校点《王子安集注》，上海古籍出版社1995年版，第257页。
③ 计有功辑撰《唐诗纪事》，上海古籍出版社2013年版，第98页。
④ 王勃著，蒋清翊注，汪贤度校点《王子安集注》，上海古籍出版社1995年版，第84页。

句，从语法上看用了拟人的修辞手法，让读者感觉到“村”和“水”在这大好春光里都有了生命，因而会引发出许多美好的联想，从而形成了境生象外的艺术效果。而最后“何处染嚣尘”这一反问，更是把读者的思绪引向更加广阔的艺术空间，引向了无限的春光中，可谓意境深远，余味无穷。

再如《春庄》：

山中兰叶径，城外李桃园。岂知人事静，不觉鸟声喧。[①]

这首诗非常简练，字面意思也非常简单，却营造出了一派充满生机的美好春光。前两句只是简单地点明了春庄的大致位置，即在城外的山中，但其“兰叶径”让人品味到了春庄环境的优雅，“李桃园”则让人联想到春庄的生机、鲜活，以及桃李芬芳的美丽景致。其最后一句“不觉鸟声喧”，我们可以感受到诗人对春光的迷恋之深，竟然达到了对于喧闹的鸟儿们的啼叫声“充耳不闻”的程度。但联系上一句“岂知人事静”，我们对最后一句却又会有新的理解。原来，不是鸟儿们不够喧闹，而是因为山庄没有人事的烦心，没有俗世的干扰，所以作者处于心静的状态，故而即使鸟声喧闹，也浑然不觉。当然，我们也可理解为这些喧闹的鸟声，正代表春庄的热情与美好，或者正是大自然最美妙的声音，所以即使再喧闹，也是作者喜欢听到、乐于欣赏的，就不会觉得其吵闹烦人，反而是十分欣喜，等等。可见，这最后一句，实在是高妙，让人回味无穷，联想丰富。在这首诗中，王勃创造的这种境界，用的不是王籍《入若耶溪》中“蝉噪林逾静，鸟鸣山更幽”式的以动显静的手法，而是想通过人事之静，来衬托春日山庄的生机和活力，我们不妨理

① 王勃著，蒋清翊注，汪贤度校点《王子安集注》，上海古籍出版社1995年版，第97页。

解为这是以静显动。总之，王勃以结句来描写春光的美好，真可谓余味无穷，更添春境之迷人而让人无限向往。

再看其《长柳》：

晨征犯烟磴，夕憩在云关。晚风清近壑，新月照澄湾。
郊童樵唱返，津叟钓歌还。客行无与晤，赖此释愁颜。[①]

这是一首纪行诗，中间的四句描写了“长柳”傍晚的风光，和“郊童”“津叟”一路唱着歌回家的情景。透过这些文字描写的画面，我们仿佛发现了一个田园牧歌式的境界：“郊童”和“津叟”们日出而作，日落而息，从他们的歌声里，可感知他们的自足自乐、自在逍遥、与世无争的人生境界，在新月的照耀下，在清幽的晚风中，这平凡而自然的生活更显得和平安详，令人神往……让倦游的诗人一展愁眉，并陶醉于这种田园牧歌式的意境中。千载之下，我们对这样的境界也禁不住心向而神往之。

王勃在其诗歌中营造的意境远不止上述诗例，但我们可以就此大致了解到，王勃以其简练多情的笔触，创作了众多“余味无穷”的诗歌，为盛唐诗国高潮中那些纷繁高妙的意境创作，作了良好的铺垫。如明胡应麟在《诗薮》中就赞其首启盛、中妙境，究其原因，笔者以为，这当是王勃在感兴的基础上，又能做到“神驰象外”的结果。

综上所述，王氏家族，尤其是王勃，在初唐宫廷诗“兴”缺失之际，提倡感兴之作，不仅提出了“士有因感而成兴”“神驰象外”等美学命题，而且创作了大量意境优美的感兴之作，不仅超越了其所生活的宫廷诗的时代，而且为“兴象玲珑”的盛唐诗境的营造开辟了道路。

① 王勃著，蒋清翊注，汪贤度校点《王子安集注》，上海古籍出版社1995年版，第89页。

【第八章】王氏家族与上官家族的美学比较

如前所述，初唐乃是以宫廷诗为核心的时代。自太宗直至高宗、武后、中宗各朝，如果我们想寻找一个宫廷诗歌美学的家族代表，那无疑应该是以上官仪、上官婉儿祖孙为代表的上官家族。而王氏家族的王绩、王勃，是初唐有影响的诗人中仅有的数位不属于宫廷诗人的作家代表。因而两个家族不管是在美学理论还是在创作实践上，有很大的不同。如果我们能够描述出两个家族的美学风貌，那么我们就可以大概知道初唐诗坛的概况，并能总结出通向盛唐之音的两条殊途同归的美学旅程。尽管在前文中我们对宫廷文学的美学风貌持一种批判的态度，但作为一种注重审美技巧，且占据整个初唐诗坛核心近百年的宫廷诗，笔者以为，我们应该实事求是地对其进行剖析、总结。事实上，尽管宫廷诗有诸多不足，但其对于诗歌技巧的探讨，以及对于初唐时期宫廷文化的营造等，都做出了卓越的贡献。并且，初唐宫廷诗在上官祖孙为代表的大量诗人的努力下，在各个阶段都呈现出了不同的风姿和特点，为唐诗在盛唐诗坛走向辉煌，做出了重要贡献。本章笔者将从上官家族与王氏家族对比的角度，揭示两个家族不同的美学意蕴，从而凸显王氏家族独特的美学价值。

一、上官家族成员概述

据《新唐书·宰相世系表》：

上官氏出自芈姓。楚王子兰为上官大夫，以族为氏。汉徙大姓以实关中，上官氏徙陇西上邽。汉有右将军安阳侯桀，生安，车骑将军、桑乐侯，以反伏诛。遗腹子期，裔孙胜，蜀太尉。二子：曰茂、曰先。先徙东郡，后徙陕郡。五世孙回。至弘为江都总监，又徙扬州。[①]

可知上官家族上官茂和上官先最后定居陕郡（今河南陕州区）。而至上官仪的父亲上官弘，仕隋为江都总监，故而迁家至扬州。大业十四年（618年），上官弘在隋末大乱中被将军陈棱杀害，[②] 不幸成为亡隋的殉葬品。

根据两《唐书》的记载，上官弘有子为上官仪，上官仪有子上官庭芝，庭芝有女上官婉儿。又据《新唐书·宰相世系表》记载，上官仪除了婉儿父上官庭芝外，还有一子上官庭璋，仕为太子仆。上官庭璋有三子：上官经野（任德州刺史）、上官经国和上官经纬。上官经纬有一子上官诏，为侍御史。

本章主要探讨的是上官仪和其孙女上官婉儿，现将二人生平略述如下。

（一）上官仪

上官仪（约608—664年），字游韶。

其父上官弘遇害时，上官仪尚幼，被家人藏了起来，方幸免于难。但为了逃避追杀，童年的上官仪便遁入佛门。《旧唐书》本传云："仪时幼，藏匿获免。因私度为沙门。"[③] 在隋末唐初天下大乱之时，寺庙相对清静的环境对于上官仪的教育提供了保障。《旧唐书》本传云其从

① 欧阳修、宋祁撰《新唐书》，中华书局1975年版，第2943页。

② 大业十四年（618年），隋炀帝欲迁都丹阳（今南京市），令民众修筑宫室。炀帝大动土木，穷奢极欲，荒淫无度。当时局势混乱，变乱四起，又值江都粮尽，人心恐惶。士卒多是关中人，谋划逃回家乡。左戍卫将军宇文化及，其弟智及和司马德戡、裴虔通、赵行枢等大臣，煽动卫士数万人，于三月十一日凌晨攻入宫中，制造了"江都兵变"，杀死了隋炀帝，隋灭。上官弘亦被将军陈稜所杀。

③ 刘昫等撰《旧唐书》，中华书局1975年版，第2743页。

此“游情释典，尤精《三论》，涉猎经史，善属文”。[①]

从其父被杀直到唐初武德年间，上官仪在寺庙中接受了良好的教育，再加上他天资聪颖，富有文采，引起了当地官员的关注。《旧唐书》本传载“杨仁恭为都督，深礼待之。”[②]并通过杨仁恭举荐，上官仪于贞观元年（627年）进士及第。其文名被太宗所闻。据《旧唐书》本传载，太宗“召授弘文馆直学士，累迁秘书郎。时太宗雅好属文，每遣仪视草，又多令继和，凡有宴集，仪尝预焉”。[③]可见在太宗朝，上官仪就已经成为宫廷文学的主力，并获得了为太宗皇帝润色修改诗文的殊荣，且常常参与宫廷宴集，写作一些奉和应制的诗歌等。

到了高宗朝，上官仪更是屡获升迁。《旧唐书》本传载：“高宗嗣位，迁秘书少监。龙朔二年，加银青光禄大夫、西台侍郎、同东西台三品，兼弘文馆学士如故。”[④]地位显贵的上官仪，因擅长写作五言诗，在高宗朝占据了宫廷文学的核心地位，《旧唐书》本传云：“仪既贵显，故当时多有效其体者，时人谓为上官体。”[⑤]可惜好景不长，上官仪在高宗与武后的矛盾中，获罪于武后并因此埋下祸根。《新唐书·上官仪传》云：

> 初，武后得志，遂牵制帝，专威福，帝不能堪；又引道士行厌胜，中人王伏胜发之。帝因大怒，将废为庶人，召仪与议。仪曰：“皇后专恣，海内失望，宜废之以顺人心。”帝使草诏。左右奔告后，后自申诉，帝乃悔；又恐后怨恚，乃曰：“上官仪教我。”后由是深恶仪。[⑥]

正是因为上官仪曾为唐高宗草拟废除武后皇后地位的诏书，得罪了

①②③④⑤ 刘昫等撰《旧唐书》，中华书局1975年版，第2743页。

⑥ 欧阳修、宋祁撰《新唐书》，中华书局1975年版，第4035页。

武后，最终被武后所杀。其子上官庭芝，当时任周王府属，亦遭杀害。《旧唐书》本传云："麟德元年，宦者王伏胜与梁王忠抵罪，许敬宗乃构仪与忠通谋，遂下狱而死，家口籍没。子庭芝，历位周王府属，与仪俱被杀。"①

上官仪颇具文采，《旧唐书·经籍志》载其著述主要有《上官仪集》三十卷，《新唐书·艺文志》载其有《投壶经》一卷，《笔札华梁》二卷，以及与许敬宗、顾胤、许圉师编撰的《芳林要览》三百卷等。此外，还与许敬宗、许圉师、杨思俭等编《瑶山玉彩》五百卷。②与房玄龄、许敬宗、来济、陆元仕、刘子翼、令狐德棻、李义府、薛元超等人共撰《晋书》一百三十卷。③

作为初唐重要的宫廷诗人，上官仪的作品已经所存无多。《全唐诗》存录一卷，共20首。今人陈尚君的《全唐诗续拾》补入12首。上官仪除了写作诗歌外，作为"上官体"的创始人，还提出过一些诗歌创作理论，《日本国见在书目录》载有上官仪的《笔札华梁》二卷，惜其书已佚。罗根泽认为《文镜秘府论》所引之《笔札》当为此书。④

---

① 刘昫等撰《旧唐书》，中华书局1975年版，第2743—2744页。

② 《新唐书·李弘列传》云："龙朔元年（661），命中书令太子宾客许敬宗，侍中兼太子右庶子许圉师，中书侍郎上官仪，太子中舍人杨思俭等，于文思殿博采古今文集，摘其英词丽句，以类相从，勒成五百卷，名曰《瑶山玉彩》。"《新唐书·李弘列传》的记载为："显庆四年（659），太子弘加元服，又命宾客许敬宗、右庶子许圉师、中书侍郎上官仪、中舍人杨思俭，即文思殿擿采古今文章，号《瑶山玉彩》，凡五百篇。"

③ 《旧唐书·房玄龄传》云："玄龄屡上言……寻与中书侍郎褚遂良受诏重撰《晋书》，于是奏取太子左庶子许敬宗、中书舍人来济、著作郎陆元仕刘子翼、前雍州刺史令狐德棻、太子舍人李义府薛元超、起居郎上官仪等八人分功撰录，以臧荣绪《晋书》为主，参考诸家，甚为详洽。然史官多是文咏之士，好采诡谬碎事，以广异闻；又所评论，竟为绮艳，不求笃实，由是颇为学者所讥。唯李淳风深明星历，善于著述，所修《天文》、《律历》、《五行》三志，最可观采。太宗自著宣、武二帝及陆机、王羲之四论，于是总题云御撰。至二十年，书成。凡一百三十卷，诏藏于秘府，颁赐加级各有差。"

④ 参见罗根泽著《中国文学批评史》（二），古典文献出版社1957年，第13页。

（二）上官婉儿[①]

上官婉儿（664—710年），上官仪之孙女，上官庭芝之女，母郑氏。她出生前后据说甚为灵异。张说《唐昭容上官氏文集序》云：

> 沛国夫人之方娠也，梦巨人俾之大秤，曰："以是秤量天下。"既而昭容生。弥月，夫人弄之曰："秤量天下，岂在子乎？"孩遂哑哑应之，曰："是。"生而能言，盖为灵也。[②]

上官仪及上官庭芝伏诛之时，上官婉儿尚在襁褓之中，随母配入掖廷为奴。其母郑氏出身名门，诗书传家，是太常少卿郑休远之姊，故而能够教授婉儿读书识字，赋诗撰文。《新唐书·上官昭容传》云其"天性韶警，善文章"。[③]《旧唐书·上官昭容传》云其"有文词，明习吏事"。[④]年仅十四岁，就以才华过人而受到武后的重视。《新唐书·上官昭容传》云其："年十四，武后召见，有所制作，若素构。"[⑤]张说《唐昭容上官氏文集序》亦盛赞婉儿："明淑挺生，才华绝代，敏识聪听，探微镜理。开卷海纳，宛若前闻；摇笔云飞，咸同宿构。"[⑥]

武周万岁通天元年（696年）以后，据《新唐书·上官昭容传》，上官婉儿"内掌诏命，掞丽可观"。[⑦]武周圣历元年（698年），其权力进一步加强，《旧唐书·上官昭容传》云其："自圣历已后，百司表奏，多令参决。"[⑧]

武周时期，上官婉儿曾获罪黥面。《旧唐书·上官昭容传》载：

① 关于上官婉儿更为详细的生平状况，参见唐团结《上官婉儿生平考述》，《河南教育学院学报》（哲学社会科学版）2004年第5期，第34—38页。

②⑥ 董皓等编《全唐文》，上海古籍出版社1990年版，第1004页。

③⑤⑦ 欧阳修、宋祁撰《新唐书》，中华书局1975年版，第3488页。

④⑧ 刘昫等撰《旧唐书》，中华书局1975年版，第2175页。

“则天时，婉儿忤旨当诛，则天惜其才不杀，但黥其面而已。”[①]《新唐书·上官昭容传》云：“尝忤旨当诛，后惜其才，止黥而不杀也。然群臣奏议及天下事皆与之。”[②]黥面乃是往犯人脸上刻字涂墨，是五刑中最轻的一种。通过上述史料可知，婉儿曾违背武则天的旨意，按律当斩，但则天惜其才，只是黥其面，并且照旧对她信任有加，委以重任，并逐渐使之成为武周时期统治集团的重要成员。武周久视元年（700年），婉儿协助朝廷大力开展文化建设，张说《唐昭容上官氏文集序》云其“自则天久视之后，中宗景龙之际，十数年间，六合清谧，内竣图书之府，外辟修文之馆，搜英猎俊，野无遗才。右职以精学为先，大臣以无文为耻。每豫游宫观，行幸河山，白云起而帝歌，翠华飞而臣赋。雅颂之盛，与三代同风，岂惟圣后之好文，亦云奥主之协赞者也。”[③]

公元705年正月二十日，武则天病重，李显即皇帝位于通天宫，改元神龙（705—707年）。二月，复国号“唐”，拜上官婉儿为昭容。《旧唐书·上官昭容传》云：“中宗即位，又令专掌制命，深被信任。寻拜为昭容，封其母郑氏为沛国夫人。”[④]景龙四年（710年）六月，中宗被韦后、安乐公主毒杀，是年，李隆基发动兵变，讨伐韦后及其党羽，也将婉儿杀掉。

然李隆基惜其文采，即位后便令收集上官婉儿诗文，编成《上官昭容文集》二十卷，令中书令、燕国公张说为之作序。张说在序中盛赞婉儿“才华绝代”“两朝专美”。惜此文集已佚。上官婉儿诗歌现存《全唐诗》中，共计三十二首。

二、上官家族的美学贡献

作为宫廷文学的重要代表作家，上官仪及其追随者创作了被称为

①④ 刘昫等撰《旧唐书》，中华书局1975年版，第2175页。
② 欧阳修、宋祁撰《新唐书》，中华书局1975年版，第3488页。
③ 董皓等编《全唐文》，上海古籍出版社1990年版，第1004页。

"上官体"的初唐诗歌美学的一大重要范式。其美学贡献主要表现在诗歌的形式技巧方面，即对声律、对仗的探讨。而上官婉儿则在帮助武周及唐中宗朝的文化建设中，积极推动宫廷诗歌的繁荣，并以自己敏锐的艺术判断力，品第诸臣诗作高下，担负起"称量天下"之职，并以此来协调主导当时宫廷诗歌的美学风尚。

（一）"上官体"及其诗学理论——宫廷诗歌美学的一种范式

如前所述，上官仪文名著于贞观世而尤显于高宗朝，前后长达二十余载，其所创"上官体"为初唐宫廷诗坛的一大重要范式。

关于"上官体"的生成，《旧唐书·上官仪传》记载如下：

> 高宗嗣位，迁秘书少监。龙朔二年，加银青光禄大夫、西台侍郎、同东西台三品，兼弘文馆学士如故。本以词彩自达，工于五言诗，好以绮错婉媚为本。仪既贵显，故当时多有效其体者，时人谓为上官体。[①]

关于"上官体"的艺术特征，我们现在只能根据此段描述以及上官仪现存的诗歌来考察。根据此段记载可知，上官仪给当时以及后世的印象就是"以词彩自达"，而其五言诗以"绮错婉媚为本"。那么所谓的"上官体"应该也是讲究"词彩"的"绮错婉媚"之作。胡大雷在其《宫体诗研究》中，认为以下三首诗"充分显示出当时流行的上官体'绮错婉媚'的特点"。[②]

---

① 刘昫等撰《旧唐书》，中华书局1975年版，第2743页。

② 胡大雷著《宫体诗研究》，商务印书馆2004年，第260页。

《八咏应制二首》

启重帷，重帷照文杏。翡翠藻轻花，流苏媚浮影。瑶笙燕始归，金堂露初晞。风随少女至，虹共美人归。罗荐已擘鸳鸯被，绮衣复有蒲萄带。残红艳粉映帘中，戏蝶流莺聚窗外。洛滨春雪回，巫峡暮云来。雪花飘玉辇，云光上璧台。共待新妆出，清歌送落梅。

入丛台，丛台裛春露。滴沥间深红，参差散轻素。妆蝶惊复聚，黄鹂飞且顾。攀折殊未已，复值惊飞起。送影舞衫前，飘香歌扇里。望望惜春晖，行行犹未归。暂得佳游趣，更愁花鸟稀。且学鸟声调凤管，方移花影入鸳机。[①]

《和太尉戏赠高阳公》

薰炉御史出神仙，云鞍羽盖下芝田。红尘正起浮桥路，青楼遥敞御沟前。倾城比态芳菲节，绝世相娇是六年。惯是洛滨要解珮，本是河间好数钱。翠钗照耀衔云发，玉步逶迤动罗袜。石榴绞带轻花转，桃枝绿扇微风发。无情拂袂欲留宾，讵恨深潭不可越。天津一别九秋长，岂若随闻三日香。南国自然胜掌上，东家复是忆王昌。[②]

对于这三首诗，胡大雷认为："这是唐初有宫体倾向的作品发展的极致，其特点就是：描绘极其华贵的场面下的男女交往，而这种交往是概括性的，是典故式的，非就纪实而言。"[③] 然而根据上文引录的《旧

① 中华书局编辑部点校《全唐诗》（增订本），第510—511页。

② 中华书局编辑部点校《全唐诗》（增订本），第511页。

③ 胡大雷著《宫体诗研究》，商务印书馆2004年，第260页。

唐书》本传，笔者以为“上官体”主要指的应该是五言诗，而“绮错婉媚”与宫体诗的香艳柔媚并不相同，故而上官体的代表作品并非宫体风格的诗作，而应是更为讲求艺术技巧的五言诗。

随着上官仪被武后诛杀，“上官体”的诗歌创作暂时处于低迷状态。但在上官婉儿参与初唐文化建设之时，却有复兴之势，从而成为初唐诗歌美学的一大重要范式。王梦鸥《初唐诗学著述考》中有云：“上官体虽得名于唐高宗麟德元年（664年）以前，实光大于万岁通天以下，其间料量对偶，商酌声病，为新体诗定格律者，颇不乏人，而上官婉儿又从而鼓动帝王，侈大书馆，增学士员，引进大臣名儒充此职位，尤以中宗复位以后，迭次赐宴赋诗，皆以婉儿为词宗，品第群臣所赋，要以采丽与否为取舍之权衡，于是朝廷益靡然成风矣。”①

然而尽管这种“上官体”的诗歌，以词彩的“绮错婉媚”为本，但不幸的是，对于此类诗歌，闻一多先生的评价是“诗的本身并不能比题目给人以更深的印象”。②既然如此，其存在的价值是什么呢？我们以为，“上官体”诗歌更为重要的存在价值当是上官仪等人以写作此类诗歌，锻炼了或者说部分实践了其关于诗歌的声律及对仗等诗学理论，为唐代律诗的定型做出了颇有意义的探索。

首先，进一步完善了近体诗的声律理论。其主要贡献是所谓的“四声二元化”和“粘对”规则。

“四声二元化”即由“四声”到“平仄”的简化。南朝时期，人们开始对诗歌的声律进行探讨。沈约《宋书·谢灵运传论》云：“欲使宫羽相变，低昂互节，若前有浮声，则后须切响。一简之内，音韵尽殊；两句之中，轻重悉异。”③《南史·陆厥传》云：（齐永明）“吴兴沈

① 王梦鸥著《初唐诗学著述考》，商务印书馆1977年版，第25页。

② 闻一多《宫体诗的自赎》，载《神话与诗》，华东师范大学出版社1997年版，第232页。

③ 沈约撰《宋书》，中华书局1974年版，第1779页。

约、陈郡谢朓、琅邪王融以气类相推毂，汝南周颙善识声韵。约等文皆用宫商，将平上去入四声，以此制韵，有平头、上尾、蜂腰、鹤膝。五字之中，音韵悉异，两句之内，角徵不同，不可增减。世呼为'永明体'。"①无疑这些病忌和规则等使得诗歌的声律模式显得非常烦琐和复杂，难以在创作中贯彻实施。

针对这种情况，上官仪及其追随者元兢结合自己编撰汇集名诗丽句的作诗工具书《芳林要览》及自身的创作经验等，将原本复杂烦琐的"永明体"的四声递用规则简化为平仄二声相调，即将上、去、入三调统一作仄声。这种"四声二元化"的处理方式，为近体诗音律的完善、成熟及最后的定型迈出了关键性的一步。②

所谓的"粘对"规律，实际上就是《文镜秘府论·调声之术》中的"换头"说。即："第一句头两字平，次句头两字去上入；次句头两字去上入，次句头两字平；次句头两字又平，次句头两字去上入；次句两字又去上入，次句头两字又平；如此轮转，自初以终篇，名为双换头，是最善也。若不可得如此，……唯换第二字，其第一字与下句第一字用平不妨，此亦名为'换头'，然不及双换。又不得句头第一字是去上入，次句头用去上入，则声不调也。"③意即一联之间的上下句为"对"，而联与联之间则须"粘"。如一联之中，上句头两字为平声，下句头两字应为仄声，使之上下句间平仄相对；而联与联之间，如果首联下句头两字是仄声，那么颔联上句也应为仄声，并以此类推，直至诗歌结束。"而讲究粘对的'换头'之法，显然是'上官体'诗人创作实践的理论概括"。④

① 李延寿撰《南史》，中华书局1975年版，第1195页。

② "四声二元化"虽最终成于元兢，然学界一般认为元氏之论多是对上官仪言论的推演和诠释。因元氏书中多有"上官仪云……"。如"上官仪云：'犯上声是斩刑，去入亦绞刑。'"等等。

③ 遍照金刚著，王利器校《文镜秘府论》，中国社会科学出版社1983年版，第55—56页。

④ 聂永华《"上官体"诗学理论辑议》，《郑州大学学报》（哲学社会科学版），2003年第6期，第12页。

其次，对诗歌的对仗规则进行了细致的探讨，提出了“六对”“八对”说。

在诗歌中运用对偶，能够体现出汉语言高度的形式美。在先唐，诗歌中已经有丰富的对偶之实践，在理论上也进行了初步的探讨。如刘勰在《文心雕龙·丽辞》中云：“丽辞之体，凡有四对：言对为易，事对为难，反对为优，正对为劣。言对者，双比空辞者也；事对者，并举人验者也；反对者，理殊趣合者也；正对者，事异义同者也。”[①] 可见刘勰总结出了言对、事对、反对、正对四种对仗方式。

上官仪结合自己的诗歌创作，则大大丰富了诗歌的对仗方式。宋人魏庆之《诗人玉屑》卷七引《诗苑类格》云：

> 唐上官仪曰：“诗有六对：一曰正名对，天地日月是也；二曰同类对，花叶草芽是也；三曰连珠对，萧萧赫赫是也；四曰双声对，黄槐绿柳是也；五曰叠韵对，彷徨放旷是也；六曰双拟对，春树秋池是也。”又曰：“诗有八对：一曰的名对，‘送酒东南去，迎琴西北来’是也；二曰异类对，‘风织池间树，虫穿草上文’是也；三曰双声对，‘秋露香佳菊，春风馥丽兰’是也；四曰叠韵对，‘放荡千般意，迁延一介心’是也；五曰联绵对，‘残河如带，初月如眉’是也；六曰双拟对，‘议月眉欺月，论花颊胜花’是也；七曰回文对，‘情新因意得，意得逐情新’是也；八曰隔句对，‘相思复相忆，夜夜泪沾衣，空叹复空泣，朝朝君未归’是也。”[②]

上官仪的“六对”“八对”，从词义，如“正名对”“同类对”；字音，如“连珠对”“双声对”“叠韵对”“连绵对”；句法，如“回

① 刘勰著，杨明照校注拾遗《增订文心雕龙校注》，中华书局1999年版，第451页。
② 魏庆之撰《诗人玉屑》（二），中国书店2018年版，第49—50页。

文对”“隔句对”等三方面对对偶作了较为细致的探讨。此可谓至上官仪时期，关于对偶的修辞手法探讨最为细致详尽的表述。可见，上官仪对于诗歌的修辞技巧，尤其是对偶做了认真的探讨。因为对偶是律诗最为重要的形式特点之一，故而，上官仪对于此后律诗的定型做出了重要贡献。

在创作实践上，上官仪诗歌中的对仗也常常有值得称道的句子。“上官仪的才能最明显地表现在处理对联上。……即使在幸存的几首诗中，我们也能够看到他所备受称赏的艺术技巧，如下引对句：‘落叶飘蝉影，平流写雁行。’”①

所有这些，不管是在理论上，还是在创作实践上，上官仪的努力无疑对律诗形式技巧的完善起到了重要作用。

（二）“称量天下”——宫廷诗歌美学的裁判

上官婉儿善于赋诗且才思敏捷，常常代皇帝、皇后，长宁、安乐两位公主同时作诗，《旧唐书·上官昭容传》云其能做到“数首并作，辞甚绮丽”。② 据说她在十几岁时就写出了“势如连璧友，心若臭兰人”这样歌咏双头牡丹的诗句。③

上官婉儿不仅善于赋诗，还非常善于判诗，故而在宫廷宴会中，中宗常令群臣赋诗，让上官婉儿品第诸作。她常常能在水平相当的众多诗歌中，以其敏锐的艺术评判力，决其高下，充当起当时宫廷诗歌美学的裁判，而群僚皆能倾服。是所谓“称量天下也”。如《唐诗纪事》卷三云：

---

① ［美］宇文所安著，贾晋华译《初唐诗》，生活·读书·新知三联书店2014年版，第61页。

② 刘昫等撰《旧唐书》，华书局1975年版，第2175页。

③ “心若臭兰人”，有些史料的记载为“情若臭兰人”，如宋阮阅《诗话总龟》后集卷四十一引《许彦周诗话》云：“唐高宗燕群臣赏双头牡丹诗，上官昭容一联云‘势如连璧友，情若臭兰人。’计之必一英奇女子也。”但明陶宗仪《说郛》卷二十六（上）云：“高皇帝御群臣赋宴赏双头牡丹诗，惟上官昭容一联为绝丽。所谓‘势如连璧友，心若臭兰人’者，……称量天下何足道哉。”

中宗正月晦日幸昆明池赋诗，群臣应制百余篇。帐殿前结彩楼，命昭容选一首为新翻御制曲。从臣悉集其下，须臾纸落如飞，各认其名而怀之。既进，唯沈、宋二诗不下。又移时，一纸飞坠，竞取而观，乃沈诗也。及闻其评曰：二诗工力悉敌，沈诗落句云：微臣雕朽质，羞睹豫章材，盖词气已竭。宋诗云：不愁明月尽，自有夜珠来，犹陟健举。沈乃伏，不敢复争。①

《唐诗纪事》的这段记载，如果从美学的角度进行审视，那么，似乎可以得出这样的结论：上官婉儿“称量天下”的砝码，已经突破了“上官体”的“绮错婉媚”，而表现出一种开阔明媚的气概。沈诗“微臣雕朽质，羞睹豫章材”之格调，虽然表现出了一种符合儒家传统的谦逊，也是此前宫廷奉和应制诗常用的结尾模式，但上官婉儿权衡再三，还是倾向于宋诗“不愁明月尽，自有夜珠来”这种较为昂扬刚健的气度。可以推知，上官婉儿在品第群臣诗作时表现出来的审美精神，或曰对诸诗文词、格调的品评，应该对于当时的美学风尚起到了一种很好的协调引导作用。故而《全唐诗·上官昭容诗序》云：“（婉儿）又差第群臣所赋，赐金爵，故朝廷靡然成风。当时属辞者，大抵虽浮艳，然皆有可观，婉儿力也。”②

上官婉儿殁后，初唐宫廷诗歌及其所表现出来的美学风尚也随之画上了一个圆满的句号。其功过是非，自是任人评说。晚唐文学家吕温曾写有一首《上官昭容书楼歌》：

汉家婕妤唐昭容，工诗能赋千载同。

自言才艺是天真，不服丈夫胜妇人。

① 计有功辑撰《唐诗纪事》，上海古籍出版社2008年版，第28页。

② 中华书局编辑部点校《全唐诗》，中华书局1999年版，第62页。

歌阑舞罢闲无事，纵恣优游弄文字。
玉楼宝架中天居，缄奇秘异万卷馀。
水精编帙绿钿轴，云母捣纸黄金书。
风吹花露清旭时，绮窗高挂红绡帷。
香囊盛烟绣结络，翠羽拂案青琉璃。
吟披啸卷终无已，皎皎渊机破研理。
词萦彩翰紫鸾回，思耿寥天碧云起。
碧云起，心悠哉，境深转苦坐自摧。
金梯珠履声一断，瑶阶日夜生青苔。
青苔秘空关，曾比群玉山。
神仙杳何许，遗逸满人间。
君不见洛阳南市卖书肆，有人买得研神记。
纸上香多蠹不成，昭容题处犹分明，令人惆怅难为情。[①]

此诗对上官婉儿的才情给予了极高的评价，说明其在后代诗人心中的位置非同寻常。笔者以为，在七八世纪之交，即唐代美学由初唐即将过渡到盛唐之际，受整个时代昂扬精神的影响，聪慧如上官婉儿者，应该比普通的诗歌作者更能体验到新时代的审美精神，故能够最终超越其祖父所创制的“上官体”，使风雅之声流于来叶，而朝着盛唐之音的美学高峰迈出了矫健的一步。

三、两大家族的比较

作为隋末唐初的两个重要的文化家族，王氏家族与上官家族基本上生活在两个不同的世界。一个家族生活在“地实儒素，人多高烈”的乡

① 中华书局编辑部点校《全唐诗》，中华书局1999年版，第4185页。

野田园，而另一个家族则日日出入于宫廷苑囿，华屋广厦。与之相对应，王氏家族与上官家族在美学取向上，也存在诸多差异。

（一）对文艺的价值取向不同

如前所述，王通曾提出过“文必贯道”的命题，其孙王勃也祖述其观点，非常注重文艺的伦理价值，而认为只讲究声律词彩，乃文章末流。与之相反，上官家族对于诗歌美学的关注点，则主要在修辞、声律、词彩等技巧方面。如上官仪曾提出“六对”“八对”说来研究诗歌的对仗，并在声律上与追崇“上官体”的其他诗人共同完善了“四声二元化”及“粘对”规则。故而两个家族对于文艺的价值取向是不同的：王氏家族所鄙弃的“词彩、声律”正是上官家族所推崇的，而王氏家族所推崇的“文必贯道”也正是上官家族所关注不够的。

笔者以为，二者对文艺价值取向的不同，究其原因，当与两个家族的人格风貌不同有关。

如前所述，王氏家族家学渊源深厚，世习儒学，世代所探讨的就是儒家的治国方略，即王通所推崇的王道政治，具有极高的社会责任感。在隋季纷乱之时，王通退归河汾，著述讲学，其目的就是希望能够培养出复兴王道的人才。王勃作为一代才子，事实上也是学者型的人物，从小就受到家学的影响，即使屡遭挫折，也会发出像《滕王阁序》中“无路请缨，等终军之弱冠；有怀投笔，爱宗悫之长风”[①] 的感慨，表现出极强的社会责任感。

而上官家族则与此不同。如前所述，上官家族既非前朝的士族阀阅，也非儒学传家，而是通过科举进身，以文采自达，并仕至宰辅之位的。除了准备草诏废武后而终招杀身之祸外，未见其他较为卓越的政治

① 王勃著，蒋清翊注，汪贤度校点《王子安集注》，上海古籍出版社1995年版，第234页。

勋绩，只以“绮错婉媚”之“上官体”在文学史上留名。美国汉学家宇文所安认为：“上官仪受到正统史书的赞扬，但这一事件（草诏废武后并被杀——笔者注）不能掩盖他不是道德家的事实。他屈服于那一时代的专制倾向，缺乏处于此类时代的诗人所应有的对于国家的道德责任感。”① 事实上，上官仪与同时代的许多靠科举进身的文士一样，“皆舍德行而趋文艺”。② 在人格精神上与以儒学传家的王氏家族不可同日而语。“他们于诗歌声色的探讨非常深入，目的就是以整饬华美的宫廷诗来媚献皇上（或武后），所以他们虽然擅于文辞，但多薄德无行。与贞观朝的文学重臣虞世南、陈叔达、岑文本等人相比，许敬宗、李义府、上官仪等人都缺少忠直和德行”。③

其孙女上官婉儿虽具有较高的政治才华，在武周与中宗时，掌诏命，担任最高统治者之秘书，张说《唐昭容上官氏文集序》认为其卓越的政治才能使其能够“两朝专美，一日万机。顾问不遗，应接如响”。④ 但其晚年生活奢侈浮靡，因曾与韦后走得较近，终遭杀身之祸。《新唐书·上官昭容传》云：“帝即婉儿居穿沼筑岩，穷饰胜趣，即引侍臣宴其所。是时，左右内职皆听出外，不何止。婉儿与近嬖至皆营外宅，邪人秽夫争候门下，肆狎昵，因以求剧职要官。与崔湜乱，遂引知政事。湜开商山道，未半，因帝遗制，虚列其功，加甄赏。韦后之败，斩阙下。”⑤

上官仪与上官婉儿祖孙都因卷入初唐激烈的政治斗争旋涡而不得善终，一被武则天构陷杀害，一被李隆基起兵时诛杀。究其深层原因，当与其人格风貌不无关系。

---

① ［美］宇文所安著，贾晋华译《初唐诗》，生活·读书·新知三联书店2014年版，第58页。

② 《资治通鉴》卷二百二云：“礼部取士，专用文章为甲乙，故天下之士，皆舍德行而趋文艺。有朝登甲科而夕陷刑辟者，虽日诵万言，何关理体。”

③ 洪进《“上官体”生成论》，《安徽广播电视大学学报》2004年第4期，第114页。

④ 董皓等编《全唐文》，上海古籍出版社1990年版，第1004页。

⑤ 欧阳修、宋祁撰《新唐书》，中华书局1975年版，第3488页。

正是两种不同的人格风貌，影响了两个家族不同的美学价值取向：一个家族期盼着用文艺来贯穿道义，而另一个家族则倾心于诗歌的词彩、声律之美，为自己所服务的帝王和宫廷润色鸿业，文饰太平。

（二）所崇尚的美学风貌不同

与其人格风貌相对应，正如有研究者指出的那样，“上官体”的美学风貌也具有难以克服的缺陷：“总之，由于先天的文化素质的限制，特定的社会政治情势和思想文化背景的影响，龙朔文士群体普遍具有尚文轻儒、急于干进、利欲熏心、阿谀献媚，无儒雅之态、无骨鲠之气的人格特征。而上官仪也不例外，其人格特征和文化素质直接影响了其艺术审美观和诗歌创作思想，使其有意识地对贞观诗风进行‘变体’，但其柔媚无骨的人格缺陷直接铸就了其‘骨气都尽，刚健不闻’（杨炯《王勃集序》）和‘绮错婉媚’的美学风格和诗歌形式。”[①] 应该说，“上官体”诗歌所体现出来的总体美学风貌是柔媚的。

我们知道，王氏家族的王勃发动了初唐第一次诗文革新运动，针对的就是“骨气都尽，刚健不闻”的“上官体”，而提倡一种宏博刚健的文风。可见，在美学取向上，两个家族不仅存在着明显差异，甚至可以说他们是站在对立面的。

那么，上官仪的美学倾向为什么会如此柔媚？笔者以为，除了宫廷诗歌与生俱来的带有讨得帝王欢心的属性外，还与上官仪从小接受的教育有关。如前所述，上官仪童年时代，其任江都总监的父亲就在隋末大乱中被杀，自己则遁入佛门，并学习了各种知识，一直到贞观元年，由当时任雍州牧行扬州大都督府长史的杨仁恭举荐，进士及第。可见少年及青年时代，上官仪一直生活在扬州这一南方美学风尚，或曰“江左余

① 洪进《“上官体”生成论》，《安徽广播电视大学学报》2004年第4期，第114页。

风”的盛行之地。因而无疑影响上官仪美学取向的乃是盛行于初唐的南方美学。

加之上官仪不像初唐追随太宗南征北战的开国之臣一样，可以在苦难中摒弃浮华，而是直接由扬州来到长安，参加科举考试，并入仕为官且仕途顺利，凭借自己的文学才华，一直在高宗朝做到了宰相之位。这种青少年时代的熏染以及其后富贵优越的生活环境，使其在美学上追求一种精致、柔媚，讲究词彩，注重形式技巧的美学倾向。即使是其屡受称道的下面这首小诗也不例外：

脉脉广川流，驱马历长洲。
鹊飞山月曙，蝉噪野风秋。①

关于此诗，宇文所安以为：“虽然上官仪以宫廷诗人著名，但是他最好的诗却不是应制诗，这是不足为奇的。下引片段（02723）（即上面的诗歌）作于高宗朝，在一定程度上显示了7世纪六七十年代诗人所特有的活力。它沿用了宫廷诗人不愿将感情融入景象的作法，但却能够创造出一个浑融完整的景象，而不是琐细零碎的世界，从而指向了未来的诗歌。”②尽管如此，其美学风格也是偏向于柔媚的。此诗咏颂的场合乃是在凌晨入朝之时在洛水堤，上官仪“步月徐辔”，且“音韵清亮”“群公望之，如神仙焉”。这一画面过于优雅雍容，在这种场合下吟诵的诗歌，很难想象会是充满刚健之气的。果然，上官仪首二字用的是“脉脉”来形容洛水之貌，显然，“脉脉”所表现出的连绵不绝之状，给人感觉这洛水貌似只是一股涓涓细流，而在诗歌中用“脉脉”两

① 宋阮阅《诗话总龟》卷二十九引《小说旧闻》：“唐高宗承贞观之后，天下无事，上官仪侍郎独持国政，尝凌晨入朝，巡洛水堤，步月徐辔，咏诗云：‘脉脉广川流，驱马入长洲。鹊飞山月晓，蝉噪野风秋。’音韵清亮，群公望之，如神仙焉。”

② ［美］宇文所安著，贾晋华译《初唐诗》，生活·读书·新知三联书店2014年版，第60页。

字，我们常会想到《古诗十九首》中的《迢迢牵牛星》一诗，其末句云："盈盈一水间，脉脉不得语。"[①] 在这种联想的词义场中，尽管两个"脉脉"意思不同，但无论如何"脉脉"丝毫也不具有刚健的含义。故而以此二字领起，整首诗的审美意趣无疑依旧具有"上官体"所具有的柔媚特征。

不仅在诗歌领域，上官仪表现出一种柔媚之姿，即使在编写史书时，他也难以摆脱绮艳之弊。如《旧唐书·房玄龄传》云：

> 玄龄屡上言……寻与中书侍郎褚遂良受诏重撰《晋书》，于是奏取太子左庶子许敬宗、中书舍人来济、著作郎陆元仕刘子翼、前雍州刺史令狐德棻、太子舍人李义府薛元超、起居郎上官仪等八人，分功撰录，以臧荣绪《晋书》为主，参考诸家，甚为详洽。然史官多是文咏之士，好采诡谬碎事，以广异闻；又所评论，竞为绮艳，不求笃实，由是颇为学者所讥。[②]

可见上官仪等人在撰写《晋书》时，不但喜欢"采诡谬碎事，以广异闻"，而且对于历史人物及事件的评论"竞为绮艳，不求笃实"。这显然不是"良史"所应采取的方式和笔法。究其原因，当是受其美学思想影响太甚，以至于在撰写史书时也难以摆脱其固有的美学风貌。

与之相较，其孙女上官婉儿在"称量天下"，品第群臣作品之时，虽然也表现出了一定的标举刚健气息的美学追求，但与王氏家族的作家，尤其是与王勃相比，其力度显然不可同日而语。况且，王勃去世之时（676年），上官婉儿只有十三岁，尚未走上初唐政治与文学的舞台。而如前所述，上官婉儿在初唐的最后二十年，位居权要，并成为当时宫

① 郭茂倩编，张小燕注《乐府诗集》，北京联合出版公司2017年版，第146页。

② 刘昫等撰《旧唐书》，中华书局1975年版，第2463页。

廷文坛的领袖，如果她能在王勃等“初唐四杰”的基础上，大力标举内容充实、风格刚健的诗歌，那么，她的美学成就应该更大，显然她做得还远远不够。因为毕竟她在本质上是一个御用的宫廷文人，并且她是上官仪之后，其对祖父的超越，虽然有之，却是有限的。她难以抛弃宫廷诗的传统，像王勃那样进行大刀阔斧的改革。

另外，与王氏家族成员所提出的诸多美学命题相比，上官家族显然在理论上显得薄弱了许多。而在创作实践上，尽管当时上官仪（文集三十卷）与上官婉儿（文集二十卷）作品众多，但现在的存世作品却已很少，例如诗歌分别只有32首，而其他作品多已亡佚。可见自太宗朝至中宗朝，活跃于初唐宫廷诗坛长达半个多世纪之久，甚至左右当时诗坛主流美学风貌的上官家族的作品，在历史的长河中，已经多遭淘汰。尽管对于学者的研究而言颇多遗憾，因为我们无法窥见上官祖孙诗歌的全貌，对于“上官体”因其存诗太少，也难以进行全面的把握，但其多已亡佚的事实，只能说明历史常常选择更有价值的作品流传后世。

综上所述，尽管王氏家族的作家与当时叱咤风云的上官家族相比，在仕途上不甚通达，在美学上也只处于边缘状态，但其对于后世的影响，却是上官家族，甚至隋末唐初的任何一个家族都无可替代的。其对于开启波澜壮阔的盛唐之音的美学风貌所作出的贡献，甚至超越于当时所有的家族。

【第九章】余论

一、为善不同，同归于美：王氏家族美学的个体差异

如前所述，王氏家族成员美学的思想基础是王通提出的儒学为宗的“三教可一”论，这是一个开放的、极具包容性的命题。在此思想的影响下，王氏家族成员的美学思想在总体上虽然表现出了诸如批判齐梁以及当世浮艳文风等共同的美学追求，但由于生活时代的不同以及个性的差异等原因，他们之间还存在着较为明显的个体差异。这种差异的存在，既让王氏家族的美学表现出更为丰富多彩的意蕴，还显示了其家族美学随着时代的发展而不断演进，朝着盛唐之音的美学高峰不断前进的轨迹。具体来看，笔者以为，其差异可以从以下几个方面来考察。

（一）表述方式不同

王通的美学思想主要是通过著述与讲学来传达的。如前所述，王通的主要著述为《续六经》和《中说》，其主要的美学观点就是“文必贯道”。《续六经》，其中主要是《续诗》，不仅是其“文必贯道”思想的实践之作，而且这一思想也贯穿其始终。而我们现在所能够运用的史料，主要存在于其弟子门人和后人所整理编辑的《中说》中。《中说》乃是如《论语》一样的对问或记录言行之作，所以，我们现在只能大概地认为，王通美学思想的表述方式主要是著述和讲学。而其《续六经》大都已亡佚，其讲学的部分记录，即《中说》就成为王通最为重要的美学表述的记录。

与王通不同的是，王绩的美学思想主要保存在其书信中。如前所

述，在《答处士冯子华书》中，王绩就提出了“题歌赋诗，以会意为功”[①]的美学命题，以及“不必与夫悠悠闲人相唱和”的自适其适的创作主张。同篇书信中，王绩还对薛收的《白牛溪赋》进行了评价：“吾往见薛收《白牛溪赋》，韵趋高奇，词义旷远，嵯峨萧瑟，真不可言。壮哉邈乎！杨班之俦也。”[②]并记录了时人（王通的弟子）对《白牛溪赋》的赞叹：“高人姚义常谓吾曰：‘薛生此文，不可多得。登太行，俯沧溟，高深极矣！’”[③]且言及朋友（仲长子光）对自己作品的评价：“吾近作《河渚独居赋》，为仲长先生所见，以为可与《白牛》连类。”[④]在书信中表述自己的美学思想，是一种传统、便捷的方式。如曹魏时曹丕的《与吴质书》，曹植的《与杨德祖书》《与吴季重书》等都是流传后世的佳作。其对建安作家的批评及其自己的美学感悟，成为我们研究建安时期美学思想的重要史料。同样，王绩的这篇书信，也为我们提供了他那超越于时代的美学思想而值得我们继续探讨。

稍后的王勃，其美学思想的分布则较为分散。主要有：

其一，在给朝廷重臣的上书中。如在《上吏部裴侍郎启》中，王勃对于屈、宋至六朝的“遗雅背训”“劝百讽一”的作家及文章进行了批评，并提倡文章之道应该“开物成务”“立言见志”“甄明大义”“俗化资以兴衰，家国由其轻重”。[⑤]在《上绛州上官司马书》中有云：“逸气遒文，运风霜于掌握”[⑥]等等。

其二，在奉沛王之教而撰写的《平台秘略论》及《平台秘略赞》中。如在《平台秘略论·艺文》中，王勃以为“‘文章经国之大业，不朽之能事’。……非缘情体物，雕虫小技而已”。[⑦]在《平台秘略

① 王绩著，韩理洲校点《王无功文集》（五卷本会校），上海古籍出版社1987年版，第148页。
②③④ 王绩著，韩理洲校点《王无功文集》（五卷本会校），上海古籍出版社1987年版，第149页。
⑤ 王勃著，蒋清翊注，汪贤度校点《王子安集注》，上海古籍出版社1995年版，第129—130页。
⑥ 王勃著，蒋清翊注，汪贤度校点《王子安集注》，上海古籍出版社1995年版，第169页。
⑦ 王勃著，蒋清翊注，汪贤度校点《王子安集注》，上海古籍出版社1995年版，第303页。

赞·艺文》中，王勃提出“气陵云汉，字挟风霜”[①]等等。

其三，在王勃所撰写的各类诗、赋序中。如其《入蜀纪行诗序》云：“山川之感召多矣，余能无情哉？爰成文律，用宣行唱。”[②]在《涧底寒松赋序》中有“士有因感而成兴”[③]，在《夏日登龙门楼寓望序》中有“兴含情逸”[④]，在《越州秋日宴山亭序》中有“瑶觞抒兴”[⑤]，在《游冀州韩家园序》中有“高情壮思，有抑扬天地之心；雄笔奇才，有鼓怒风云之气”[⑥]等等。

其四，在王勃撰写的各类寺庙碑文中。如在《益州德阳县善寂寺碑》中云：“薜萝人事，空余江海之心；笔札神交，尚有渊云之气。”[⑦]在《梓州郪县兜率寺浮图碑》云：“岂可使宏规在我，空存蔽日之基；雄笔同时，不借凌云之气。”[⑧]在《广州宝庄严寺舍利塔碑》中云：“仲宣旅泊，方衔深井之悲；长卿罢归，空负陵云之气”[⑨]等等。

其五，在其代人撰写的求助书中。如在《为人与蜀城父老书》（一）中云：“冲襟渺识，人多江汉之灵；丽藻华文，代有云泉之气。”[⑩]等等。

其六，在诗文革新运动的实践中。王勃曾发起了初唐第一次诗文革新运动，如前所述，虽然整个运动过程与主张都是杨炯在《王子安集原序》中代为记录的，但通过杨炯所云的“后进之士，翕然景慕。久倦樊

① 王勃著，蒋清翊注，汪贤度校点《王子安集注》，上海古籍出版社1995年版，第428页。
② 王勃著，蒋清翊注，汪贤度校点《王子安集注》，上海古籍出版社1995年版，第227页。
③ 王勃著，蒋清翊注，汪贤度校点《王子安集注》，上海古籍出版社1995年版，第37页。
④ 王勃著，蒋清翊注，汪贤度校点《王子安集注》，上海古籍出版社1995年版，第197页。
⑤ 王勃著，蒋清翊注，汪贤度校点《王子安集注》，上海古籍出版社1995年版，第199页。
⑥ 王勃著，蒋清翊注，汪贤度校点《王子安集注》，上海古籍出版社1995年版，第223页。
⑦ 王勃著，蒋清翊注，汪贤度校点《王子安集注》，上海古籍出版社1995年版，第498页。
⑧ 王勃著，蒋清翊注，汪贤度校点《王子安集注》，上海古籍出版社1995年版，第517页。
⑨ 王勃著，蒋清翊注，汪贤度校点《王子安集注》，上海古籍出版社1995年版，第542页。
⑩ 王勃著，蒋清翊注，汪贤度校点《王子安集注》，上海古籍出版社1995年版，第180页。

笼，咸思自择。近则面受而心服，远则言发而响应。教之者逾于激电，传之者速于置邮。得其片言，而忽焉高视；假其一气，则邈矣孤骞。窃形骸者，既昭发于枢机；吸精微者，亦潜附于声律。虽雅才之变例，诚壮思之雄宗也”。[①] 可以想见，王勃当时关于如何赋诗作文的一些美学思想，对于当时的一些作家，不管是当面探讨还是通过其他方式传播，其速度之快，力度之大，影响之深，都是十分惊人的。王勃被誉为“初唐四杰”之首，亦当与此有关。

可见，较之王通与王绩，王勃美学思想的表述方式要多得多，几乎涵盖了其所创作的各类文体。

（二）美之内涵的广度不同

关于美的内涵，笔者以为，王氏家族的主要成员所领悟和运用的广度存在不同。

对于王通来说，他对美的界定基本与“善”等同。《中说·礼乐篇》有：

> 或曰：“礼岂为我辈设哉？”子不答，既而谓薛收曰：“斯人也，旁行而不流矣，安知教意哉！有若谓‘先王之道，斯为美’也。”[②]

此处，王通引用孔子弟子有若的话表明自己的观点：“先王之道斯为美”，即以先王之道为美。先王之道主要包括儒家的仁义道德等，基本上是善的范畴。故而笔者以为，王通的观点乃是“以善为美”，即以

① 王勃著，蒋清翊注，汪贤度校点《王子安集注》，上海古籍出版社1995年版，王子安集注卷首第70—71页。

② 王通著，张沛校注《中说校注》，中华书局2013年版，第156页。

儒家的仁义道德为美。

正是建立在这样的对美的认识的基础上，王通才提出了“文必贯道”的美学命题。

其弟王绩少年时代虽然也深受儒家思想的影响，其《晚年叙志示翟处士正师》明言自己曾“明经思待诏，学剑觅封侯”。[①]但因为仕途不顺，才高位下，以及其性格的疏散，以“自适其适”为生活原则，故而其美学追求更倾向于自己的内心，而不是像王通那样以外在的“道”“善”为目的。故而他会提出像“题歌赋诗，以会意为功”[②]的美学命题。可见，王绩乃是“以意为美”。其“意”或为自己的主观情志，或为玄远悠长却又汇通内心的自然之意，或为蕴藉高远的审美意境，都使其美学追求超越于初唐而直追盛唐之音。

其孙王勃关于美的内涵则复杂得多。王勃在《平台秘略赞十首·贞修》中云：“为善不同，同归于美。”[③]同文中他还认为“美哉，贞修之至也”！在此，王勃以为善虽有不同的形式和内涵，但凡是善的，都是美的。这就说明在善与美的关系上，他认为美广于善。又如其《九成宫东台山池赋》云：“美仁智之同归。”[④]可见，王勃关于美的内涵，不仅包括“仁”这一善的范畴，还包括“智”这一关于人的才性的范畴。其《上拜南郊颂表》云：“文不足奇，意有遗美。”[⑤]说明王勃关于美的内涵，也包括作者的主观情意。其《泥溪》中有“泛水虽云美，劳歌谁复知”。[⑥]此处的“美”带有“乐”的成分。其《采莲赋序》云：“莫不权陈丽美，粗举采掇。”[⑦]可见王勃关于美的内涵还包括我

---

① 王绩著，韩理洲校点《王无功文集》（五卷本会校），上海古籍出版社1987年版，第110页。
② 王绩著，韩理洲校点《王无功文集》（五卷本会校），上海古籍出版社1987年版，第148页。
③ 王勃著，蒋清翊注，汪贤度校点《王子安集注》，上海古籍出版社1995年版，第427页。
④ 王勃著，蒋清翊注，汪贤度校点《王子安集注》，上海古籍出版社1995年版，第26页。
⑤ 董皓等编《全唐文》，上海古籍出版社1990年版，第802页。
⑥ 王勃著，蒋清翊注，汪贤度校点《王子安集注》，上海古籍出版社1995年版，第93页。
⑦ 王勃著，蒋清翊注，汪贤度校点《王子安集注》，上海古籍出版社1995年版，第43—44页。

们现在所说的自然景观之美，如此等等。

因为王勃关于美的内涵是如此的广泛，故而其审美批评存在矛盾之处。如其站在“善”的立场上，曾对屈原等作家提出过批评，其《上吏部裴侍郎启》中曾云：“屈宋导浇源于前，枚马张淫风于后。”①但其整个文集中，对于屈原等作家又多有引用和提及。如其《春思赋序》云：“屈平有言：目极千里伤春心”②，其《梓潼江南泛舟序》云：“屈平制芰于涔阳之浦”③，其《春日孙学士宅宴序》云：“楚屈平之瞻望，放于何之；王仲宣之登临，魂兮往矣。”④而在《越州秋日宴山亭序》中的“南国多才，江山助屈平之气”⑤则明显是褒奖之意。可见王勃在文学的审美价值与伦理价值之间，存在着矛盾和冲突。究其原因，正是王勃所认识的美的内涵过于广泛，因而站在不同的层面上来审视作家作品，难免会有冲突之处。

（三）关注美学问题的侧重点不同

正因为其所理解的美学内涵的广度不同，所以王氏家族的成员所关注的美学问题的侧重点亦有所不同。

如上所述，王通站在儒家的立场上，提倡“文必贯道”，说明他所关注的美学问题主要是社会性的。如《中说·事君篇》中有：

> 薛收问《续诗》，子曰：“有四名焉，有五志焉。何谓四名？一曰化，天子所以风天下也；二曰政，蕃臣所以移其俗也；三曰颂，以成功告于神明也；四曰叹，以陈诲立诫于家也。凡此四者，

① 王勃著，蒋清翊注，汪贤度校点《王子安集注》，上海古籍出版社1995年版，第130页。
② 王勃著，蒋清翊注，汪贤度校点《王子安集注》，上海古籍出版社1995年版，第2页。
③ 王勃著，蒋清翊注，汪贤度校点《王子安集注》，上海古籍出版社1995年版，第191页。
④ 王勃著，蒋清翊注，汪贤度校点《王子安集注》，上海古籍出版社1995年版，第190页。
⑤ 王勃著，蒋清翊注，汪贤度校点《王子安集注》，上海古籍出版社1995年版，第198页。

或美焉，或勉焉，或伤焉，或恶焉，或诫焉，是谓五志。”①

此处，王通所谓的“四名”，乃是其《续诗》的内容，而“五志”乃是对《续诗》内容的评价。“化、政、颂、叹”这“四名”，所揭示的都是诗歌的社会功用，而“美、勉、伤、恶、诫”这“五志”，所显示的也是对这些社会内容的审美感受。可见，不管是“四名”，还是“五志”，王通希望《续诗》所能起到的乃是“上名三纲，下达五常”“征存亡，辩得失”②的社会功用。这种对诗歌的社会功用的关注，被唐代的一些作家所继承，如杜甫《奉赠韦左丞丈二十二韵》中有“致君尧舜上，再使风俗淳”，③白居易、元稹等发起实践的“新乐府运动”等等，都与王通关注美的社会功用一脉相承。

与王通不同，王绩所主要关注的是自然之美，以及自己的内心感受。晚年的王绩更是过着独来独往的隐居生活，在故乡的山水田园中享受着自然之美与内心之乐。其《游北山赋序》云：

独居南渚，时游北山。聊度日以为娱，忽经年而忘返。西穷马谷，北达牛溪。丘壑依然，风烟满目。孙登默坐，对嵇阮而无言；王霸幽居，与妻孥而共去。窗临水石，砌绕松篁。歌田园之去来，亦已久矣；望山林之故道，何其乐哉。④

《答处士冯子华书》云：

然烟霞山水，性之所适。琴歌酒赋，不绝于时。时游人间，出

① 王通著，张沛校注《中说校注》，中华书局2013年版，第84页。
② 王通著，张沛校注《中说校注》，中华书局2013年版，第43页。
③ 杜甫撰，仇兆鳌注《杜诗详注》，中华书局1979年版，第65页。
④ 王绩著，韩理洲校点《王无功文集》（五卷本会校），上海古籍出版社1987年版，第1—2页。

入郊郭。暮春三月，登于北山，松柏群吟，藤萝翳景，意甚乐之。箕踞散发，同群鸟兽。醒不乱行，醉不干物，赏洽兴穷，还归河渚。蓬室瓮牖，弹琴诵书。优哉游哉，聊以卒岁。[①]

这种山水田园之赏，以及内心的独特感受，正发展酝酿出了盛唐山水田园诗派的独特美学内涵。

王勃则一方面关注着美学的社会功用，同时也对自然之美及作者的审美感受等进行了深刻的观察和体认。如其《平台秘略论十首·艺文》云：

故“文章经国之大业，不朽之能事”。而君子等役心劳神，宜于大者远者，非缘情体物，雕虫小技而已。[②]

此处，王勃关注的是美学的社会功用，故而对于“缘情体物”颇有微词。但站在对自然之美的欣赏及自己的审美感受层面上，则是另一番境界。如其在《入蜀纪行诗序》中有：

若乃采江山之俊势，观天地之奇作，丹壑争流，青峰杂起，陵涛鼓怒以伏注，天壁嵯峨而横立，亦宇宙之绝观者也。虽庄周诧吕梁之险，韩侯怯孟门之峻，曾何足云。盖登培塿者起衡霍之心，游涓浍者发江湖之思。况乎躬览胜事，足践灵区，烟霞为朝夕之资，风月得林泉之助。嗟乎！山川之感召多矣，余能无情哉？爰成文律，用宣行唱，编为三十首，投诸好事焉。[③]

① 王绩著，韩理洲校点《王无功文集》（五卷本会校），上海古籍出版社1987年版，第150页。
② 王勃著，蒋清翊注，汪贤度校点《王子安集注》，上海古籍出版社1995年版，第302—303页。
③ 王勃著，蒋清翊注，汪贤度校点《王子安集注》，上海古籍出版社1995年版，第227页。

走出宫廷的王勃，在“山川之感召”下，仿佛忘记了自己对于“缘情体物”的不屑，而是感慨万千地说：“余能无情哉？”并把自己在入蜀途中的所见所感写成了三十首纪行诗。

可见，对王勃而言，他对于美学问题的关注，是随着自己处境的变化而不断转换的。这说明在王勃的时代，人们对于美学问题的关注正在不断拓宽。

二、王氏家族美学的生成原因

如前所述，以儒学为主的“三教可一”论乃是王氏家族美学生成的哲学基础。在具有开放精神的“三教可一”思想的指导下，王氏家族的美学思想与实践优游于儒道玄佛之间，为盛唐美学高峰的到来作出了颇为重要的贡献。那么王氏家族美学生成的更为具体的原因是什么呢？笔者以为，主要有以下三点。

（一）家学渊源与渊博的学识

王氏家族世习儒学。故而王通在历经魏晋南北朝的礼崩乐坏之后，能够以当代孔子自居，在河汾设教，并提出了“文必贯道”这一在当时颇具现实意义，且对后世产生了深刻影响的，饱含着儒家治世精神的美学命题。

王氏家族能够在美学领域取得上述一些继往开来的成就，还与其家族成员多具有渊博的学识有关。王通乃一代大儒，曾设教于河汾，其渊博的学识自不待言。其弟王绩与其孙王勃也是学者式的人物，具有渊博的学识。在《晚年叙志示翟处士正师》中，王绩自谓：“弱龄慕奇调，无事不兼修。”① 吕才《王无功文集序》云其：“性特好学，博闻

① 王绩著，韩理洲校点《王无功文集》（五卷本会校），上海古籍出版社1987年版，第110页。

强记。”“八岁读《春秋左氏》，日诵十纸。”“阴阳历数之术，无不洞晓”，[①] 且“既妙占算，兼长射覆”，[②] 可谓集多种才学于一身。且其丰富的学识使吕才极为诧异：“才尝奇君多识，以为非积学所致。”[③] 然而王绩的回答是：“我学之精者尔，非不学也。”[④]王勃作为一代才子，也是从小饱读各类典籍，杨炯《王子安集原序》云其：“九岁，读颜氏《汉书》，撰《指瑕》十卷。十岁，包综六经，成乎期月，悬然天得，自符昔训。时师百年之学，旬日兼之；昔人千载之机，立谈可见。居难则易，在塞咸通。于术无所滞，于词无所假。”[⑤] 其渊博的学识曾使像僧一行这样精于天文的学者读不懂他的文章。段成式《酉阳杂俎》卷十二有云：“燕公常读其夫子学堂碑颂，头自‘帝车’至‘太甲’四句悉不解，访之一公，公言：‘北斗建午，七曜在南方，有是之祥，无位圣人当出。’‘华盖’已下，卒不可悉。”[⑥] 吕才、僧一行都是当时的著名学者、饱学之士，而其学识尚不能达到王绩、王勃的水平，可见其丰富的学识非同一般。

王氏家族的成员为何具有如此渊博的学识呢？笔者以为，除了他们勤奋好学，天资聪颖以外，还与其家富有图书有关。吕才《王无功文集序》载：“初，君祖安康献公，周建德中，从武帝征邺，为前驱大总管。时诸将既胜，并虏获珍物，献公丝毫不顾，车载图书而已，故家富坟籍，学者多依焉。”[⑦]王绩《阅家书》云：“张氏前钞本，班家旧赐余。尚应千许帙，何啻五盈车？缝悉龟文印，题皆龙爪书。牙签过半在，玉轴已全疏。蘖系防黏蠹，芸香辟纸鱼。下帷堪发愤，闭户足

①⑦ 王绩著，韩理洲校点《王无功文集》（五卷本会校），上海古籍出版社1987年版，序第1页。

②③④ 王绩著，韩理洲校点《王无功文集》（五卷本会校），上海古籍出版社1987年版，序第3页。

⑤ 王勃著，蒋清翊注，汪贤度校点《王子安集注》，上海古籍出版社1995年版，王子安集注卷首第66页。

⑥ 段成式著《酉阳杂俎》，团结出版社2018年版，第247页。

为储。为向杨雄说：无劳羡石渠。”[①] 可见其家藏书量多质优，绝非虚传。这在隋末唐初书籍甚是贫乏的时代[②]，无疑对其家族的文化建设具有重要意义，为王氏家族成员的学习创造了良好的条件，哺育了他们的绝世才华与渊博学识。

渊博的学识无疑也是王氏家族美学生成的重要基础之一。如果说王通的“三教可一”思想是王氏家族美学生成的哲学基础，那么渊博的学识就成为王氏家族成员美学生成的一种必备素质。这种素质使他们能够优游于各种思想之间，从而汲取他们所需要的美学营养。

（二）地域原因及漫游经历

如前所述，隋末唐初的美学具有南北两种风尚，其中南方美学清绮，更注重形式技巧的运用，而北方美学贞刚，更注重内容义理的阐发。隋末唐初的河汾王氏家族为太原王氏的一个分支。从地域上看，自然属于北方。如果我们说王氏家族的美学具有融合南北的因素，那是因为除了上述开放的心态等因素外，隋末唐初的王氏家族祖上具有仕南的经历，且我们所探讨的王氏家族的主要成员多有到南方宦游或旅游的经历。

据杜淹《文中子世家》：“九代祖寓，遭愍、怀之难，遂东迁焉。”[③] 至四代祖“虬始北事魏，太和中为并州刺史，家河汾，曰晋阳穆公。”[④]吕才《王无功文集序》云：“君讳绩，字无功，太原祁人也。高祖晋穆公自南北归，始家河汾焉。历宋、魏，迄于周、隋，六代冠冕。”[⑤] 王绩《游北山赋序》亦云：“余周人也，本家于祁。永嘉之

① 王绩著，韩理洲校点《王无功文集》（五卷本会校），上海古籍出版社1987年版，第118页。

② 隋唐之际，书籍甚是贫乏，因自永嘉之乱到唐开国，三百多年典籍散逸，文化备受摧残。魏徵《隋书·儒林传》载：“自晋室分崩，中原丧乱，五胡交争，经籍道尽。”唐著作郎杜宝《大业幸江都记》云：“帝聚书至三十七万卷，皆焚于广陵。其目中盖无一帙传于后代。”

③④ 王通著，张沛校注《中说校注》，中华书局2013年版，第265页。

⑤ 王绩著，韩理洲校点《王无功文集》（五卷本会校），上海古籍出版社1987年版，序第1页。

际，扈迁江左。地实儒素，人多高烈。穆公衔建元之耻，归于洛阳；同州悲永安之事，退居河曲。”[①] 杨炯《王子安集原序》云：“晋室南迁，家声播于淮海；宋臣北徙，门德胜于河汾。”[②] 通过这些史料可知，王通之九代祖寓，在西晋末年的永嘉之乱后，随晋室渡江南迁。而至四代祖虬又北归仕魏。建元乃南齐高帝年号，可知在南朝齐建立之初，王通的四代祖虬耻为齐臣[③]，就回到了北方。王通祖上这段由北到南，又自南北归的经历，应该为王氏家族沟通南北两种美学风尚创造了契机。

另外，王氏家族的主要成员王绩、王勃等都有到南方宦游和游览的经历。这对于他们融合南北两种美学之长，无疑具有积极的意义。例如王绩曾任扬州六合县丞，吕才《王无功文集序》云：“端簪理笏，非其所好也，以疾罢，乞署外职，除扬州六合县丞。”[④] 而扬州为南方经济、文化繁盛之地，也是南方美学风尚盛行之地。而这次宦游之后，王绩还游历了江南的广大地区。王度《古镜记》云：“大业十年，度弟绩自六合丞弃官归，又将遍游山水，以为长往之策。”[⑤] 王绩的此次游历，至“大业十三年夏六月始归长安。”曾游历了扬子江、浙江、天台、会稽、豫章、庐山等广大地区。而王勃少年时代，也曾到江南游历过。其《绵州北亭群公宴序》云：“孤吟五岳，长啸三山。昔往东吴，已有梁鸿之志；今来西蜀，非无张载之怀。”[⑥] 可知在到蜀地漫游之前，他曾到过“东吴”。而王勃于虢州获罪之后，前往交趾省父，更是

---

① 王绩著，韩理洲校点《王无功文集》（五卷本会校），上海古籍出版社1987年版，第1页。

② 王勃著，蒋清翊注，汪贤度校点《王子安集注》，上海古籍出版社1995年版，王子安集注卷首第64页。

③ 《录关子明事》：“穆公之在江左也，不平袁粲之死，耻食齐粟，故萧氏受禅而穆公北奔，即齐建元元年，魏太和三年也。……太和八年，征为秘书郎，迁给事黄门侍郎。”（《中说》卷十附文）王绩《游北山赋序》称：“穆公衔建元之耻，归于洛阳”。

④ 王绩著，韩理洲校点《王无功文集》（五卷本会校），上海古籍出版社1987年版，序第2页。

⑤ 鲁迅校录，王中立译注《唐宋传奇集》，天津古籍出版社2002年版，第4页。

⑥ 王勃著，蒋清翊注，汪贤度校点《王子安集注》，上海古籍出版社1995年版，第218页。

一路南行，经过了江南的广大地区。所谓的读万卷书，行万里路，漫游的经历不只会增长一个人的社会阅历，还会提升其文化素质，沟通其固有的审美体验与新的审美感受。可以想象，南北两种美学风尚在他们宦游或游历的过程中，应该会有一个碰撞交融的过程，从而使其家族美学增加了汇通南北美学风尚的契机。

（三）开放的心态及鲜明的个性

王通作为一代儒学大师，能站在时代发展的立场上，提出了以儒学为主的“三教可一”论，可知其心态是积极的、开放的，而非一般的章句腐儒，从而开启了唐宋儒学发展的新篇章。正是这种开放的心态，使得王氏家族的美学显示出既立足于时代，又继往开来的特点。同时，这种开放的心态，还使得王氏家族成员的美学命题与关注点丰富多彩，各具特色，既有王通“文必贯道”这样偏重于美学的伦理价值的美学命题，也有王绩“题歌赋诗，以会意为功”[①] 以及王勃的关于“气”与“兴”的偏重于文学的审美价值的美学命题，从而使王氏家族的美学显示出内涵丰富、开放包容的特点。

这种开放的、包容性的心态使得王氏家族的成员能够充分发挥自己鲜明的个性，从而能够形成与他们的个性特征相吻合的美学命题。例如王绩不仅可算得上是王氏家族中颇具个性的成员，还是隋末唐初极富个性特征的人物。

王绩的个性主要表现在豪饮、不喜礼教的束缚等方面。吕才《王无功文集序》云：“性简傲，饮酒至数斗不醉。”[②] 其第二次出仕待诏门下之时，日饮一斗，被称为“斗酒学士”。其第三次出仕求为太乐丞，是因为“太乐有府史焦革家善酝酒，冠绝当时。”而当焦革夫妇去世

① 王绩著，韩理洲校点《王无功文集》（五卷本会校），上海古籍出版社1987年版，第148页。
② 王绩著，韩理洲校点《王无功文集》（五卷本会校），上海古籍出版社1987年版，序第2页。

后，没有人再给他送美酒，遂辞官归隐，并在故乡为杜康立庙。王绩在家乡隐居时，过着无拘无束、任性适意的生活。现存记载中，可能只有一次王通曾对他提出过批评。《中说·事君篇》中有："无功作《五斗先生传》，子曰：'汝忘天下乎？纵心败矩，吾不与也。'"[①]还有一次，王通对于王绩的名字提出了异议，《中说·礼乐篇》云："子之叔弟绩字无功，子曰：'字，朋友之职也。'神人无功'，非尔所宜也。常名之。'"[②]除此之外，未见其他家族成员对于像王绩这样一个散诞的酒徒式的人物有何不满和批判。相反，他们往往以极宽容的态度来对待他。如王度《古镜记》云：

> 大业十年，度弟绩自六合丞弃官归，又将遍游山水，以为长往之策。度止之曰："今天下向乱，盗贼充斥，欲安之乎？且吾与汝同气，未尝远别。此行也，似将高蹈。昔尚子平游五岳，不知所之。汝若追踵前贤，吾所不堪也。"便涕泣对绩。绩曰："意已决矣，必不可留。兄今之达人，当无所不体。孔子曰：'匹夫不夺其志矣。'人生百年，忽同过隙，得情则乐，失志则悲，安遂其欲，圣人之义也。"度不得已，与之诀别。绩曰："此别也，亦有所求。兄所宝镜，非尘俗物也。绩将抗志云路，栖踪烟霞，欲兄以此为赠。"度曰："吾何惜于汝也。"即以与之。绩得镜，遂行，不言所适。[③]

在此，王度不仅能够尊重王绩的选择，还慷慨地把宝镜赠予他。此虽系小说，关于宝镜的情节可能是虚构的，但一般认为人物的行迹仕宦

① 王通著，张沛校注《中说校注》，中华书局2013年版，第96页。
② 王通著，张沛校注《中说校注》，中华书局2013年版，第175页。
③ 鲁迅校录，王中立译注《唐宋传奇集》，第4页。

等则基本上是真实的，此中关于王度对王绩的态度也是真实的。王绩自己在《答处士冯子华书》中有："家兄鉴裁通照，知吾纵恣散诞，不闲拜揖，兼糠粃礼义，锱铢功名，亦以俗外相待，不拘以家务。至于乡族庆吊、闺门婚冠，寂然不预者已五六岁矣！"[①] 因此可以说，对于王绩，家族成员基本上是能够宽容、尊重的，让其自由发展自己的个性。试想，如果家族成员，尤其是父兄辈对王绩进行严格管束，那么他怎能做到"自适其适"呢？

这种开放、包容的心态对于王绩性格的形成与发展应该说是不无关系的。而正是王绩的这种以适意为乐，不喜被世俗礼教束缚的个性，才使他能够更加深入到自然山水和自己的内心世界，提出诸如"题歌赋诗，以会意为功"[②]的美学命题。同样，王勃关于"气"与"兴"的提倡、发挥与实践等，也与他年少气盛的才子性格不无关系。

因而笔者以为，王氏家族美学的生成也是与其开放的心态及鲜明的个性特征分不开的。

①② 王绩著，韩理洲校点《王无功文集》（五卷本会校），上海古籍出版社1987年版，第148页。

附录[①]

文学的伦理学探讨：先秦至魏晋南北朝[②]

摘要 文学伦理学就是文学规范的道德标准与规律，是对于文学中所蕴含的伦理价值的思索、分析与评价。比较而言，先秦两汉时期的文学批评和创作，更加注重文学的伦理价值；而魏晋南北朝时期的创作和部分批评，则更注重文学的审美价值。在以后的文学发展中，伦理价值和审美价值总是处于不断的调整之中，试图达到一种尽善尽美的平衡。建构起文学伦理学的讨论视角，将有助于发现文学的成长规律，以及文学与政治的互动关系等，加深我们对于文学价值功用的认识，值得更多学者关注。

关键词 文学伦理学；先秦；魏晋南北朝

闻一多先生曾指出："两汉时期文人有良心而没有文学，魏晋时则有文学而没有良心，盛唐时代则文学与良心二者兼备。"[③]此处所谓的"良心"，乃是道德伦理，是善的因素。闻一多先生这句话的含义当是

① 本附录的三篇论文，其注释及参考文献等，保留了发表时的状貌格式。

② 本文发表于《新亚论丛》（香港），2013年12月。

③ 郑临川述评《闻一多论古典文学》，重庆出版社1984年版，第121—122页。

在盛唐到来之前，文人还无法把文学的伦理价值与审美价值做到很好的结合，都有失偏颇。为此，笔者引入文学伦理学的概念，并对先唐文学伦理进行大致梳理，以期从文学伦理学的视角，探究文学的成长规律。

一、概念探讨：关于文学伦理学

伦理与道德具有相似的含义。从词源学来看，“伦理”就是“人际关系事实如何的规律及其应该如何的规范”。① “道德”就是“应该如何的行为规范”。② 可见，伦理与道德意义极为相近，只是道德更偏重于人类行为规范的研究，而伦理更注重于对道德行为规范之规律的探讨。故而，近代著名学者黄建中以为：“伦理谓人群生活关系中范定行为之道德法则。”③

基于这样的辞源学分析，研究伦理之学的伦理学当然也以道德为核心。中外学者对此基本上没有什么异议。美国学者弗兰克纳以为：“伦理学是哲学的一个分支；它是道德哲学，或者关于道德、道德问题和道德判断的哲学思考。”④ 然而必须注意的是，“‘伦理学’这个词并不经常用来表示哲学的一个分支；有时，它被当作‘道德’的另一个词语，有时，则涉及个人或群体的道德准则或道德规范理论”。⑤ 黄建中云：“伦理学者，论定人群生活关系之行为价值，道德法则，穷究理想上至善之鹄，而示以达之之方者也。”⑥

文学作为人类语言的艺术，与道德也具有复杂的、多方面的关系。文学只有体现出道德意义上的善，使其符合伦理学的标准，才是值得称道的。否则，就会受到道德的谴责和批判。比如柏拉图认为诗歌和音乐

① 王海明《伦理学方法》，商务印书馆2003年版，第3页。
② 王海明《伦理学方法》，商务印书馆2003年版，第4页。
③ 黄建中《比较伦理学》，山东人民出版社1998年版，第24页。
④ 威廉·K.弗兰克纳著，关键译《伦理学》，生活·读书·新知三联书店1987年版，第7，10页。
⑤ 威廉·K.弗兰克纳著，关键译《伦理学》，生活·读书·新知三联书店1987年版，第10页。
⑥ 黄建中《比较伦理学》，山东人民出版社1998年版，第35页。

应该使人变得坚强而不是软弱，反对诗歌“说谎”，把诗人从他的理想国中驱逐出去。如此，文学与伦理学之间就以道德为中介建立起了不可分割的联系。在文学的创作过程中，“严肃的作家总是自觉到某种使命感和责任感，其伦理含义就体现在他对人类社会现状和处境深切的道德关注，对现存文化中不公正的、丑恶的方面的批判与否定，以及对正义与美好社会生活的褒奖与颂扬。此乃文学的伦理本质”。[①] 故而“文学作为一种艺术形式，它典型地、集中地反映人类社会道德现象，描写了社会存在的道德矛盾和冲突，因此文学也就必然可以成为伦理学研究的对象。所以，我们也就有了理由去运用伦理学的方法研究和批评文学，为文学的批评寻找一条新的途径”。[②] 因此，倘若我们建立起一个文学伦理学的概念及其相关的范畴，则必定会对我们的文学研究提供更为广阔的思路、方法和研究视角。

基于上文对于伦理学的分析，我们认为文学伦理学就是文学规范的道德标准与规律，是对于文学中所蕴含的伦理价值的思索、分析与评价。对于作者而言，“文学作为一种审美活动，是把道德意蕴诗意化了，是道德意识自觉的内化”。[③] 对于读者而言，则是通过对文本的阅读，领会蕴含其中的道德意义，从而受其熏陶、感染，或者对其做出自己的道德判断。因此，“从作家的道德关注，到具有道德内涵的文本，再到读者对文本的解读，便构成了一种作家、作品中人物以及读者主体间的道德对话”。[④] 而对这种道德对话的研究和探讨，就是文学伦理学研究的主要内容。故而，文学伦理学的研究对象主要包括作家对文学伦理价值的认识、提倡，和如何将道德意蕴融合到作品中；作品如何体现和体现了什么样的伦理道德意蕴，是否具有伦理价值；读者对这种伦理

---

① 周宪《超越文学——文学的文化哲学思考》，生活·读书·新知 三联书店1997年版，第298页。

② 聂珍钊《文学伦理学批评：文学批评方法新探索》，《外国文学研究》2004年第5期。

③ 周宪《超越文学——文学的文化哲学思考》，生活·读书·新知 三联书店1997年版，第290页。

④ 周宪《超越文学——文学的文化哲学思考》，生活·读书·新知 三联书店1997年版，第307页。

价值的领会、思索、反应、评价等。可见，文学伦理学研究的核心问题就是文学的伦理价值。这无疑是一种系统性的探讨，是一种整体性和历史性的研究。但在具体的研究中，我们可以从作家（包括编者）、作品或读者（包括诠释者）的任何一个维度去进行探讨，可以根据研究的需要有所偏重。

二、儒家的文学伦理传统

我国古典文学产生和成长的土壤，是漫长的君主专制社会。一般认为，在君主专制社会中，伦理道德是控制人们的重要手段，因而在文学作品中，对于伦理价值的张扬就占有重要地位。“文学伦理价值具有习惯性稳定性，占主导地位的伦理观念具有因循保守的特征，要打破这种定型，除非社会结构发生变化并孕育出新的伦理观念”。[①] 因而建立在儒家伦理之上的劝善惩恶，扬善抑恶，教人明礼义知廉耻，就成了自先秦至明清文学创作的重要目的之一。同时，文学对于传播、强化伦理道德也起着不容忽视的作用。

尽管从总体上看，文学的伦理价值在我国古典文学中一直占有重要甚至核心的地位，谁偏离了这一传统，就会招致批评和谴责，但在文学成长的不同历史时期，其表现在文学创作或文学批评中的地位和作用是不同的。现就先秦两汉和魏晋南北朝时期的文学伦理学状况大致梳理如下：

（一）以“诗教”为主线的先秦两汉时期

此一时期的文学伦理学体系中，作家的道德修养被认为具有最根本的意义。孔子云：“有德者必有言”“德行者，本也；文章者，末也。”（《论语·宪问》）这种“德本文末”的观点对我国古典文学的创作和批

① 李春青《文学价值学引论》，云南人民出版社1994年版，第69页。

评都产生了重要影响。为什么孔子把作家的道德修养看得如此重要呢？因为只有作家把自己的道德意识灌注到作品中，才能实现儒家所倡导的“文”的重要社会功用：教化、讽谏、劝善惩恶。

儒家先秦两汉时期的文学伦理，其主线乃是孔子的“诗教”观。《礼记·经解》篇云：“孔子曰：‘入其国，其教可知也。其为人也温柔敦厚，诗教也……其为人也，温柔敦厚而不愚，则深于《诗》者也。’”“温柔敦厚”也基本上是汉儒对孔子“诗教”的认识。《礼记·学记》云：“教也者，长善而救其失者也。”“教”的目的是使人“化”，增长善性，补救过失。因此，教就有了伦理学的意义。

孔子作为教育家，在论述人的道德修养时曾提出：“兴于诗，立于礼，成于乐。”（《论语·泰伯》）“兴于诗”，何晏《论语集解》引包咸注云：“兴，起也。言修身必先学《诗》。”为什么修身必须学《诗》呢？“因为人的道德修养总是要从具体、感性的榜样学起，而《诗经》在孔子看来，就提供了许多这样的典范，使人们的言谈立身行事有了可靠的合乎礼义的依据”。[①] 因此，孔子把《诗经》作为教育学生的重要教材之一。实施“诗教”，即通过教育和学习《诗经》，以达到培养道德伦理，加强修养的教化目的。

《论语·阳货》中的“诗，可以兴。可以观。可以群。可以怨。迩之事父，远之事君”。是孔子对《诗经》作用的阐述，皆具有伦理道德的内涵。例如“可以兴”，朱熹释为“感发志意”（《论语集注》卷九）。徐复观以为此“系由作者纯净真挚的感情，感染给读者，使读者一方面从精神的麻痹中苏醒；同时被苏醒的是感情，但此时的感情不仅是苏醒，而且也随苏醒而得到澄汰，……这样一来，读者的感情自然鼓荡着道德，而与之合而为一”。[②] 如此，“兴”就不是简单的意志感

① 张少康、刘三复《中国文学理论批评发展史》（上），北京大学出版社1995年版，第29页。
② 徐复观《中国艺术精神》，春风文艺出版社1987年版，第30页。

发，而是具有道德教化的功用。“孔子对于诗的作用，是把握到由诗的本质所显露出的作用。诗的道德性，是由诗得以成立的根源之地所显露出的道德性”。[①] 可见，正是由于诗在本质和根源上具有道德内涵，才使得《诗经》能承担起“事父”“事君”的伦理教化作用。可能正因为如此，在孔子之后，《诗经》依然作为儒家教育学生的重要教材之一，把这种伦理教化代代相传。

汉武帝实施“罢黜百家，独尊儒术”之后，《诗经》发挥了更大的伦理教化作用。这些作用，是在对《诗经》的注释和教学过程中实现的。《诗大序》云：“诗者，志之所之也。在心为志，发言为诗。情动于中而形于言。……情发于声，声成文谓之音。治世之音安以乐，其政和；乱世之音怨以怒，其政乖；亡国之音哀以思，其民困。故正得失，动天地，感鬼神，莫近乎诗。”此处，《诗大序》承认了诗歌的情感因素，但却为之规定了严格的界限：“发乎情，止乎礼义。”因为唯其如此，才能起到“经夫妇，成孝敬，厚人伦，美教化，移风俗”的教化作用。为了让《诗经》确实能起到这样的伦理教化作用，《诗经》的诠释者甚至采取了我们现在看来完全是穿凿附会的曲解方式。比如，《关雎》作为一首情歌，《毛诗序》却以为：

> 《关雎》，后妃之德也，风之始也，所以风天下而正夫妇也。故用之乡人焉，用之邦国焉。风，风也，教也；风以动之，教以化之。

《毛诗》中的其他小序，皆有类似的解释方式。比如《葛覃》序云：“后妃之本也。”《卷耳》序云：“后妃之志也。”如此，《诗经》

① 徐复观《中国艺术精神》，春风文艺出版社1987年版，第31页。

通过这样的注解，形成了自己的伦理教化系统，实施着“《诗》教”的功能。

汉代的“诗教”还表现在“美刺讽喻”说上。《诗大序》云：“上以风化下，下以风刺上，主文而谲谏，言之者无罪，闻之者足以戒。”郑玄《六艺论》云：“诗者，弦歌讽喻之声也。自书契之兴，朴略尚质，面称不为谄，目谏不为谤。君臣之接如朋友然，在于恳诚而已。斯道稍衰，奸伪以生，上下相犯。及其制礼，尊君卑臣，君道刚严，臣道柔顺，于是箴谏者希，情志不通，故作诗者以诵其美而讥其过。”（《全后汉文》卷八十四）据朱自清先生在《诗言志辨》中的统计，小序中标明“美”的有二十八首，标明“刺”的有一百二十九首，共计一百五十七首。[①] 可见“美刺讽喻”乃是汉代《诗经》研究的核心问题之一。而美刺讽喻在本质意义上乃是劝善救过，具有发扬美德、批评过失的伦理学意义。“在古典文学中，作者的道德职责就在于给予读者某种伦理上的判断，并要求他们照作家的判断来理解。”[②] 这当然是一种不平等的道德对话。但“教化”的含义中本来就有不平等的成分。而在“《诗》教”的过程中，显然，注释者和师传者的道德职责也在于给读者和学习者这种伦理上的判断，并要求他们按照这种判断来理解和运用。

以上是对“《诗》教”观的大致梳理，可知“《诗》教”观作为儒家的文学伦理，主要建立在《诗经》的编者孔子的提倡以及汉儒的阐释上。因为《诗经》的作者多不可考，而编者孔子主张“有德者必有言”“德本文末”等，故而其在大量诗歌中甄别选定的三百零五篇，其作者必定也默认为有德者。当然如果撇开原始的作者不谈，孔子作

---

① 朱自清《诗言志辨》，华东师范大学出版社1996年版，第69页。

② 周宪《超越文学——文学的文化哲学思考》，生活·读书·新知 三联书店1997年版，第312—313页。

为《诗经》的编者，可在一定程度上代表作者的道德意识，所以作为“《诗》教”源头的作家丛面，我们无须怀疑其道德上会有什么问题。

除了《诗经》之外，先秦两汉的其他儒学著作和受儒家影响而创作的诗文，基本上也都蕴含着儒家的伦理精神。比如《孟子》中的“仁政”以及“民本”思想等，无疑是发扬了孔子“仁者爱人”的伦理学思想。《荀子·政论》云：“故凡言议，期明是非。”要求包括文学在内的言议，有是非、善恶的价值判断功能。《荀子·乐论》云：“入人也深，化人也速。……移风易俗……所以道（导）德。”探讨了艺术的伦理教化作用。王充《论衡·佚文》云：“文岂徒调墨弄笔为美丽之观哉！载人之行，传人之名也。善人愿载，思勉为善；邪人恶载，力自禁裁。然则文人之笔，劝善惩恶也。”明确提出了“文”的“劝善惩恶”的伦理价值功用。其他像《楚辞》，作者屈原的忠君爱国及其他伦理思想，在其作品中得到了强烈的表现。如汉王逸《惜誓章句序》云：“惜者，哀也；誓者，信也，约也。言哀惜怀王，与己信约而复背之也。古者君臣将共为治，必以信誓相约，然后言乃从而身以亲也。盖刺怀王有始而无终也。”（《楚辞补注》卷十一）汉大赋也是以美刺讽喻为价值评论的核心问题，虽然被批评为常常是“劝百讽一”，但其蕴含伦理价值却是肯定的。而历史散文，如《春秋》，则往往采取一字寓褒贬的笔法，表达其伦理价值判断；《史记》则以实录精神，为屈原等这样具有强烈的忠君爱国思想的作家立传，显示出了其伦理价值倾向。上述作品都蕴含了儒家的伦理精神，而相关作家在创作时，无疑也是有意识地把自己的伦理价值倾向灌注在作品中，而相关的评论家或诠释者也往往能把作者的伦理倾向挖掘出来，传达给相关的读者。

故而从总体上看，先秦两汉时期的文学，在儒家伦理精神的影响下，在创作、诠释及批评等方面，都极为重视文学的伦理价值。道德伦理成为文学的重要内容要素和批评标准。

（二）伦理价值的相对忽视：魏晋南北朝时期

如上所述，先秦两汉时期，文学与道德的关系十分密切。一般来说，各个民族文学的早期阶段，都具有相同或相近的对文学的伦理学见解。“然而，随着文学逐渐演变成为一个相对自律的领域，便滋生出一种忽视乃至否定文学与道德关系的思想”。① 魏晋南北朝是我国文学的自觉时期。如果从文学伦理学的角度来认识和分析这种“自觉”现象，笔者以为，那就是文学所承载的伦理道德意蕴有所削减，文学的伦理教化功用已经失去了先秦两汉时期那种强大的力量；而文学的审美价值较之文学的伦理价值，则处于上升趋势。魏晋南北朝时期的文学，之所以在历史上的评价褒贬不一，时遭谴责，非常重要的原因就是它对于文学伦理价值的相对忽视。事实上这种忽视在汉末魏初就已开始。如汉末的《古诗十九首》，就以抒发人生易逝的浓厚感伤情绪为主，三曹七子的诗歌则体现了动荡时代人们的慷慨悲凉之情等，而这些都与以政教美刺为内容的文学作品大不相同。至于南朝梁陈时代盛行的宫体诗，则更无教化可言。如萧纲这首《咏内人昼眠》：

北窗聊就枕，南檐日未斜。
攀钩落绮障，插捩举琵琶。
梦笑开娇靥，眠鬟压落花。
簟文生玉腕，香汗浸红纱。
夫婿恒相伴，莫误是倡家。

此诗格调轻靡，文辞侧艳。作者把结发之妻如倡家一样的描述展

① 周宪《超越文学——文学的文化哲学思考》，生活·读书·新知 三联书店1997年版，第290页。

览，还心怀鬼胎地说“莫误是倡家”。不仅如此，他在《诫当阳公大心书》中还这样诫子：“文章且需放荡。”为其宫体诗的创作张目。可见其在写作的过程中早已抛弃了儒家的伦理价值。

此时期的文学批评，也不再像先秦两汉那样以强调文学的伦理教化功能为主。曹丕在《典论·论文》中指出：“夫文章，经国之大业，不朽之盛事，年寿有时而尽，荣乐止乎其身，二者必至之常期，未若文章之无穷。”这就摆脱了儒家传统观念的影响，虽把文章看作“经国之大业”，但是却把它作为争取自身不朽的“盛事”，而非伦理教化。曹丕还分析了不同类型文体的特点，明确提出“诗赋欲丽”，可见他对文学的审美价值较为看重，并把它作为与其他应用文体相区别的条件。在《论文》中，曹丕还提出了个性对于作家创作的影响。提出了“文以气为主”的著名论断。此处的“气”，与孟子所提出的“气”的概念，其含义是完全不同的。孟子之“气”，是指与道德品质相关联的“浩然正气”，具有伦理道德的内涵，是长期学习礼义，而达到的修养境界；而曹丕所提出的“气”，则是先天赋予人的自然秉性，是一种生理与心理的个性化的特征。在此，曹丕提出了“文”以先天秉赋之“气”为主，而非以儒家的伦理道德与教化为主，正可见出魏晋南北朝时期儒学式微，文学的伦理价值开始处于被抑制的状态。

其后，陆机在《文赋》中提出了“诗缘情而绮靡，赋体物而浏亮”的主张，“他只讲缘情而不讲言志，不管他主观上是否意识到，实际上是起到了使诗歌的抒情不受‘止乎礼义’束缚的巨大作用”。[①] 对于陆机的主张，清人沈德潜在《说诗晬语》中谓：“言志章教，惟资涂泽，先失诗人之旨。”纪昀在《云林诗钞序》中批评道：“知‘发乎情’，而不必‘止乎礼义’，自陆平原‘缘情’一语，引入歧途。”虽然陆机

① 张少康、刘三复《中国文学理论批评发展史》（上），北京大学出版社200年版，第190页。

在论及文学功用时仍持儒家观点，但从这些批评中我们可以看出，此时期已经更加注重文学的审美价值，而相对忽略其伦理价值。这样发展下去的结果就是刘勰在《文心雕龙·序志》中所描述的："去圣久远，文体解散。辞人爱奇，言贵浮诡；饰羽尚画，文绣鞶帨。离本弥甚，将遂讹滥。"而《隋书·文学传序》则更加指出了文学的伦理价值缺失之后的文学状况及其危害：

> 梁自大同之后，雅道沦缺，渐乖典则，争驰新巧。简文、湘东，启其淫放，徐陵、庾信，分路扬镳。其意浅而繁，其文匿而彩，词尚轻险，情多哀思，格以延陵之听，盖亦亡国之音乎！周氏吞并梁、荆，此风扇于关右，狂简斐然成俗，流宕忘反，无所取裁。

此处，初唐史家主要批判了以梁简文帝萧纲，梁元帝萧绎，徐陵、庾信父子等人所创作的"宫体诗"的影响及危害。初唐史家站在国家兴亡的角度来关照这种文学现象，认为"雅道沦缺"，即文学伦理价值的缺失，最终导致"亡国之音"的泛滥。

那么，亡国是否与文学伦理价值的缺失有关呢？笔者以为，此二者之间虽无直接的关系，但"淫放""轻险"之文的泛滥，最终必然导致社会伦理秩序的混乱，从而不利于国家的长治久安而很可能导致亡国的命运。如据《南史》记载：后主陈叔宝"常使张贵妃、孔贵人等八人夹坐，江总、孔范等十人预宴，号曰：'狎客'。先令八妇人襞采笺，制五言诗，十客一时继和，迟则罚酒。群臣酣饮，从夕达旦，以此为常。"试想当诗歌从《诗经》时代那种神圣庄严的庙堂文学，从"经夫妇，成孝敬，厚人伦，美教化，移风俗"的严肃社会功用，沦落成为酣宴佐酒的游戏，而又没有什么其他的意识形态来替代诗歌的这种伦理教化功用，当时的社会风气可想而知。对此，宇文所安指出："诗歌与朝政的分离，道德标准的打破，都表明是一种解放……然而这种解放所付出的代价是巨大的：儒家关于诗歌及个人经验对于国家和文化具有某种持久意义的鼓舞人心的设想消失了。”①宫体诗的流行和对诗坛的统治，虽然对于诗歌形式与语言发展起过一定的作用，但对于国家兴亡，人心治乱所带来的消极影响也是相当严重的。尽管文学的审美价值也是不可忽视的，但如果只讲求审美价值而忽略甚至无视文学的伦理价值，在中国历史上，其后果是有目共睹的：魏晋以来忽视文学伦理教化功用的朝代，几乎都是短命王朝。个中原因，并不是巧合所能解释的。

事实上，在侧艳浮靡的文风兴起之时，就立即激起了反对，毕竟先秦两汉建立起来的文学伦理根基是深厚且影响深远的。宇文所安在其《初唐诗》中，称像刘勰、裴子野等提倡儒家文学观念的批评家为“对立诗派”，并指出他们的作品像《文心雕龙》等：“文中所提倡的文学观念基于先秦至汉儒关于文学的论述，这些相同的思想经过无数次的反复阐述，到后来成为一成不变的呼吁。”②并且“这些论辩的力量很快就为宫廷圈子所感知，但对立论点的古典渊源使得他们难以反对。为现行文学袒护的论点寥寥无几，甚至连宫廷大诗人徐陵（507—582年）也不得不为他的诗歌选集《玉台新咏》中所收集的诗篇而道歉：‘撰录艳歌，凡为十卷。曾无参于雅颂，亦靡烂于风人。泾渭之间，若斯而已。’徐陵在这里辩白说，他所收集的‘混浊’的色情诗可以同古代‘清净’的诗并存，就像所引喻的两条河，这两种诗歌也永远不会相混，古典传统的纯洁性将不会受到威胁”。③

并且在此时期，也颇有其他坚持儒家文学伦理的批评家坚守其道，如魏桓范在其《世要论·序作》中指出：

① ［美］宇文所安著，贾晋华译《初唐诗》，生活·读书·新知三联书店2014年版，第4页。
② ［美］宇文所安著，贾晋华译《初唐诗》，生活·读书·新知三联书店2014年版，第13页。
③ ［美］宇文所安著，贾晋华译《初唐诗》，生活·读书·新知三联书店2014年版，第14页。

> 夫著作书论者，乃欲阐宏大道，述明圣教，推演事义，尽极情类，记事贬非，以为法式，当时可行，后世可修。……故作者不尚其辞丽，而贵其存道也；不好其巧慧，而恶其伤义也。故夫小辩破道，狂简之徒，斐然成文，皆圣人之所疾也。

有些批评者对于文学伦理的缺失也进行了反思和批判，如晋皇甫谧《三都赋序》云：

> 昔之为文者，非苟尚词而已，将以纽之王教，本乎劝戒也。……故孔子采万国之风，正雅颂之名，集而谓之《诗》。……逮汉贾谊，颇节之以礼。自是厥后，缀文之士，不率典言，并务恢张，其文博诞空类，……流宕忘反，非一时也。

而儒学伦理传统保持得相对较好的北朝，有些作家则对于文学的伦理价值与审美价值的结合作了有益的探讨，如北齐颜之推在《颜世家训·文章篇》中有一段这样的记载：

> 齐世有席毗者，清干之士，官至行台尚书，嗤鄙文学，嘲刘逖云："君辈辞藻，譬若荣华，须臾之玩，非宏才也；岂比吾徒千丈松树，常有风霜，不可凋悴矣！"刘应之曰："既有寒木，又发春华，何如也？"席笑曰："可哉！"

此处，"寒木"可理解为文学的伦理价值，或内容方面的因素；而"春华"则可理解为文学的审美价值，或形式方面的因素。"既有寒木，又发春华"，在批评家极为苛刻的眼中，则是一种值得肯定的文学写作模式。而这正是后代作家积极探讨和实践的理想写作方式。

尽管有上述批评和反思，从总体上看，在魏晋南北朝时期，无论在创作上，还是在文学批评上，较之先秦两汉，文学的伦理价值皆处于被忽视的状态。

三、结语及追问

概而述之，先秦两汉时期的文学批评和创作，更加重视文学的伦理价值，即“善”的因素；而魏晋南北朝时期的创作和部分批评，则更注重文学的审美价值，即“美”的因素。这种此消彼长的变化，实际上正是文学成长嬗变的规律使然。我们知道，先秦两汉时期，文学尚未“自觉”，只能作为儒家经学的附庸，“没有自己的定性，也没有自己的目的，只是作为手段而服务于另一种东西”。[①]承担着教化的功用，自然会对伦理价值高度重视。魏晋南北朝时期，文学逐渐走向自觉。文学的自觉是文学认识自身规律，向自身靠拢的一次解放。尽管伦理价值的缺失使魏晋南北朝时期的文学时遭谴责，甚至被斥为亡国之音，但在文学渐趋成长，挖掘自身要素的过程中，更加重视艺术价值，相对忽视伦理价值也有其当时的合理性。

在以后的发展中，文学的伦理价值和审美价值总是处于不断的调整之中，试图达到一种尽善尽美的平衡，即闻一多先生所说的既有“良心”又有“文学”的状态。这种状态被认为在盛唐时代达到了。那么它是怎么达到的？这种平衡状态跟国家的政治统治之间有何关联？在盛唐之后，这种平衡状态还能维系吗？在当代文学中，是否也需要平衡这两种价值？诸如此类的问题，笔者以为都需要以文学伦理学的视角来考察。故而引入文学伦理学的研究视角，将有助于发现文学的成长规律，以及文学与政治的互动关系等，加深我们对于文学价值功用的认识，值得更多学者关注。

① ［德］黑格尔《美学》第一卷，商务印书馆1979年版，第66页。

初唐史家的文学伦理学批评[①]

摘要　初唐史家极为重视文学的伦理政教功用，并对前朝文学进行了伦理学批评，认为文学如果缺乏伦理价值，其后果是非常危险的，甚至关系到国家的存亡。初唐史家对文学进行伦理学批评的原因主要在于魏晋以来儒家诗教传统的削弱、隋末大儒王通的影响以及统治者的提倡等。这种伦理学批评得到了作家的呼应，新一代作家在文学理论及创作实践上逐渐摆脱了伦理价值缺失，格调柔靡的梁陈遗风的影响，在走向盛唐之际，文学的伦理价值与艺术价值逐渐趋于平衡，基本实现了初唐史家“文质斌斌，尽善尽美”的艺术期待。故而初唐史家的伦理学批评，对于唐代文学的辉煌，盛唐之音的铸造等，都起到了重要的作用。

关键词　文学伦理学批评；初唐史家；梁陈遗风

初唐时期，在重臣的建议及帝王的支持下，进行了较大规模的修史工作，修成了《梁书》《陈书》《北齐书》《周书》《隋书》《晋书》《南史》《北史》八部，是为“唐八史”。此“八史”中，除《南史》《北史》两部为李延寿父子私撰，后得到政府承认外，其他六史皆为官修史书。官修史书是初唐众多文化建设中至关重要的一项，早在唐高祖武德四年（621年）十一月，起居舍人令狐德棻便奏请修史，认为“近代以来，多无正史……如文史不存，何以贻鉴今古？”（《旧唐书·令狐德

① 本文发表于《理论学刊》，2014年3月。

荼传》）高祖于第二年便下诏命中书令萧瑀等十七人分工撰写魏、周、隋、齐、梁、陈诸史。但武德年间的修史工作却无果而终，史载“瑀等受诏，历数年竟不能就而罢。”（同上）于是唐太宗贞观三年（629年），“复勅修撰，乃令德棻与秘书郎岑文本修周史，中书舍人李百药修齐史，著作郎姚思廉修梁、陈史，秘书监魏徵修隋史，与尚书左仆射房玄龄总监诸代史。……德棻又奏引殿中侍御史崔仁师佐修周史，德棻仍总知类会梁、陈、齐、隋诸史。”（同上）贞观二十年（646年），又命房玄龄、褚遂良、许敬宗等人在旧有各家晋史的基础上，修撰《晋书》。《晋书》参修者多达二十一人，太宗亲自撰写了宣帝司马懿、武帝司马炎二纪及陆机、王羲之二传之四篇史论。初唐八史，除了李延寿的《南史》《北史》于唐高宗显庆四年（659年）正式发布，《隋书·十志》成于高宗时以外，其余皆于太宗贞观年间完成。

由上述可知，初唐修史作者包括魏徵、房玄龄、令狐德棻、李百药、姚思廉、褚遂良、李延寿等。初唐修史工作受帝王的高度重视，由宰相总监，饱学博识之重臣或学士分修。初唐修史工作的指导思想为：“考论得失，究尽变通。所以裁成义类，惩恶劝善，多识前古，贻鉴将来。”（《唐大诏令集·命萧瑀等修六代史诏》）可知初唐修史工作的出发点和终极目的都是为政治统治服务的，即所谓的“考论得失”“贻鉴将来”。而这样的修史目的无疑非常有利于文化和政治的反思：以前朝的经验教训，为新王朝的统治提供借鉴。

本着这样的修史目的，对于前朝的文学这种与治乱人心密切相关的文化载体，初唐史家也进行了多方面的总结批评，以期为新的大一统政治服务。翻阅这些史书，不难发现，伦理学批评是初唐史家极为重要的文学批评方法之一。初唐史家的伦理学批评对于平衡文学的伦理价值与艺术价值，铸造“文质斌斌，尽善尽美”的盛唐之音等，起到了重要的作用。

一、初唐史家的文学伦理学批评

（一）充分肯定了文学的伦理学功用

初唐史家几乎普遍认为文学具有神圣的伦理学的功用。例如姚思廉在《梁书·文学传序》中以为：

> 经礼乐而纬国家，通古今而述美恶，非文莫可也。是以君临天下者，莫不敦悦其义，缙绅之学，咸贵尚其道，古往今来，未之能易。

在姚思廉看来，建设国家的礼乐制度，以及“述美恶”等伦理学要务，只有文学才有资格担当：“非文莫可”。并且文学的这种重要的伦理功能是长期的，不能改变的，即所谓的“古往今来，未之能易”。

魏徵在《隋书·文学传序》中以为：

> 易曰：“观乎天文以察时变，观乎人文以化成天下。”……然则文之为用，其大矣哉！上所以敷德教于下，下所以达情志于上。大则经纬天地，作训垂范；次则风谣歌颂，匡主和民。

在此，魏徵认为，因为文学具有“化成天下”“敷德教”等伦理学价值，故而能起到“匡主和民”的政治统治目的。因而文学的功用是巨大的，足以“经纬天地，作训垂范”。

类似的对文学的伦理学功用极为重视的观点也出现在其他的史书中。可见，初唐史家对于文学的伦理政教功用，观点是统一的，基本上都持肯定态度。

事实上，初唐史家不仅在他们所负责的官修史书中肯定文学的伦理学功用，在自己的诗文中，也屡屡涉及伦理教化，以期达到服务于政治统治的目的。例如据《唐诗纪事》卷四载：“徵，字元成，魏州人。相太宗，致太平。天下既治，惧帝喜武功，尝赋诗曰：‘终藉叔孙礼，方知皇帝尊。’帝曰：‘徵言未尝不约我以礼。’”我们知道，“礼”乃儒家“五常”之一，属于伦理学的范畴，魏徵赋诗约太宗“以礼”，正是以自己的创作实践着文学的伦理学功用。而其《正日临朝应诏》诗中亦有：“声教溢四海，朝宗引百川。”强调的也是伦理教化对于国家长治久安的重要作用。可见，在他们自己的创作中，初唐史家亦努力实践着文学的伦理政教功用。

（二）对前朝文学的伦理学批评

基于上述对文学的伦理学功用的认识，初唐史家从伦理学的角度，对前代，尤其是南朝和隋代的宫体诗等进行了批判和否定。如魏徵在《隋书·文学传序》中认为：

> 梁自大同之后，雅道沦缺，渐乖典则，争驰新巧。简文、湘东，启其淫放；徐陵、庾信，分路扬镳。其意浅而繁，其文匿而彩。词尚轻险，情多哀思，格以延陵之听，盖亦亡国之音乎！

刘勰《文心雕龙·体性》云：“典雅者，镕式经诰，方轨儒门者也。”故此处的“雅道沦缺，渐乖典则”，就是文学逐渐远离儒家的传统，离经叛道而不合典范。这无疑意味着文学伦理政教功用的缺失。其后果便是“争驰新巧”，只追求形式技巧的新颖而忽略了其应当承担的伦理责任。于是，像梁简文帝萧纲、梁元帝萧绎（湘东），徐陵、庾信等宫体诗人所创作的作品，格调淫靡，情多哀思，被魏徵指斥为“亡国之音”。

李延寿在《北史·文苑传序》中，亦有同样的论调，而只把上引《隋书·文学传序》最后一句的“乎”换成了“也”，成为“盖亦亡国之音也”，这就以肯定的语气表明他认为上述作家的作品就是“亡国之音”。同样，李百药在《北齐书·文苑传序》中亦批评南朝宫体诗“俱肆淫声”“并为亡国之音”。

这种伦理学批评，不仅出现在这些笼统的文学、文苑传序中，还在具体作家的传记中，亦时时可见。如令狐德棻在《周书·王褒庾信传论》中认为：

> 然则子山之文，发源于宋末，盛行于梁季。其体以淫放为本，其词以轻险为宗。故能夸目侈于红紫，荡心逾于郑、卫。昔杨子云有言：“诗人之赋，丽以则；词人之赋，丽以淫。”若以庾氏方之，斯又词赋之罪人也。

在此，令狐德棻借对庾信的批评，谴责宫体诗人的作品“淫放”“轻险”，词藻华丽而情思放荡，实为“词赋之罪人”。

姚思廉在《陈书·后主本纪》中指出：

> 古人有言，“亡国之主多有才艺。”考之梁、陈及隋，信非虚论。然则不崇教义之本，偏尚淫丽之文，徒长浇伪之风，无救乱亡之祸矣。

在此，姚思廉认为，“不崇教义之本”，乃是“淫丽”“浇伪”的宫体诗泛滥于梁、陈及隋的根本原因，其意与魏徵的“雅道沦缺，渐乖典则”含义基本相同。只是魏徵重在描述客观现实，而姚思廉更指明了背离儒家文学伦理，乃是此三朝宫体诗人，也就是这些对国家丧亡负有责任的“亡国之主”的主观选择。正是他们先在主观上背离了文学所应当承担的伦理学重任，而只“偏尚淫丽之文”，最终导致亡国之祸。较之抽象地强调文学的伦理政教功用对于“经纬乾坤”“匡主和民”的重要意义，这些活生生的例子对于后世的统治者，包括唐代帝王无疑就更加具有警醒意义。

通过上述初唐史家对南朝及隋代宫体诗的批评，可知他们普遍认为，文学如果脱离儒家的伦理规范，不注重伦理价值，其后果是非常危险的，甚至关系到国家的存亡。

二、初唐史家伦理学批评的原因

如上所述，初唐史家希望借助于修史，“贻鉴将来”，为统治者提供参考，其终极目的是为政治统治服务的，故而其文学批评，就采取了与政治统治密切相关的伦理学批评方法，充分肯定文学的伦理价值，并对前朝伦理政教功用缺失的作家作品予以批评否定，以警戒当朝及后代的统治者，为国家的长治久安服务。具体而言，初唐史家之所以能够坚持运用伦理学的批评方法，还有如下原因。

（一）儒家诗教传统的削弱

“诗教”乃儒家学者建立在对《诗经》等儒家经典的学习、解读以及运用等各个环节上所形成的伦理学的批评方法和教育手段。《易》曰：“观乎天文，以察时变；观乎人文，以化成天下。”《诗经》在先秦时期，具有政治、外交、文化、教育、伦理道德修养等广泛的社会职能，确实起到了“人文化成”的教化作用，故而《论语·阳货》云：“子曰：‘小子何莫学乎诗？诗可以兴，可以观，可以群，可以怨。迩之事父，远之事君，多识于鸟兽草木之名。’”所以孔子把《诗经》作为教育学生的重要教材之一，对学生实施“《诗》教”，以达到培养道德伦理，加强修养的教化目的。汉武帝实施“罢黜百家，独尊儒术”之后，《诗经》发挥了更大的伦理教化作用。《诗大序》云：“先王以是经夫妇，成孝敬，厚人伦，美教化，移风俗。”并认为声音之道与政通：“治世之音安以乐，其政和；乱世之音怨以怒，其政乖；亡国之音哀以思，其民困。故正得失，动天地，感鬼神，莫近乎诗。”可见在先秦两汉时期，儒家的诗教观具有非常重要的地位。

然而魏晋以来，儒学式微，文学进入了自觉时期。文学的自觉在某种程度上就是人们对艺术价值的追求远甚于对文学的伦理价值的追求。于是文学的伦理政教功能一步步削弱，甚至走向了它的对立面。例如遭到初唐史家们激烈批评的宫体诗的代表作家梁简文帝萧纲在《诫当阳公大心书》中曾扬言：“立身之道，与文章异。立身先须谨重，文章且须放荡。”① 放荡之文自然无法承担秦汉时期所赋予的文学的伦理政教功用，甚至会扰乱人心，败坏礼教。降至陈朝，“及后主嗣位，耽荒于酒。视朝之外，多在宴筵，尤重声乐，……又于清乐中造《黄鹂留》及《玉树后庭花》、《金钗两臂垂》等曲，与幸臣等制其歌词，绮艳相高，极于轻薄。男女唱和，其音甚哀”。（《隋书·音乐志》）正是这些无益政教，绮艳轻薄、其音甚哀的诗歌及音乐，被初唐史家一致认为是“亡国之音”。

而初唐史家们之所以对前朝宫体诗予以如此激烈的批评，原因在于隋末初唐，伦理价值缺失的梁陈余风影响颇巨。魏徵在《隋书·文学传序》中描述道：

> 周氏吞并梁、荆，此风扇于关右，狂简斐然成俗，流宕忘反，

① 严可均辑《全上古三代秦汉三国六朝文》，中华书局1965年版，第3010页。

无所取裁。高祖初统万机，每念斫雕为朴，发号施令，咸去浮华。然时俗词藻，犹多淫丽，故宪台执法，屡飞霜简。炀帝初习艺文，有非轻侧之论，暨乎即位，一变其风。

可见，余习甚深的淫丽文风，即使是隋文帝动用法律的手段，依旧无法制止。而炀帝虽有“非轻侧之论”，但即位之后，却“一变其风”，又回到了梁陈余习的老路上。而“唐兴，诗人承陈、隋风流，浮靡相矜。”（《新唐书·文艺上》）“宫体诗在初唐，依旧是简文帝时那没筋骨、没心肝的宫体诗。……此真所谓‘萎靡不振’！”[①] 故而初唐史家所面对的文坛局面，依旧是积习强大、无益政教伦理的六朝余风。

可见，初唐史家借助修史，充分肯定了文学的伦理政教功用，无疑其渊源正是“人文化成”的儒家诗教观。而他们对于南朝、隋代“宫体诗”的批评，也正是基于传统儒家对于“亡国之音哀以思”的认识。这说明在历经汉末以来儒学式微，礼崩乐坏，以致天下大乱、战争频发的魏晋南北朝及隋，在新的政治统一、社会安定的初唐，作为朝廷重臣的修史官员们，确实是认真地进行了一次政治文化的反思。

（二）王通的重要影响

王通（584—617年）乃隋末大儒，著名教育家。曾于隋大业年间，授学于家乡河汾（今山西河津），其教材为传统的儒家经典和自己仿孔子续写的《六经》，世称“王孔子”。王通去世后，其弟子门人及家人将其平日言行，结成语录体之《中说》。

王通非蒙学之师，其门人弟子不乏饱学之士。值隋末大乱，其家乡

① 闻一多《唐诗杂论》，武汉大学出版社2008年版，第9页。

河汾距政治中心长安及军事重镇太原（李渊起兵之地）不远，诸多豪杰之士往来其间，问学于王通，并可观察时局。王通去世后，这些弟子门人多投靠唐军，为唐王朝的缔造和建设做出了重要贡献。据杜淹《文中子世家》："河南董常、太山姚义、京兆杜淹、赵郡李靖、南阳程元、扶风窦威、河东薛收、中山贾琼、清和房玄龄、巨鹿魏徵、太原温大雅、颖川陈叔达等，咸称师北面受王佐之道焉。"可知王通的门人弟子就包括房玄龄、魏徵等初唐史家。《中说》中曾提及魏徵、房玄龄及他们问学于王通者各有十五处之多。魏徵曾随王通学习探讨包括《诗》在内的《六经》。如据《中说·周公篇》载："征宿子之家，言《六经》，踰月不出。"《天地篇》载："魏徵曰：'敢问列国之风变，伤而不怨；郡县之政变，怨而不伤，何谓也？'"《关朗篇》载"子曰：'中国失道，四夷知之。'魏徵曰：'请闻其说。'子曰：'小雅尽废，四夷交侵，斯中国失道也。非其说乎？'"等等。可见，魏徵等门人弟子曾就《六经》等问学于王通，而其学习探讨的核心乃是建立在《六经》基础上的政教伦理。而诸如"敢问""请闻其说"等字眼，可知包括魏徵在内的门人弟子对王通非常尊重，对其学识非常折服，故而其思想受王通的影响当无疑义。

《中说》记载了王通的诸多文艺思想。笔者以为，其最为显著的特色就是对文学的伦理学批评。例如，他曾提出"文必贯道"（《中说·天地篇》）的伦理学批评命题，认为文学应该贯通周孔之道，蕴含传统的儒家伦理价值，需"上明三纲，下达五常"（《中说·天地篇》），并用以"征存亡，辩得失"（同上）。考虑到魏徵、房玄龄等王通的门人在初唐的修史工作中所担当的"总监诸代史"（《旧唐书·令狐德棻传》）的重要职责，初唐史家的文学批评中时时显露的文学应该承担起伦理学的重任，不正是在一定程度上对王通文艺思想的继承吗？

《中说》中，王通对曹魏以来的诸多文人及其作品，进行了批评：

子谓文士之行可见："谢灵运，小人哉！其文傲，君子则谨。沈休文，小人哉！其文冶，君子则典。鲍照、江淹，古之狷者也，其文急以怨。吴筠、孔稚圭，古之狂者，其文怪以怒。谢庄、王融，古之纤人也，其文碎。徐陵、庾信，古之夸人也，其文诞。"或问孝绰兄弟，子曰："鄙人也，其文淫。"或问湘东王兄弟，子曰："贪人也，其文繁。""谢朓，浅人也，其文捷。江总，诡人也，其文虚。皆古之不利人也。"（《中说·事君篇》）

在此，王通通过考察作家的道德品行，来评价其诗文的优劣，运用的也是一种伦理学的批评方法。而其对徐陵、庾信和湘东王兄弟，即梁简文帝萧纲、梁元帝萧绎等宫体诗人的批评，也被上述初唐史家继承，并进一步指斥为"亡国之音"。

可见王通于隋末设教河汾，接续了儒家的伦理学批评传统，并直接影响了初唐史家的文学批评。

（三）帝王的提倡

除了儒家的诗教传统，以及受王通的影响之外，初唐史家的文学伦理学批评，还得益于唐太宗李世民的提倡。《贞观政要》的这段记载正好说明了唐太宗对于史书文学伦理的要求：

贞观初，太宗谓监修国史房玄龄曰："比见前后《汉史》载录扬雄《甘泉》、《羽猎》，司马相如《子虚》、《上林》，班固《两都》等赋，此既文体浮华，无益劝诫，何假书之史策？其有上书论事，词理切直，可禅于政理者，朕从与不从皆须备载。"（《贞观政要·文史》）

在此，唐太宗批判了“文体浮华，无益劝诫”的汉大赋，认为这样的文章不宜书之于史策，史策应该记载“词理切直，可裨政理”之文。他还亲自为《晋书·文苑传》作序，并借机强调了文学的伦理教化功用：

> 夫文以化成，惟圣之高义；行而不远，前史之格言。……移风俗于王化，崇孝敬于人伦。经纬乾坤，弥纶中外。故知文之时义，大哉远矣。

“文以化成”“移风俗于王化，崇孝敬于人伦”这些伦理学功用，在太宗看来，乃“圣之高义”“文之时义”，具有崇高而深远的价值和意义。

在他的文学作品里，他也表示了自己对于恢复文学的伦理教化功用的期待和努力：

> 予追踪百王之末，驰心千载之下，慷慨怀古，想彼哲人。庶以尧舜之风，荡秦汉之弊；用咸英之曲，变烂熳之音。求之人情，不为难矣。故观文教于六经，阅武功于七德。台榭取其避燥湿，金石尚其谐神人，皆节之于中和，不系之于淫放。（《帝京篇序》）

然而，“尽管李世民主观上反对浮华诗风，理论上也鼓吹‘词理切直’，有助于‘政理’和‘劝诫’的创作原则，但实践上却无法一下彻底摆脱六朝脂粉余习，更不可能马上扭转长期形成的诗风、文风。这其实也是大部分初唐诗人面对的矛盾”。[1] 翻阅太宗作品，不难发现，作为开辟贞观盛世的一代英主，李世民的诗歌多有轻艳之作，在一定程度

① 杨柳《唐太宗诗创作的理论与实践初探》，载《中国古典文学论丛》（第1辑）人民文学出版社1984年版，第103页。

上可谓初唐写作宫体诗数量最多的作家，如其上述极言“以尧舜之风，荡秦汉之弊；用咸英之曲，变烂漫之音”的《帝京篇》十首中，就有堪称“烂漫之音”的作品。如其第八首：

建章欢赏夕，二八尽妖妍。罗绮昭阳殿，芬芳玳瑁筵。
佩移星正动，扇掩月初圆。无劳上悬圃，即此对神仙。

在华丽而奢侈的宫廷宴会上，年轻的舞女柔媚而妖艳，散发着迷人的诱惑，让太宗这样的观赏者都以“仙”目之，这种格调，与南朝齐梁的宫体诗何异？再如《赋得含峰云》：

翠楼含晓雾，莲峰带晚云。玉叶依岩聚，金枝触石分。
横天结阵影，逐吹起罗文。非复阳台下，空将惑楚君。

以及《赋得花庭雾》：

兰气已熏宫，新蕊半妆丛。色含轻重雾，香引去来风。
拂树浓舒碧，萦花薄蔽红。还当杂行雨，髣髴隐遥空。

毋说这两首诗中“惑楚君”“杂行雨”这些楚王与神女欢会典故所显示的艳情暗示，即使是像“翠楼”“莲峰”“玉叶”“金枝”“兰气”“新蕊”“色含”“香引”等词汇，也让太宗的这些诗歌读来孱弱轻靡。

而这恰恰说明，在初唐时期，面对势力强大、积习深厚、无益政教的齐梁文风，初唐史家借助修史所做出的努力是有价值的。因为连一代英主李世民都无法克服的浮靡文风，是真正要花大力气去纠正的。

三、作家的呼应

初唐史家的文学伦理学批评，得到了如“初唐四杰”、陈子昂等在唐朝成长起来的新一代作家的呼应。如被誉为“四杰之冠”的王勃在《平台秘略论·艺文》中云：

> 故文章经国之大业，不朽之能事。而君子所役心劳神，宜于大者远者，非缘情体物，雕虫小技而已。

此处，王勃所称的“大者远者”，当是文学的伦理价值，此价值使文学成为“经国之大业，不朽之能事。”并且他对于文学的伦理要求是很高的，需要：“甄明大义，矫正末流，俗化资以兴衰，家国由其轻重。”（《上吏部裴侍郎启》）在其《续书序》中，也表达了同样的思想。对此，美国学者包弼德以为，王勃的《续书序》“为后世的文章能够等同于圣人之文确立了几条标准：‘燮理情性，平章邦国，敷彝伦而叙要道。’”[①] 无疑这些都与初唐史家对文学的伦理政教功用的肯定是一脉相承的。

并且，像初唐史家一样，王勃对于六朝甚至此前的忽视文学伦理功用的文章也提出了尖锐的批判：

> 自微言既绝，斯文不振。屈宋导浇源于前，枚马张淫风于后。谈人主者，以宫室苑囿为雄；叙名流者，以沉酗骄奢为达。故魏文用之而中国衰，宋武贵之而江东乱。虽沈谢争骛，适先兆齐梁之危；徐庾并驰，不能止周陈之祸。于是识其道者，卷舌而不言；明其弊者，拂衣而径逝。《潜夫》《昌言》之论，作之而有

① ［美］包弼德著，刘宁译《斯文：唐宋思想的转型》，江苏人民出版社2001年版，第112页。

逆于时；周公孔氏之教，存之而不行于代。天下之文，靡不坏矣。（《上吏部裴侍郎启》）

在此，王勃更把初唐史家主要对南朝、隋宫体诗的批评上溯到“屈宋枚马”等楚辞、汉赋作家。如初唐史家一样，他也认为所谓的“徐庾体”，正是南朝走向没落的祸端。而正因为“周公孔氏之教”不行，而导致“天下之文，靡不坏矣”。

“四杰”中的其他作家也同样重视文学的伦理政教功用。如骆宾王曾言：“是以祈安阳之捧檄，拟毛义之清尘；思鲁国之执鞭，蹈孔丘之余志。”（《上瑕丘韦明府启》）可知其在文学创作上也是以儒学为指导思想，颇重视文学的伦理价值的。杨炯在《王子安集序》中亦强调文学当“尽力于丘坟”，“寻源于礼乐”，并盛赞王勃之诗文以“经籍为心”，“风云入思”。卢照邻文中有云：“昔文王既没，道不在于兹乎？尼父克生，礼尽归于是矣。……衣冠礼乐，重闻三代之风；玉帛讴歌，无坠《六经》之业。”（《驸马都尉乔君集序》）肯定了文章乃是蕴含儒家伦理的“道”“礼”之载体，显示了他对于文学伦理政教功用的重视。

虽然受时代的限制，“初唐四杰”在创作上无法完全摆脱梁陈诗风的影响，其作品还带有一定程度的“六朝锦色”，但他们毕竟认识到了重视文学的伦理政教功用对于变革文风的重要性，并在创作中加以实践，创作了众多梁陈宫体诗所不能比拟的刚健清新之作。杜甫《戏为六绝句》之三云：“纵使卢王操翰墨，劣于汉魏近风骚。”卢王，在此应是“四杰”王杨卢骆的代称，杜甫以为其诗文“近风骚”，应是很高的评价，其中必然蕴含对风骚的伦理价值的继承和发扬。

在此基础上，与“四杰”同时期而稍后的陈子昂，在其《修竹篇序》中，也呼应了初唐史家的伦理学批评，认为汉魏以后的文章，乏“风骨”“兴寄”，伦理价值缺失，“风雅不作”，乃“道弊”之文。并以其铿锵有力的作品，揭开了盛唐文学的序幕。

四、结语

魏徵在《隋书·文学传序》中，总结了南北文学的得失，并提出了对文学的艺术期待：

> 江左宫商发越，贵于清绮，河朔词义贞刚，重乎气质。气质则理胜其词，清绮则文过其意，理深者便于时用，文华者宜于咏歌，此其南北词人得失之大较也。若能掇彼清音，简兹累句，各去所短，合其两长，则文质斌斌，尽善尽美矣。

可见，在以魏徵为代表的初唐史家看来，南北文学之失主要在于“文”“质”的失衡。事实上，如果文学能做到“文”与“质”的平衡，也就实现了伦理价值与艺术价值的平衡。初唐史家之所以一再强调文学的伦理政教功用，并批评了以南朝、隋宫体诗为代表的浮艳文学，皆因其伦理价值与艺术价值相比，严重缺失之故。

历经“四杰”、陈子昂等新一代作家对于初唐史家文学伦理学批评的理论呼应及文学创作实践，绮艳浮靡的梁、陈遗风终于在走向盛唐之际，得到了遏制。由是盛唐时期的文学基本实现了初唐史家“文质斌斌、尽善尽美”的艺术期待。故而初唐史家的文学伦理学批评，对于唐代文学的辉煌，盛唐之音的铸造，起到了重要的作用。

上官婉儿与初唐宫廷诗的终结[1]

摘要 作为初唐宫廷诗的重要作家，上官婉儿不仅在创作上超越了宫廷诗的题材、情感表达及格调气度等，而且在评判诸臣诗作时，开始有意识地标榜词气充盈、刚健明朗的诗风，从而在宫廷诗的内部，突破了宫廷诗歌的创作题材与审美趣味，为初唐宫廷诗画上了一个圆满的句号，为开启盛唐之音迈出了矫健的一步。

关键词 初唐宫廷诗；上官婉儿；终结

上官婉儿（664—710年），上官仪（608—664年）之孙女，武后、中宗朝的著名宫廷诗人，品第诸臣诗作，“称量天下”的诗歌裁判。她不仅在创作上对初唐宫廷诗的题材、情感表达及格调气度等都有所超越，而且在评判诸臣诗作时，开始有意识地标榜词气充盈、刚健明朗的诗风。从而在宫廷诗的内部，突破了宫廷诗歌的创作题材与审美趣味，为初唐宫廷诗画上了一个圆满的句号，为开启盛唐之音迈出了矫健的一步。

一、宫廷诗的时代：上官婉儿活动的诗坛语境

本文所谓的初唐，是指自唐高祖武德元年（618年）至唐中宗景龙四年（710年），计九十余年。初唐诗坛，形成了太宗贞观、高宗武后龙朔、武周以及中宗景龙等几个以宫廷诗为中心的时期，故而被称为初唐

① 本文发表于《求索》，2010年2月。

“宫廷诗”的时代。

初唐宫廷诗，一般为帝王倡导下的君臣游晏或奉和应制之作。明人杨慎《升庵集》云：“唐自贞观至景龙，诗人之作，尽是应制。”有学者统计：“清编《全唐诗》共录许敬宗诗二十七首，其中奉和应制诗二十首；录李适诗十七首，其中奉和应制诗十二首；录武平一诗十五首，其中奉和应制诗十二首；录李乂诗四十三首，其中奉和应制诗二十九首；而刘宪存诗二十六首，二十四首为奉和应制诗。还有一大批文馆学士存诗各在十首以下，而所存全都是应制诗就更突出了。”① 这种宫廷诗的生成方式，也为美国汉学家宇文所安察觉：“在七世纪初期，诗歌基本上是作为一种程式化的社交形式，主要创作于宫廷圈子里。”②

太宗时期，宫廷诗在寓政教、颂功德之际，对柔靡基调尚存戒心。《新唐书·虞世南传》载：“帝尝作‘宫体诗’，使赓和。世南曰：‘圣作诚工，然体非雅正。上之所好，下必有甚者。臣恐此诗一传，天下风靡，不敢奉诏。’帝曰：‘朕试卿耳。’赐帛五十匹。”尽管如此，仍有论者指出：“由于唐太宗在文化心态上持一种较为通达开明的态度，对南朝文化艺术绝少敌对之意，遂使‘流霞成彩’的齐梁遗风传荡于宫廷上下，南风炽盛成为一时的普遍风尚。”③

而高宗、武后时期，“朝廷写作曾经向极度的雕琢和只关心表面之辞藻的风气回潮。”④ 其情形正如杨炯在《王子安集序》中所描述的那样：

---

① 罗实进《唐诗演进论》，江苏古籍出版社2001年版，第12页。

② ［美］宇文所安著《盛唐诗》，生活·读书·新知三联书店2004年版，第4页。

③ 张云鹏《复古思潮的历史新变——试论初、盛唐之际美学思想的转型》，载《河南师范大学学报》（哲学社会科学版）2001年第3期，第71页。

④ ［美］包弼德著，刘宁译《斯文：唐宋思想的转型》，江苏人民出版社2001年版，第111页。

龙朔初载，文场变体，争构纤微，竞为雕刻。糅之金玉龙凤，乱之朱紫青黄。影带以徇其功，假对以称其美。骨气都尽，刚健不闻。

上官婉儿的祖父上官仪在唐高宗龙朔年间，写成《笔札华梁》，论及诗歌写作的对偶及文病等问题，并形成了在当时宫廷诗人中产生重大影响的“上官体”。“上官体”以绮错婉媚为本，雕琢字句，讲究对偶，注重文采而缺乏风骨兴寄。龙朔初载的“文场变体”，主要指的就是“上官体”。

到了中宗时期，尤其是景龙二年（708年）四月修文馆成立后，宫廷诗的创作更是达到了空前的繁荣。《唐诗纪事》卷一“中宗”条载：

十月帝诞辰，内殿宴群臣，联句……帝谓侍臣曰：“今天下无事，朝野多欢，欲与卿等词人，时赋诗宴乐，可识朕意，不须惜醉。”大学士李峤、宗楚客等跪奏曰：“臣等多幸，同遇昌期，谬以不才，策名文馆，思励驽朽，庶裨河岳，既陪天欢，不敢不醉。”此后每游别殿，幸离宫，驻跸芳苑，鸣笳仙禁，或戚里宸筵，王门巹席，无不毕从。

《新唐书·李适传》亦云：

“凡天子飨会游豫，唯宰相及学士得从……帝有所感，即赋诗，学士皆属和，当时人所歆慕。”

可见，在上官婉儿所生活的初唐，正是“宫廷诗”主宰文坛的时代。纵观初唐近百年诗歌之发展脉络，有学者指出：“初唐诗歌虽然呈现出一些新气象，但从整体上看，其诗风走向仍然与魏晋南北朝一脉相承，整个诗坛的审美趣味仍然为宫廷趣味所主宰……初唐近百年是宫廷文学最为繁盛的黄金时代，同时也为漫长的宫廷诗时代画上了一个圆满的句号。”[①]而“初唐诗所呈现的浓郁的宫廷气息，既与当时的政治导向和文化思潮有关，也是一种顺理成章、合乎逻辑的历史延续”。[②]刘勰在《文心雕龙·时序》中云：“文变染乎世情，兴废系乎时序。”良有以也。

二、才华绝代：创作上的继承与超越

上官婉儿自幼聪慧，随母郑氏习诗撰文。《新唐书》本传载其年十四，就因才华横溢而得到武后的重视。她才思敏捷，常常代帝后，长宁、安乐两位公主同时赋诗，且能做到“众篇并作而采丽益新”。（《旧唐书》本传）婉儿诗歌现存《全唐诗》中，共计三十二首。她的诗歌创作，既有对乃祖“上官体”形式技巧，比如词彩、声律、对仗等的继承，更在诗歌的题材范围、抒情特征及格调气度等方面对此前的宫廷诗有所超越，从而为诗歌从初唐宫廷诗的歌功颂德、绮错婉媚迈向波澜壮阔、尽善尽美的盛唐之音，跨出了重要的一步。

（一）自然率真的山水清音

婉儿现存诗作中，最能体现对乃祖及初唐宫廷诗超越的，当是其山水题材的诗歌。作为一个长于深宫的女子，其山水诗主要完成于皇亲贵戚的园林别业。唐代皇亲贵戚的园林别业多在长安、洛阳郊区。这些地方富有山水美景，可借自然地势，辅以人工疏浚，构建园林。武后、中宗时期天子出游之风甚盛，而其常游之所就是这些园林别业。且“帝有

---

① 聂永华《初唐宫廷诗风流变考论》，中国社会科学出版社2002年版，第4页。
② 聂永华《初唐宫廷诗风流变考论》，中国社会科学出版社2002年版，第2页。

所感即赋诗，学士皆属和”（《唐诗纪事》卷九）。景龙三年（709年）左右，中宗屡赴长宁公主山庄，婉儿有《游长宁公主流杯池》二十五首，为其现存的主要山水诗。

这二十五首诗，包括三言诗二首，四言诗五首，五言诗十五首，七言诗三首，从不同的侧面，生动地抒发了上官婉儿的山林之赏，展示了其不同凡俗的山水幽情，读之几令人忘却其宫廷诗人的身份，显示了她对初唐宫庭诗歌题材及审美趣味的超越：

首先，这组诗歌流露出了上官婉儿对自然的深切热爱与礼赞之情。如其十七：

岩壑恣登临，莹目复怡心。风篁类长笛，流水当鸣琴。

风吹篁竹，音如长笛；水流淙淙，响似鸣琴。更何况还有其他风景来“莹目怡心”，幽峭的岩壑可以恣意登临呢？在登高远望，击赏自然之时，诗人满怀惊喜地发现了早春独特的景观：“斗雪梅先吐，惊风柳未舒。”（其九）“玳瑁凝春色，琉璃漾水波。”（其十）陶醉于眼前的美景，诗人惆怅于时间的飞逝，她感叹道：“直愁斜日落，不畏酒尊虚。”（其九）而在“跂石聊长啸，攀松乍短歌”（其十）的自娱中，她觉得自己是一个“物外者”，仿佛已从烦琐的宫廷生活中脱出，完全融入了自然的怀抱。故而诗人动情地唱道：

暂尔游山第，淹留惜未归。霞窗明月满，涧户白云飞。
书引藤为架，人将薜作衣。此真攀玩所，临睨赏光辉。

（其十一）

在这月明风清、白云入户的山第，诗人以藤条为书架，以薜萝为衣衫，宛若自由自在的自然之子。这让人如此陶醉，如此流连忘返的山水，莫非就是人间仙境？其七对此作出了肯定的回答：“莫论圆峤，休说方壶。何如鲁馆，即是仙都。”这儿的“泉石多仙趣，岩壑写奇形”（其十六）。在这儿，诗人便可以：“逐仙赏，展幽情，逾昆阆，迈蓬瀛”（其一）。既然如此，又何必劳心费力去寻觅所谓的仙境呢？故而诗人奉劝：“寄言栖遁客，勿复访蓬瀛”（其十九）。这些发自内心的击赏，显示了诗人对自然山水的无限热爱之情。

其次，上官婉儿的山水诗，还呈现出一种率真朴拙、自然洒脱，乃至天人合一的境界。如其八：

玉环腾远创，金埒荷殊荣。弗玩珠玑饰，仍留仁智情。
凿山便作室，凭树即为楹。公输与班尔，从此遂韬声。

在此，不管是“凿山作室”也好，还是“凭树为楹”也罢，都透漏出一股率真朴拙、自然洒脱之气。再如其十五“携琴侍叔夜，负局访安期。不应题石壁，为记赏山时。”更是散发出一股魏晋式的洒脱不羁，让人生发出无限遐想。

而像其四“仰循茅宇，俯眄乔枝。烟霞问讯，风月相知。”其五“枝条郁郁，文质彬彬。山林作伴，松桂为邻。”所展现出的诗人在俯仰之间，交友风月，作伴山林的洒脱，不正是一种天人合一的境界吗？

《全唐诗》上官婉儿《游长宁公主流杯池二十五首》题后小序云：

长宁公主韦庶人所生，……因造第于东都，府财几竭。又取西京高士廉第，左金吾卫废营，改为宅，作三重楼，筑山浚池。帝及后数临幸，令昭容赋诗，群臣属和。（《全唐诗》卷五）

可见当时婉儿赋诗后，群臣还有众多“属和”之作，故而在长宁公主的园林，即东庄[①]，除上官婉儿的诗作外，在清编《全唐诗》中，我们还可看到象李峤、崔湜、李乂、李适等的“侍宴长宁公主东庄”应制诗七首（不包括重复者）[②]。

若不是像李峤诗中的“承恩咸已醉，恋赏未还镳”，李适诗中的“愿奉瑶池驾，千春侍德音”等极个别歌功颂德、阿庾祥瑞之词，还有像崔湜诗中的“圣藻悬宸象，微臣窃仰观”这样充满臣子卑恭之气的句子，透露出了这些诗歌作为初唐宫廷应制诗的信息，而只从“树接南山近，烟含北渚遥。”（李峤）“池架祥鳣序，山吹鸣凤曲。拂席萝薜垂，回舟芰荷触。”（郑愔）“山花添圣酒，涧竹绕熏琴。”（李适）“画桥飞渡水，仙阁迥临虚。新晴看蛱蝶，早夏摘芙蕖。”（刘宪）等诗句看，我们仿佛已置身于一派清新隽永的自然山水之中。可见这些文馆学士们在属和上官婉儿的诗作时，受到婉儿作品中山情水韵的感召，再加上对长宁公主园林自然情致的陶醉，其应制诗也唱出了自然之清音，与婉儿共同营造了一片山水诗的丛林。

山水诗在盛唐蔚为大宗，成为唐诗的重要题材之一，而初唐诗人，包括上官婉儿等宫廷诗人的努力与铺垫，应是功不可没的。事实上婉儿的一些山水之作，已与盛唐山水田园诗派相去不远。如其十三：

策杖临霞岫，危步下霜蹊。志逐深山静，途随曲涧迷。
渐觉心神逸，俄看云雾低。莫怪人题树，只为赏幽栖。

---

① 《全唐诗》卷五十八载：“纪事云：长宁公主韦庶人所生，降杨慎交。造第东都，府财几竭，又取西京高士廉第，左金吾卫废营合为宅，作三重楼，筑山浚池，帝及后数临幸，置酒赋诗，峤等属和，即东庄也。”

② 其中一首七言诗署名为“景龙文馆学士”，内容与上官婉儿的《游长宁公主流杯池》第二十五首同。或为婉儿本人作品，或为混入婉儿诗作中的景龙文馆学士的属和之作。

无论在韵律上，还是其蕴含的诗人的志趣喜好、自然神韵等，都与王维的《终南别业》，有异曲同工之妙，直接为盛唐田园山水诗派导夫先路。

（二）一往情深的抒怀心曲

上官婉儿现存不多的诗作中，有一首屡被提及，备受重视，那就是其抒怀之作《彩书怨》：

叶下洞庭初，思君万里馀。露浓香被冷，月落锦屏虚。
欲奏江南曲，贪封蓟北书。书中无别意，惟怅久离居。

这是一首五言律诗，笔者以为，其备受关注的主要原因，当是此诗的情感表达超出了宫廷诗的惯有基调。如此绵长的思念，乃是宫廷诗歌中难得一见的深情。

我们知道，宫廷诗歌以奉和应制为主要生成方式，故而很难表达出作者的真情实感。而在初唐，类书的编纂也限制了宫廷诗歌的情感表达。初唐虞世南等人所编的《艺文类聚》《文思博要》《北唐书钞》等类书，成为宫廷诗人写诗时查阅词藻和事典的工具书。故而闻一多先生以为："唐初人的诗，离诗的真谛是那样远，所以，我若说唐初是个大规模征集辞藻的时期，我所谓征集辞藻者，实在不但指类书的纂辑，连诗的制造也是应属于那个范围的。"① 在大规模征集词藻的初唐，宫廷诗歌往往见词不见情。"不怕太宗和他率领下的人们为诗干的多热闹，究竟他们所热闹的，与其说是诗，无宁说是学术。……太宗所鼓励的诗，是类书家的诗，也便是类书式的诗。总之，太宗毕竟是一个重实

① 闻一多《类书与诗》，《神话与诗》，华东师范大学出版社1997年版，第218页。

际的事业中人；诗的真谛，他并没有，恐怕也不能参透。他对于诗的了解，必定是个实际的人的了解。他所追求的只是文藻，是浮华，不，是一种文辞上的浮肿，也就是文学的一种皮肤病”。[①] 把诗歌的写作当成学术，且只注重文辞，当然无暇顾及情感的表达。而这种状况一直延续着，“这种病症，到了上官仪的‘六对’‘八对’，便严重到极点，几乎有危害到诗的生命的可能，于是因察觉了险象而愤激的少年‘四杰’便不得不大声急呼，抢上来施以针砭了”。[②] 因而，初唐宫廷诗，看起来是一个研究诗歌词藻运用的时期，离抒情言志的诗歌的“真谛”还有一定距离。

而上官婉儿的的这首《彩书怨》，则克服了宫廷诗歌情感贫乏的弊端，其款款深情，千载而下，我辈读之，亦能为之动容，能够深切感受到这一自幼长于深宫的才女，在情感上的孤寂和执着，仿佛一民间女子，对其夫婿倾诉其绵长的思念。此种抒怀之作，以婉儿之才华和情感经历，我们可以猜测，应该是有一定数量的，只可惜或为唐玄宗下令编辑婉儿文集时有意删除了一部分，因为婉儿的身份毕竟是唐中宗的昭容，怎能任其此种抒情之作广为流布呢？或为在流传过程中亡佚。尽管如此，因这首《彩书怨》的存世，我们足可感受到唐代诗歌在宫廷诗将近百年的情感沉寂后，开始了绵长、深情而又精彩的情感表达。因而《彩书怨》因其款款深情，从情感表达的角度来讲，我们不妨认为这是“宫廷诗的自赎”。

（三）清新壮大的日常应制

即使是宫廷诗的最为普通的形式，即日常的奉和应制之作，上官婉儿也以或清新隽永，或气势壮大等格调气度，倾洒其绝代才华。如其

① 闻一多《类书与诗》，《神话与诗》，华东师范大学出版社1997年版，第219页。

② 闻一多《类书与诗》，《神话与诗》，华东师范大学出版社1997年版，第219—220页。

《奉和圣制立春日侍宴内殿出剪彩花应制》：

密叶因裁吐，新花逐剪舒。攀条虽不谬，摘蕊讵知虚。
春至由来发，秋还未肯疏。借问桃将李，相乱欲何如？

在语言形式上，郑振铎以为此诗："正是律诗时代的'最格律谨严'之作。"① 整首诗歌，把剪彩花的过程及彩花能够以假乱真之美，且比自然界的真花更能保持长久的特点写得惟妙惟肖，尤其是结句："借问桃将李，相乱欲何如？"所传达出的清新自然、隽永活泼的情调，更非此前的宫廷诗所能比。可见其作为女性诗人在观察的细致、体验的丰富以及对美的独特感受方面，使其在此类应制诗歌的写作中，注入了一股鲜活清新的气息而显得难能可贵。

更为难能可贵的是，上官婉儿作为一个女性作家，却在奉和应制诗中，表现出了壮大恢宏的气度。如其《驾幸新丰温泉宫献诗三首》其一：

三冬季月景龙年，万乘观风出灞川。
遥看电跃龙为马，回瞩霜原玉作田。

此诗为绝句体，作者以遥看、回瞩之"龙为马""玉作田"的生气与壮观之景，衬托圣驾出行的恢宏气势，可谓神老气健。而这种"神老气健"的风范，无疑是对乃祖上官仪"绮错婉媚"的超越。同样是宫廷诗人的代表作家，上官仪在美学上追求一种精致、柔媚，讲究词彩，注重形式技巧的美学倾向。即使是其屡受称道的下面这首绝句也不例外：

---

① 郑振铎《插图本中国文学史》，人民文学出版社1959年版，第305页。

脉脉广川流，驱马历长洲。鹊飞山月曙，蝉噪野风秋。

关于此诗，宇文所安以为：“在一定程度上显示了7世纪六七十年代诗人所特有的活力。它沿用了宫廷诗人不愿将感情融入景象的作法，但却能够创造出一个浑融完整的景象，而不是琐细零碎的世界，从而指向了未来的诗歌。”[①] 尽管如此，其美学风格也是偏向于柔媚的。如其首二字用的是“脉脉”来形容洛水之貌。显然，“脉脉”所表现出的连绵不绝之状，给人感觉这洛水只是一股涓涓细流，而在诗歌中用“脉脉”两字，我们常会想到《古诗十九首》中的《迢迢牵牛星》一诗，其末句云：“盈盈一水间，脉脉不得语。”在这种联想的语义场中，尽管两个“脉脉”意思不同，但无论如何“脉脉”丝毫也不会让人产生恢宏壮大之感。故而以此二字领起，整首诗的审美意趣无疑依旧具有上官体所具有的柔媚特征。

《驾幸新丰温泉宫献诗三首》的另外两首，“鸾旗掣曳拂空回，羽骑骖驔蹑景来。隐隐骊山云外耸，迢迢御帐日边开”。“翠幕珠帏敞月营，金罍玉斝泛兰英。岁岁年年常扈跸，长长久久乐升平”。以及《驾幸三会寺应制》中的“驻跸怀千古，开襟望九州。四山缘塞合，二水夹城流。”也皆具壮大昂扬之势，无疑都是对长期以来宫廷诗歌美学偏于柔媚格调的超越。

上官婉儿现存的三十二首诗歌，除了像《驾幸新丰温泉宫献诗三首》其三中的“岁岁年年常扈跸，长长久久乐升平”及《驾幸三会寺应制》中的“太平词藻盛，长愿纪鸿休”等几句略带歌功颂德之意外，已很难看出这是一个宫廷诗人的奉和应制之作了。而“太平词藻盛”之句，恰是婉儿所处的初盛唐之交的文坛实况。

---

① ［美］宇文所安著，贾晋华译《盛唐诗》生活·读书·新知三联书店2014年版，第60页。

故而笔者以为，上官婉儿虽然现存诗歌不丰，但我们依旧可以看出，她以自然洒脱的山情水韵丰富了宫廷诗歌的创作题材，以缠绵悠长的款款深情克服了宫廷诗歌情感表达的贫乏，以壮大恢宏的气度涤荡了宫廷诗歌柔媚局促的格调。其创作实践，从宫廷内部，开启了代表大唐盛世一代强音的诗国高峰的前奏，不愧为初唐近百年宫廷诗歌的终结者。

三、两朝专美：“称量天下”的诗歌美学裁判

张说《唐昭容上官氏文集序》云：“沛国夫人之方娠也，梦巨人俾之大秤，曰：‘以是秤量天下。’及昭容既生弥月，夫人弄之曰：‘秤量天下，岂在子手？’孩遂哑哑应之曰：‘是。’”长大后的上官婉儿果然具有极高的艺术品鉴才能，成为宫廷文学活动中“称量天下”的美学裁判，在一次次的宫廷创作活动中品第群臣诗作。明陶宗仪《说郛》卷二十六（上）云：“高皇帝御群臣赋宴赏双头牡丹诗，惟上官昭容一联为绝丽。所谓‘势如连璧友，心若臭兰人’者，……称量天下何足道哉。”

作为宫廷诗的美学裁判，其“称量天下”的砝码有哪些呢？《旧唐书》本传云婉儿常代帝后及二位公主同时作诗，且“众篇并作而采丽益新”。有学者认为：“……而上官婉儿又从而鼓动帝王，侈大书馆，增学士员，引进大臣名儒充此职位，尤以中宗复位以后，迭次赐宴赋诗，皆以婉儿为词宗，品第群臣所赋，要以采丽与否为取舍之权衡，于是朝廷益靡然成风矣。”[①]可知，“采丽”作为宫廷诗歌的传统美学要素，当为婉儿品第诗作，“称量天下”的砝码之一。

此外，婉儿的另一个重要砝码当是刚健充盈的“词气”。《唐诗纪事》卷三载：

---

① 王梦鸥《初唐诗学著述考》，商务印书馆1977年版。

中宗正月晦日幸昆明池赋诗，群臣应制百余篇。帐殿前结彩楼，命昭容选一首为新翻御制曲。从臣悉集其下，须臾纸落如飞，各认其名而怀之。既进，唯沈、宋二诗不下。又移时，一纸飞坠。竞取而观，乃沈诗也。及闻其评曰："二诗工力悉敌，沈诗落句云：'微臣雕朽质，羞睹豫章材。'盖词气已竭。宋诗云：'不愁明月尽，自有夜珠来。'犹陟健举。"沈乃伏，不敢复争。（《唐诗纪事》卷三）

此次诗歌擂台赛发生于景龙三年（709年），既然沈佺期因"词气已竭"而败北，宋之问自然是在"词气"上胜出的。"不愁明月尽，自有夜珠来"。尽者自尽，来者自来，不愁尽者尽，自有来者来，不正是一股绵延壮大、生生不息之"词气"吗？而正是这种带有明朗潇洒基调的词气，婉儿认为其"犹陟健举"，故而胜过沈诗。而"沈乃伏，不敢复争"说明上官婉儿以"词气"论诗，最终得到了沈、宋等宫廷诗人的认可。尽管这种认可在当时可能并不顺利，由沈佺期"乃伏""不敢复争"可知，他对这首"微臣雕朽质，羞睹豫章才"的诗歌曾抱有期望，毕竟此诗流露出了合乎传统的谦逊。可见作为当时重要的宫廷诗人，他还没有感觉到宫廷诗已经开始朝着全新的审美追求进军。而这种新的宫廷诗歌美学正是通过婉儿对诸臣诗歌的品评影响到了诸位宫廷诗人。由此可知，中宗时代的上官婉儿，已经突破了上官体的"绮错婉媚"，能够以"气"论诗，且标榜词气充盈、明朗刚健的诗风。

"气"在中国传统文化中，是一个非常重要的哲学、美学范畴。曹丕在《典论·论文》中明确提出："文以气为主。"以"气"来论述作家的个性、气质的不同，也以"气"来论述文学艺术的不同风格。刘勰在《文心雕龙·风骨》中把"文气"与"风骨"联系起来，把"气"作为"风骨"之本，倡导刚健清新的风格。颜之推在此基础上提出，"文章当以理致为心肾，气调为筋骨，事义为皮肤，华丽为冠冕”（《颜氏家训·卷上》）。进一步强调了文气对于风骨产生的重要作用。与上官婉儿同时而稍早的“初唐四杰”如王勃、杨炯等，在宫廷外部，亦标榜诗文应有一股刚健宏博的气势。王勃在《平台秘略赞十首·艺文》中提出，文章当“字凌云汉，气挟风霜”。在《上绛州上官司马书》中有：“逸气遒文，运风霜于掌握。”王勃对于“气”范畴的重视，就是倡导一种有风有骨、刚健宏博的文风，以此来批判和纠正宫廷诗歌“骨气都尽，刚健不闻”①的文坛现状，使文章充满生命力。

而上官婉儿在宫廷内部所标榜的“词气”，无疑也是对作品内在精神风貌的概括提炼，是诗歌语言与内在精神所表现出来的气势和生命力，与上述批评家的观点一脉相承。以“气”论诗，说明在婉儿的参与下，宫廷诗歌已经超越了歌功颂德、绮错婉媚的审美趣味，开始朝着盛唐诗歌“神来、气来、情来”的审美追求迈出了重要的一步。

此次诗歌擂台赛后，现存的初唐宫廷诗基本上体现出了词气充盈、刚健开阔的审美风范。如景龙三年（709年）十二月中宗携婉儿及诸学士先游温泉宫，后登骊山。婉儿有《驾幸新丰温泉宫献诗三首》，皆境界开阔，气势非凡，将皇家出行的浩大声势与自然界的壮观美景相融合。张说的《扈从温泉宫献诗》：

温泉启蛰气氛氲，渭浦归鸿日数群。骑仗联联环北极，鸣笳步步引南熏。

松间彩殿笼佳气，山上朱旗绕瑞云。不知远梦华胥国，何如亲奉帝尧君。

---

① 杨炯《王子安集序》云：“龙朔初载，文场变体，争构纤微，竞为雕刻。糅之金玉龙凤，乱之朱紫青黄，影带以徇其功，假对以称其美，骨气都尽，刚健不闻。”

也同样气势壮大，诗思开阔。登骊山后，中宗赋《登骊山高顶寓目》，随行诸学士纷纷应制。这些登高之作，基本上都符合上官婉儿所倡导的美学风范。如崔湜《奉和登骊山高顶寓目应制》云：“名山何壮哉，玄览一徘徊。御路穿林转，旌门倚石开。”词气充盈，宏博刚健。其他像苏颋、李乂、刘宪、武平一、赵彦昭等人的诗歌也显示了同样的美学追求。

那么当时的宫廷文人为什么能俯首于上官婉儿的裁判，并在美学风范上受其影响呢？笔者以为，这与上官婉儿的才情品性及当时女性掌权的政治环境，婉儿大权在握，并参与了当时重要的文化活动有关。

晚唐文学家吕温曾写有一首《上官昭容书楼歌》：“汉家婕妤唐昭容，工诗能赋千载同。自言才艺是天真，不服丈夫胜妇人。”宋阮阅《诗话总龟》后集卷四十一引《许彦周诗话》云：“唐高宗燕群臣赏双头牡丹诗，上官昭容一联云‘势如连璧友，情若臭兰人’，计之必一英奇女子也。”“不服丈夫胜妇人”及“英奇女子”都是后世论者对上官婉儿才情品性的评价。可见婉儿虽为一长于深宫的女性，却颇具巾帼豪情，其气概绝非普通柔弱女子可比。加之婉儿才华横溢，故而能让众多的男性宫廷文人倾伏。

而婉儿所处的女性掌权的时代，更给其天生的英气以助力。我们知道，自唐高宗上元元年（674年），武后与高宗并称“二圣”，至唐玄宗开元元年（713年）玄宗诛杀太平公主，40年间，武后、韦后、太平公主三位女性或明或暗，相继掌握了最高政权。婉儿生当其时，与上述掌权女性关系密切，深被信任，且聪慧异常，故而能够与上述女性一道，使得女性的智慧与才华得以充分的张扬。

张说《唐昭容上官氏文集序》云：“古者有女史记功书过，复有女尚书决事宫合。昭容两朝专美，一日万几，顾问不遗，应接如响。虽汉称班媛，晋誉左嫔，文章之道不殊，辅佐之功则异。”婉儿自幼在母亲的教诲下“明习吏事”（《旧唐书》本传），因而与历史上以文学才能著称的“班媛”“左嫔”相比，婉儿更在政治才华上胜出一筹。武周万岁通天元年（696年）以后，婉儿“内掌诏命，掞丽可观。”（《新唐书》本传）成为最高统治者秘书，从此之后“两朝专美，一日万几”（《唐昭容上官氏文集序》）。《新唐书》本传载“自圣历以后，百司表奏，多令参决。”武周久视元年（700年）之后，婉儿协助朝廷大力引荐文士，开展文化建设，《太平广记》卷二七一引《景龙文馆记》云：“自通天后，逮景龙前，恒掌宸翰。其军国谋猷，杀生大柄，多其决。至若幽求英俊，郁兴词藻，国有好文之士，朝无不学之臣，二十年间，野无遗逸，此其力也。”《全唐诗·上官昭容诗序》云：“（婉儿）又差第群臣所赋，赐金爵。故朝廷靡然成风，当时属辞者大抵虽浮艳，然皆有可观，婉儿力也。”《旧唐书》本传云：“初，婉儿在孕时，其母梦人遗己大秤，占者曰：‘当生贵子，而秉国权衡。’既生女，闻者嗤其无效。及婉儿专秉内政，果如占者之言。”

可见上官婉儿曾权倾一时。如上所述，她常代帝后及二位公主同时作诗，所谓的“帝有所感，即赋诗”（《新唐书·李适传》），多数情况下乃是上官婉儿有所感即赋诗。故群臣属和者，常常是婉儿的诗作。所谓上有所好，下必行焉，则其诗歌，对于应制的群臣，必定会起到一种强烈的示范作用。可以说她就是宫廷诗的一面旗帜，她的方向就是宫廷诗的方向。

在她的参与和影响下，景龙修文馆诗歌活动显示出了空前的活力与气度。“他们已不像龙朔诗人那样主要靠词藻的繁缛、富丽来粉饰太平、歌功颂德，而是开始直接面对具体场景，注重气势，渲染气氛，写出皇家气派，盛世气象，以及自己幸逢明时、春风得意的真实感受”。[①]“从

① 杜晓勤《初盛唐诗歌的文化阐释》，东方出版社1997年版。

现存诗作看，与传统宫廷诗的局促狭小，龙朔宫廷诗的虚张声势辞采缛丽相比，景龙（云）宫廷诗显得场面扩大，气势壮阔，风格雄浑”。[①]

上官婉儿死后，初唐宫廷诗也随之画上了一个圆满的句号。笔者以为，在七八世纪之交，唐代美学由初唐即将过渡到盛唐之际，受整个时代昂扬精神的影响，聪慧如婉儿者，比普通的诗歌作者更能体验到新时代的审美精神，故而能够最终超越乃祖创制的“上官体”，使诗歌美学在“采丽日新”（《旧唐书》本传）的基础上，加以刚健之气和开阔之境，朝着盛唐之音的美学高峰迈出了矫健的一步。因而她既是初唐宫廷文学的终结者，又使“风雅之声流于来叶”（张说《唐昭容上官氏文集序》），对于开启波澜壮阔的盛唐之音做出了重要贡献。

① 聂永华《初唐宫廷诗风流变考论》，中国社会科学出版社2002年版，第4页。

后　记

笔者近年来对古代的家族文化时有涉猎，尽管早就读到或听说过一些关于家族文化、家风、家训等对个人成长、家族振兴重要性的事例，但是深入某一家族的内部，对其成员的思想著述、行迹仕宦等进行仔细探究后，所能发现的此一家族中世代相继的，祖孙、父子、兄弟之间，所受家学影响的深刻性和执着性，令人印象深刻。

比如本书所探讨的王勃，如果单纯对其进行研究，我们或者只知道他是“初唐四杰”之一，并对他个人的美学、文学思想进行研究，考察他在唐代美学、文学发展中的重要意义等。但如果我们把他放在家族中进行研究，那么，他作为家族的一员，我们就需要考察他思想的来源及发展，家族成员之间的相互影响，等等。如此，对于他的一些思想行迹，就能从其家族渊源中找到一些合理的解释，我们对其研究及认识，可能就会更为全面深刻。比如本书中所探讨的由王勃发动的初唐第一次诗文革新运动，其对只注重辞藻技巧，忽视思想内容和风骨的龙朔变体的发难，若只从王勃本身展开研究，可能会认为他当时身处宫廷文化圈外，对于延续六朝文风的宫廷文坛有所不满等。这当然也是王勃发动诗文革新运动的重要原因。但事实上，更为深层的原因，却是王勃深受家学影响的结果。本书曾探讨过，王氏家族儒学传家，王勃祖父王通的文艺思想注重的是“道”。诗文的辞彩技巧，在他看来，都是“末流”。尽管我们读王勃诗文，也会发现受时代风气影响，其辞彩难免带有六朝锦色，但是他本质上所追求的，乃是其祖王通对于“道”的坚守和执着。正因为如此，他才发起了初唐第一次诗文革新运动，提倡刚健宏博的文风，扫荡其祖王通所反对的辞彩末流及柔弱文风。故而，我们对王勃的认知，以及家学对个人成长、行事的影响，就会有更深刻的了解和把握。

再如本书所探讨的王绩，尽管他看起来散漫不经，受魏晋风度影响颇深，饮酒不节，晚年更是归隐不仕，连家族事务也懒得操心，但是我们研读其晚年的一些诗文，就能深刻地感受到王绩内外的不一，他的外在表现与内心思想是矛盾的。他一边说自己“床头素书三帙，《老》《庄》及《易》而已。过此以往，罕尝或批”（《答处士冯子华书》），一边在《游北山赋》及《晚年叙志示翟处士正师》等诗文中念念不忘家兄王通的儒学实践以及门人弟子的廊庙之功，并且其作品中多含有因自己未曾实现年轻时的志向抱负而产生的挥之不去的烦忧。由此可知，家学的影响，事实上超过了他自由散漫的天性。王绩骨子里，渗透着儒家人生当有所作为，实现人生价值的入世精神。故而我们不能只通过其外在表现，就忽视一个人所受的家学、家风的影响。

从以上两位王氏家族成员的思想行迹，我们对家族文化、家风等对家族成员的影响，就会有更深刻的认知。

古人如此，今人亦如是。在现实生活中，我们自己身上往往也深深镌刻着家族的文化影响。比如尽管我从小与祖父接触不多，但祖父仙逝多年以后，我还能深深感受到他老人家对我的影响。祖父出生于20世纪初的山东寿光，毕业于济南师范。他那个时代出生的人，深受传统文化熏陶，琴棋书画样样精湛。只可惜父亲毕业后，分配到他乡，我自小很少见到祖父。20世纪90年代，我在山东大学读书时，祖父居淄博临淄，离济南不远，我便有机会在假期去探望祖父，跟他学书法，听他讲诗书。我吃惊地发现，原来我这个学中文的大学生，跟祖父的国学功底相比，实在是差得太远。出于对祖父的仰慕，我请他给我写了一些书法作品，并把他平日习字的一堆草稿挑拣了一些，带到学校临摹，同宿舍姐妹也有以之为帖者，闲暇时共同揣摩研习。然工作之后，诸事繁杂，后又成家生女，读研、考博，做博士后研究，乃至出国访学，等等，再加上日常繁忙的工作、家务，几乎没有闲暇再去习字了，但看到好的书画作品，还是忍不住仔细欣赏，并常常回忆起祖父的音容笑貌。前段时间搬家收拾杂物时，我又发现了上大学时祖父给我写的《长歌行》，以及一大摞他习字的草稿。抚摸着这些二十几年前的旧物，我仿佛又一次听到祖父的谆谆教诲，“少壮不努力，老大徒伤悲”。祖父以《长歌行》送我，定是以此激励我好好学习，不能虚度光阴……祖父的书法在转折之处很有特点，笔画外方而内圆，像极了他刚正不阿的品性和圆融大度的襟怀，若将之放在万千书法作品中，我定一眼能认出祖父的墨宝。我隐约记得祖父说习过张廉卿的帖，只可惜此帖已经被朋友求去，我无缘得见。今年三月，我于孔夫子旧书网寻书时，忽然看到了一本张裕钊的楷书字帖。张裕钊，字廉卿，晚清著名书法家，这或许就是祖父曾习过的帖吧？至少内容应该相似吧？于是我毫不犹豫地下单买来，只为探究一下祖父书法的渊源……父亲书法也极好，一眼就能看出那是端方的颜体，没有祖父那种外方内圆的特点，只可惜祖父在世时，我向他请教的时间太少。祖父仙逝时，我已远在北京，没来得及见上最后一面……现在我手中，只有上大学时祖父写给我的这些字，还有数十封当时感受不深，现在深明其意的谆谆教诲、殷殷关切的书信，对我而言，这都是极为珍贵的财产，是我喜好的渊源，求学做人的准则。所以，尽管我跟祖父相见甚少，但家族的文化印记，勤奋向学的家风等，还是深深地刻在我心上，融入我的血脉灵魂……

近年来，我国大力弘扬传统文化，十分重视家风、家训等优秀的家族遗传基因对于塑造和谐健康社会的重要作用。“国之本在家”，习近平同志指出："家庭是人生的第一个课堂，父母是孩子的第一任老师。孩子们从牙牙学语起就开始接受家教，有什么样的家教，就有什么样的人。"（习近平：《在会见第一届全国文明家庭代表时的讲话》，2016年12月12日）故而，笔者此书即从家族的视角，研究隋末唐初的王氏家族美学，探讨此一家族对思想文化的贡献，以及家族内部文化的传承等，以期为家族美学、家族文化的研究尽微薄之力，为宣扬优秀的传统文化、家风家学增砖添瓦。

在本书即将付梓之际，我要衷心感谢多年来指导我学习，对我关爱有加的诸位恩师：我的硕士导师张可礼先生、博士导师张海明先生、博士后合作导师肖鹰先生，以及访问学者指导老师刘跃进先生，我在求学的不同阶段先后投其门下，瞻仰大方，实属有幸。"为善不同，同归于美"，诸位先生研究的学术领域不尽相同，但皆学识渊博，惠我良多！另外，哈佛大学宇文所安和田晓菲两位教授，在我访学哈佛的一年间，也曾跟他们学习探讨，让我从另一种视角认识到了中国古典文学之美，以及其广受世界人民喜爱的独特魅力。多年来，很多其他师长和朋友也曾给予我很多无私的帮助及关爱，我皆铭记于心，借此谨致谢忱。

本书的出版受北方工业大学科研创新团队项目（编号XN018009）的资助，特此深表感谢！同时感谢学校、院系领导和同事们多年来对我科研、教学等工作的支持和帮助！

本书的部分引文由小女帮忙校对，借此感谢我的家人对我工作的支持和对我生活的关照。

在此，还要特别感谢研究出版社的寇颖丹女士，本书的顺利出版凝结着她的辛勤汗水！

李海燕

2020年7月30日

于北京

主要参考文献

[1] 杨伯峻译注《论语译注》，中华书局2012年版。

[2]（唐）陆德明释文《论语集解》（再造善本），北京图书馆出版社2004年版。

[3]（春秋）老子著，朱谦之校释《老子校释》，中华书局1984年版。

[4]（战国）孟子著，杨伯峻译注《孟子译注》，中华书局2008年版。

[5]（战国）庄子著，（清）郭庆藩辑《庄子集释》，中华书局1982年新编诸子集成本。

[6]（战国）屈原著，（宋）朱熹集注《楚辞集注》，上海古籍出版社1979年版。

[7]（汉）毛亨传，（汉）郑玄注，（唐）孔颖达疏《毛诗注疏》，《十三经注疏》，中华书局1980年版。

[8]（汉）司马迁著《史记》，中华书局1959年版。

[9]（汉）班固著《汉书》，中华书局1962年版。

[10]（汉）许慎撰，徐铉校订，愚若注音《说文解字》（注音版），中华书局2015年版。

[11]（汉）郑玄注，（唐）孔颖达正义《礼记正义》，《十三经注疏》，中华书局1980年版。

[12]（汉）牟融著，梁庆寅释译《牟子理惑论》，佛光出版社1996年版。

[13]（汉）王充著《论衡》，上海书店1986年影印世界书局《诸子集

成》本。

[14]（魏）曹植著，赵幼文校注《曹植集校注》，人民文学出版社1984年版。

[15]（魏）王粲著，俞绍初校点《王粲集》，中华书局1980年版。

[16]（魏）王弼著，楼宇烈校释《王弼集校释》，中华书局1980年版。

[17]（魏）王弼注，（唐）孔颖达正义，（清）阮元校刻《周易正义》，《十三经注疏》，中华书局1980年版。

[18]（晋）葛洪著《抱朴子》，蓝天出版社1998年版。

[19]（晋）陈寿著《三国志》，中华书局1959年版。

[20]（晋）陆机著，杨明校笺《陆机集校笺》，上海古籍出版社2016年版。

[21]（晋）陶渊明著，逯钦立校注《陶渊明集》，中华书局1979年版。

[22]（晋）僧肇著，郑立新整理《肇论》，山东画报出版社2004年版。

[23]（南朝宋）刘义庆著，余嘉锡笺疏《世说新语笺疏》，中华书局1983年版。

[24]（南朝梁）萧子显著《南齐书》，中华书局1972年版。

[25]（南朝梁）萧统选编《文选》，上海古籍出版社1986年版。

[26]（南朝梁）萧纲著《梁简文帝御制集》（善本），明天启崇祯间（1621—1627年）。

[27]（南朝梁）刘勰著，杨明照校注拾遗《增订文心雕龙校注》，中华书局2012年版。

[28]（南朝陈）徐陵选，（明）袁宏道批注《玉台新咏》，明天启二年刻本。

[29]（北齐）魏收撰《魏书》校点本，中华书局1972年版。

[30]（北周）庚信著，（清）倪璠注，许逸民校点《庚子山集》，中华书局1980年版。

[31]（隋）王通著，（唐）薛收传，（宋）阮逸注《元经薛氏传》，艺文书局清光绪二十年（1894）。
[32]（隋）王通著，（宋）阮逸注《文中子〈中说〉》影印本，上海古籍出版社1989年版。
[33]（隋）王通撰，郑春颖译注《文中子〈中说〉译注》，黑龙江人民出版社2003年版。
[34]（隋）王通撰，（宋）阮逸注《中说》，民国间影印四部丛刊本。
[35]（唐）房玄龄等撰《晋书》校点本，中华书局1974年版。
[36]（唐）李延寿撰《南史》校点本，中华书局1975年版。
[37]（唐）李延寿撰《北史》校点本，中华书局1974年版。
[38]（唐）令狐德棻等撰《周书》校点本，中华书局1971年版。
[39]（唐）魏徵等撰《隋书》校点本，中华书局1973，1974年版。
[40]（唐）王绩著，王国安注《王绩诗注》，上海古籍出版社1981年版。
[41]（唐）王绩著，韩理洲点校《王无功文集》（五卷本会校），中华书局1987年版。
[42]（唐）王绩著，康金声、夏连保校注《王绩集编年校注》，山西人民出版社1992年版。
[43]（唐）王绩著，金荣华校注《王绩诗文集校注》，新文丰出版股份有限公司（台北）1998年版。
[44]（唐）王勃著，聂文郁解《王勃诗解》，青海人民出版社1980年版。
[45]（唐）王勃著，（清）蒋清翊注《王子安集注》，上海古籍出版社1995年版。
[46]（唐）王勃著，何林天校《重订新校王子安集》，山西人民出版社1990年版。

[47]（唐）释明佺等编《大周刊定众经目录》，上海影印宋版藏经会，民国二十五年（1936）。
[48]（唐）高正臣编《高氏三宴诗集》，《四库全书》本。
[49]（唐）王维著，（清）赵殿成注《王右丞集笺注》，上海古籍出版社1984年版。
[50]（唐）陆德明著《经典释文》，中华书局1983年版。
[51]（唐）释道宣著《广弘明集》，上海古籍出版社1991年版。
[52]（唐）吴兢撰，谢保成集校《贞观政要集校》，中华书局2003年版。
[53]（唐）李白著，（清）王琦辑注《李太白全集》，中华书局1979年版。
[54]（唐）杜甫著，（清）仇兆鳌注，于鲁平补注《杜甫诗注》，三秦出版社2004年版。
[55]（唐）殷璠编《河岳英灵集》，中华书局上海编辑所，1958年排印本。
[56]（唐）段成式著《酉阳杂俎》影印本，世界书局1986年版。
[57]（唐）李华著《李遐叔文集》，台湾商务印书馆1983年版。
[58]（唐）释皎然著《吴兴昼上人集》，商务印书馆民国年间。
[59]（唐）韩愈著，马其昶校注，马茂元整理《韩昌黎文集校注》，上海古籍出版社2018年版。
[60]（唐）柳宗元著，王国安笺释《柳宗元集笺释》，上海古籍出版社1993年版。
[61]（唐）白居易著，孙安邦、孙蓓解评《白居易集》，山西古籍出版社2004年版。
[62]（唐）司空图著，祖保泉、陶礼天笺校《司空表圣诗文集笺校》，安徽大学出版社2002年版。

[63]（唐）李吉甫著《元和郡县志》，广雅书局清光绪二十五年（1899）刻本。
[64]（唐）李吉甫著，贺次君点校《元和郡县图志》，中华书局1983年版。
[65]（唐）刘禹锡著《刘禹锡集》，上海人民出版社1975版。
[66]（唐）杜佑著《通典》，中华书局1984年版。
[67]（五代）王定保著，姜汉椿校注《唐摭言校注》，上海社会科学院出版社2003年版。
[68]（五代）李肇著《唐国史补》校点本，古典文学出版社1956年版。
[69]（五代）刘昫等著《旧唐书》，中华书局1975年版。
[70]（宋）欧阳修等著《新唐书》，中华书局1975年版。
[71]（宋）司马光著《资治通鉴》，中华书局1956年版。
[72]（宋）黎靖德编《朱子语类》，中华书局1986年版。
[73]（宋）宋敏求编，洪丕谟等点校《唐大诏令集》，学林出版社1992年版。
[74]（宋）晁公武著《晁氏郡斋读书志》影印本，江苏广陵古籍刻印社1987年版。
[75]（宋）阮阅著《诗话总龟》，人民文学出版社1998年版。
[76]（宋）陈振孙著《直斋书录解题》，山东画报出版社2004年版。
[77]（宋）王溥著《唐会要》，中华书局1955年版。
[78]（宋）陈亮撰，邓广铭点校《陈亮集》增订本，河北教育出版社2003年版。
[79]（宋）李昉辑《太平广记》，中国文史出版社2003年版。
[80]（宋）李昉等编《文苑英华》，上海古籍出版社1990年版。
[81]（宋）欧阳修著《集古录跋尾》铅印本，中华书局民国二十五年（1936）。

[82]（宋）洪迈著《容斋随笔》，青海人民出版社2004年版。

[83]（宋）程颢、程颐著，潘富恩导读《二程遗书》，上海古籍出版社2000年版。

[84]（宋）严羽著，郭绍虞校释《沧浪诗话校释》，人民文学出版社1961年版。

[85]（宋）陆九渊著，钟哲点校《陆九渊集》，中华书局1980年版。

[86]（宋）王应麟著，孙通海校点《困学纪闻》，辽宁教育出版社1998年版。

[87]（宋）邵博著，刘德权、李剑雄点校《邵氏闻见后录》，中华书局1983年版，1997重印。

[88]（宋）吕祖谦编《宋文鉴》，吉林人民出版社，1998年版。

[89]（宋）倪天隐述，（宋）张载记《周易口义》，世界书局1986年版。

[90]（宋）潘自牧编《记纂渊海》，中华书局1988年版。

[91]（宋）王应麟辑《玉海》，广陵书社2003年版。

[92]（宋）姚铉编《唐文粹》，上海古籍出版社1994年版。

[93]（宋）叶大庆著《考古质疑》，台湾商务印书馆1983年版。

[94]（宋）章如愚著《群书考索》，上海古籍出版社1992年版。

[95]（宋）郑樵著《通志》，中华书局1987年版。

[96]（宋）葛立方著《韵语阳秋》，上海古籍出版社1984年版。

[97]（宋）王尧臣等编，钱东垣集释《崇文总目》，商务印书馆民国二十八年（1939）。

[98]（宋）计有功著《唐诗纪事》，上海古籍出版社1987年版。

[99]（宋）魏庆之著《诗人玉屑》，中华书局1959年版。

[100]（元）托克托等著《宋史》，中华书局1977年版。

[101]（元）马端临著《文献通考》，上海师范大学古籍研究所、华东师范大学古籍研究所整理，山东画报出版社2004年版。

[102]（明）焦竑著，李剑雄点校《焦氏笔乘》，上海古籍出版社1986年版。
[103]（明）王守仁著《阳明全集》铅印本，中华书局1912年版。
[104]（明）杨慎著《升庵诗话》，上海古籍出版1987年版。
[105]（明）杨慎著《升庵集》，上海古籍出版社1993年版。
[106]（明）张溥编《汉魏六朝百三家集》，世界书局1988年版。
[107]（明）谢榛著《四溟诗话》，人民文学出版社1961年版。
[108]（明）胡应麟著《诗薮》，上海古籍出版社1979年版。
[109]（明）胡震亨著《唐音癸签》，上海古籍出版社1981年版。
[110]（明）钟惺著《唐诗归》，万历四十五年（1617年）刻本。
[111]（明）王世贞著，罗仲鼎校注《艺苑卮言校注》，齐鲁书社1992年版。
[112]（明）王世贞著《弇州山人四部稿》，明世经堂刻本。
[113]（清）姚际恒著《古今伪书考》，中华书局1985年版。
[114]（清）沈德潜编《唐诗别裁》，中华书局1975年影印教忠堂重订版本。
[115]（清）沈德潜著《说诗晬语》，人民文学出版社1979年版。
[116]（清）翁方纲著，陈迩冬校点《石洲诗话》，人民文学出版社1981年。
[117]（清）彭定求等编纂《全唐诗》，中华书局1960年排印本。
[118]（清）徐松著，赵守俨点校《登科记考》，中华书局1984年版。
[119]（清）朱彝尊著《经义考》，中华书局1998年版。
[120]（清）沈千鉴修，（清）王政，（清）牛述贤纂《河津县志》影印本，中国书店出版社2002年版。
[121]（清）茅丕熙、杨汉章修，（清）程象濂、韩秉钧纂《河津县志》影印本，山西省河津县县志办公室，1982年版。
[122]（清）赵翼《廿二史札记》，中华书局1984年版。
[123]（清）阮元校刻《十三经注疏》，中华书局1980年版。
[124]（清）皮锡瑞著《经学通论》，中华书局1954年版。

[125] （清）纪昀等著《四库全书总目提要》，中华书局影印清刻本，1965年版。

[126] （清）叶燮著，陈谦豫整理《原诗》，山东画报出版社2001年版。

[127] （清）汪灏等编《御定佩文斋广群芳谱》，台湾商务印书馆1983年版。

[128] （清）张英等编《御定渊鉴类函》，世界书局1986年版。

[129] （清）严可均辑《全上古三代秦汉三国六朝文》，中华书局1958年版。

[130] （清）董皓等编《全唐文》，上海古籍出版社1990年版。

[131] ［美］包弼德著，刘宁译《斯文：唐宋思想的转型》，江苏人民出版社2001年版。

[132] ［美］宇文所安著，贾晋华译《初唐诗》，生活·读书·新知三联书店2014年版。

[133] ［美］宇文所安著，贾晋华译《盛唐诗》，生活·读书·新知三联书店2014年版。

[134] ［日］遍照金刚《文镜秘府论》，王利器校，中国社会科学出版社1983年版。

[135] ［日］吉川幸次郎著，章培恒等译《中国诗史》，复旦大学出版社2001年版。

[136] ［日］铃木虎雄著，许总译《中国诗论史》，广西人民出版社1989年版。

[137] ［日］佐藤一郎著，赵善嘉译《中国文章论》，上海古籍出版社1996年版。

[138] ［德］海德格尔著《人，诗意的安居——海德格尔语要》，广西师范大学出版社2002年版。

[139] ［德］黑格尔著《美学》，商务印书馆1979年版。

[140] 陈尚君编《全唐诗补编》，中华书局1992年版。

[141] 陈贻焮著《论诗杂著》，北京大学出版社1989年版。

[142] 陈寅恪著《隋唐制度渊源略论稿》，上海古籍出版社1982年版。
[143] 陈寅恪《金明馆丛稿初编》，生活·读书·新知三联书店2001年版。
[144] 陈寅恪著《金明馆丛稿二编》，上海古籍出版社1980年版。
[145] 成复旺等著《中国文学理论史》第二册，北京出版社1991年版。
[146] 程章灿著《世族与六朝文学》，黑龙江教育出版社1998年版。
[147] 邓小军著《唐代文学的文化精神》，文津出版社1993年版。
[148] 丁福保编《佛学大辞典》，文物出版社1994年版。
[149] 杜晓勤著《初盛唐诗歌的文化阐释》，东方出版社1997年版。
[150] 范文澜著《文心雕龙注》，人民文学出版社1961年版。
[151] 傅璇琮著《唐代诗人丛考》，中华书局2003年版。
[152] 葛晓音著《山水田园诗派研究》，辽宁大学出版社1993年版。
[153] 葛晓音著《诗国高潮与盛唐文化》，北京大学出版社1998年版。
[154] 郭绍虞著《中国文学批评史》，上海古籍出版社1979年版。
[155] 胡大雷著《宫体诗研究》，商务印书馆2004年版。
[156] 黄建中著《比较伦理学》，山东人民出版社1998年版。
[157] 黄云眉著《古今伪书考补证》，齐鲁书社1980年版。
[158] 贾晋华著《唐代集会总集与诗人群研究》，北京大学出版社2001年版。
[159] 蒋寅著《古典诗学的现代诠释》，中华书局2003年版。
[160] 康震著《长安文化与隋唐诗歌》，陕西人民教育出版社2005年版。
[161] 李泽厚著《美的历程》，中国社会科学出版社1989年版。
[162] 李泽厚、刘纲纪主编《中国美学史》，中国社会科学出版社1987年版。
[163] 李浩著《唐代三大地域文学士族研究》，中华书局2002年版。
[164] 李浩著《唐诗的美学阐释》，安徽大学出版社2000年版。
[165] 梁启超著《中国历史研究法》，商务印书馆1935年版。
[166] 刘开扬著《唐诗通论》，巴蜀书社1998年版。
[167] 陆侃如、冯沅君著《中国文学史简编》，作家出版社1957年版。

[168] 陆侃如、冯沅君著《中国诗史》，百花文艺出版社1999年版。
[169] 鲁迅著《鲁迅全集》第3卷，人民文学出版社1981年版。
[170] 吕薇芬、张燕瑾主编，杜晓勤著《二十世纪中国文学研究·隋唐五代文学研究》（下），北京出版社2001年版。
[171] 罗根泽著《中国文学批评史》，上海书店出版社2003年版。
[172] 罗实进著《唐诗演进论》，江苏古籍出版社2001年版。
[173] 罗宗强著《隋唐五代文学思想史》，中华书局1999年版。
[174] 罗宗强著《玄学与魏晋士人心态》，浙江人民出版社1991年版。
[175] 罗宗强、郝世峰主编《隋唐五代文学史》（上），高等教育出版社1990年版。
[176] 骆建人著《文中子研究》，台湾商务印书馆1990年版。
[177] 骆祥发著《初唐四杰研究》，东方出版社1993年版。
[178] 马茂元《马茂元说唐诗》，上海古籍出版社1999年版。
[179] 马宗霍著《中国经学史》，上海书店1959年版。
[180] 敏泽著《中国文学理论批评史》，人民文学出版社1981年版。
[181] 聂永华著《初唐宫廷诗风流变考论》，中国社会科学出版社2002年版。
[182] 钱志熙著《唐前生命观和文学生命主题》，东方出版社1997年版。
[183] 钱锺书著《谈艺录》补订本，中华书局1984年版。
[184] 任继愈主编《中国哲学发展史》，人民出版社1994年版，1998年重印。
[185] 孙以楷主编，张成权著《道家与中国哲学》（隋唐五代卷），人民出版社，2004年版。
[186] 孙望著《蜗叟杂稿》，上海古籍出版社1982年版。
[187] 尚定著《走向盛唐》，中国社会科学出版社1994年版。
[188] 尚学峰、过常宝、郭英德著《中国古典文学接受史》，山东教育出

版社2000年版。
[189] 陶敏编《全唐诗人名考证》，陕西人民教育出版社1996年版。
[190] 陶敏、傅璇琮编《唐五代文学编年史》（初盛唐卷），辽海出版社1998年版。
[191] 陶文鹏著《唐宋诗美学与艺术论》，南开大学出版社2003年版。
[192] 《唐代研究论集》第1辑，新文丰出版公司（台湾）1991年版。
[193] 汤用彤著《汉魏两晋南北朝佛教史》，上海书店1991年版。
[194] 汪辟疆校录《唐人小说》，上海古籍出版社1978年版。
[195] 王力著《汉语诗律学》，上海世纪出版集团、上海教育出版社2002年版。
[196] 王明君《唐代美学》，安徽大学出版社2005年版。
[197] 王梦鸥著《初唐诗学著述考》，商务印书馆1977年版。
[198] 王运熙、顾易生主编《中国文学批评史新编》，复旦大学出版社2001年版。
[199] 王运熙、杨明著《隋唐五代文学批评史 》，上海古籍出版社1994年版。
[200] 王立中编《文中子真伪汇考》，商务印书馆1938年版。
[201] 王士菁著《唐代诗歌》，作家出版社1964年版。
[202] 闻一多著《闻一多全集》（第三卷），生活·读书·新知三联书店1982年版。
[203] 闻一多著《神话与诗》，华东师范大学出版社1997年版。
[204] 闻一多著《唐诗杂论》，上海古籍出版社1998年版。
[205] 吴相洲著《唐代歌诗与诗歌》，北京大学出版社2000年版。
[206] 肖鹰著《形象与生存》，作家出版社1996年版。
[207] 肖鹰著《美学与艺术欣赏》，高等教育出版社2004年版。
[208] 肖鹰著《中西艺术导论》，北京大学出版社2005年版。

[209] 徐复观著《中国艺术精神》，春风文艺出版社1987年版。
[210] 徐扬杰著《中国家族制度史》，人民出版社1992年版。
[211] 叶嘉莹著《迦陵论诗丛稿》，中华书局1984年版。
[212] 叶朗著《中国美学史大纲》，上海人民出版社1985年版。
[213] 尹协理、魏明著《王通论》，中国社会科学出版社1984年版。
[214] 游国恩等主编《中国文学史》（修订本），人民文学出版社2004年版。
[215] 余嘉锡著《四库提要辨证》，中华书局1980年版。
[216] 袁济喜著《六朝美学》，北京大学出版社1999年版。
[217] 张成权著《道家与中国哲学》（隋唐五代卷），人民出版社2004年版。
[218] 张岱年著《中国哲学大纲》，江苏教育出版社2005年版。
[219] 张海明著《玄妙之境（魏晋玄学美学）》，东北师范大学出版社1997年版。
[220] 张海明著《经与纬的交结——中国古代文艺美学范畴论要》，陕西人民教育出版社2006年版。
[221] 张可礼著《东晋文艺综合研究》，山东大学出版社2001年版。
[222] 张可礼著《东晋文艺系年》，山东教育出版社1992年版。
[223] 张少康著《中国文学理论批评史教程》，北京大学出版社1999年版。
[224] 张锡厚著《王绩研究》，新文丰出版股份有限公司（台湾）1995年版。
[225] 张毅著《中国文艺思想史论集》，南开大学出版社2004年版。
[226] 张友鹤选注《唐宋传奇选》，人民文学出版社 1985年版。
[227] 张志烈著《初唐四杰年谱》，巴蜀书社1993年版。
[228] 郑宾于著《中国文学流变史》，北新书局1933年版。
[229] 郑临川整理《闻一多论古典文学》，重庆出版社1984年版。
[230] 郑振铎著《插图本中国文学史》，北京出版社1999年版。
[231] 中华书局编辑部点校《全唐诗》增订本，中华书局1999年版。
[232] 钟泰著《中国哲学史》，辽宁教育出版社1998年版。

[233] 周祖譔选编《隋唐五代文论选》，人民文学出版社1990年版。
[234] 周宪著《超越文学——文学的文化哲学思考》，生活·读书·新知上海三联书店1997年版。
[235] 周先慎著《古诗文的艺术世界》，北京大学出版社2002年版。
[236] 朱东润著，章培恒导读《中国文学批评史大纲》，上海古籍出版社2001年版。
[237] 朱光潜著《诗论》，上海三联书店1998年版。
[238] 朱自清著《诗言志辨》，华东师范大学出版社1996年版。
[239] 宗白华著《美学散步》，上海人民出版社1981年版。
[240] 常裕《浅论"河汾道统"说的影响》，载《中国哲学史》2005年第3期，第14—21页。
[241] 陈平原《唐宋古文运动述略》（上），载《浙江社会科学》1996年第1期，第80—85页。
[242] 陈启智《王通生平著述考》，载《东岳论丛》1996年第6期，第77—82页。
[243] 邓小军《隋书不载王通考》，载《四川师范大学学报》（社会科学版）1994年第3期，第77—84页。
[244] 董虹凌《试论王通〈中说〉之"道"观》，载《华南理工大学学报（社会科学版）》2004年第2期，第26—30页。
[245] 董天策《当时风骚 唐音始肇——初唐四杰诗歌创作综论》，载《中国文学研究》1990年第3期，第25—31页。
[246] 董天策《初唐四杰文学思想新探》，载《中国文学研究》1994年第1期，第35—40页。
[247] 段承校《论王通的道德观》，载《江苏教育学院学报》（社会科学版）2001年第1期，第42—44页。
[248] 段熙仲《王度〈古镜记〉是中唐小说》，载《光明日报》1984年4

月17日第6版。

[249] 杜晓勤《初唐四杰与儒、道思想》，载《文学评论》1995年第5期，第140—148页。

[250] 高光复《论四杰辞赋与唐初文风》，载《文史哲》1990年第5期，第95—98页。

[251] 高建新《王绩：盛唐山水田园诗的先声》，载《内蒙古大学学报》（人文社会科学版）2001年第3期，第12—17页。

[252] 高坤让《王通“河汾设教”初探》，载《运城师专学报》1988年第3期，第38—41页。

[253] 葛晓音《初唐四杰与齐梁文风》，载《求索》1990年第3期，第87—93页。

[254] 韩隆福《隋炀帝与宗教》，载《常德师范学院学报》（社会科学版）2003年第4期，第77—79页。

[255] 韩理洲《〈古镜记〉作者辨》，载《中国文学研究》1986年第2期，第19—25页。

[256] 韩理洲《王绩生平求是》，载《文史》第18辑，中华书局1983年版，第177—188页。

[257] 韩理洲《王绩研究的问题及我见》，载《延安大学学报》1983年第3期，第45—56页。

[258] 洪进《“上官体” 生成论》，载《安徽广播电视大学学报》2004年第4期，第113—116页。

[259] 胡玉伟、张冬梅《文学伦理价值的当代探索》，载《理论月刊》2004年第2期，第122—123页。

[260] 贾晋华《王绩与魏晋风度》，载《唐代文学研究》，广西师范大学出版社1990年版。

[261] 邝健行《初唐五言律体律调完成过程之考察及相关问题之讨论》，

载《唐代文学研究》3辑（1992），第507—521页。
[262] 李海燕《异代知音的有意误读——陆淳删节〈东皋子集略〉解析》，载《晋阳学刊》2006年第3期，第31—34页。
[263] 李军《论王绩对初唐诗歌发展的贡献》，载《内蒙古民族大学学报》（社会科学版）2002年第5期，第36—39页。
[264] 李术文《文化视阈下的王勃诗文创作》，载《中北大学学报》（社科版）2005年第21卷第2期，第33—36页。
[265] 李小成《王通的〈续诗〉与〈诗经〉》，载《齐鲁学刊》2004年第6期，第25—28页。
[266] 刘勇《儒、释、道思想对王勃的影响》，载《商洛师范专科学校学报》2004年第4期，第81—83页，106页。
[267] 孟二冬《意境与禅玄——中唐诗歌意境论之诞生》，载《北京大学学报》（哲学社会科学版）1996年第4期，第61—67页。
[268] 聂永华《"上官体"诗学理论辑议》，载《郑州大学学报》（哲学社会科学版）2003年第6期，第11—15页。
[269] 孙昊、李静《王通与经学更新》，载《江淮论坛》2003年第3期，第89—93页。
[270] 唐春生《为初唐四杰"浮躁浅陋"辩诬》，载《重庆师院学报》（哲社版）1994年第2期，第47—50页。
[271] 唐团结《上官婉儿生平考述》，载《河南教育学院学报》（哲学社会科学版）2004年第5期，第34—38页。
[272] 王木青《王勃的周易美学思想》，载《周易研究》1998年第4期，第85—87页。
[273] 吴功正《隋代美学概说》，载《吉首大学学报》（社会科学版）2002年第2期，第19—24页。
[274] 王志华《五言律奠基者旧说应予推翻——重评王绩在诗歌史上的地

位》，载《晋阳学刊》1990年第3期，第9—11页。

[275] 肖鹰《意统情志的王阳明美学》，载《文史哲》2000年第6期，第47—53页。

[276] 肖鹰《被误解的王国维“境界”说——论〈人间词话〉的思想根源》，载《文艺研究》2007年第11期，第45—55页。

[277] 熊国华《从〈世说新语〉看魏晋风度及文化意蕴》，载《广州教育学院学报》2002年第4期，第6—12页。

[278] 徐青《初唐诗律概要》，载《湖州师专学报》1987年第2期，第25—40页。

[279] 徐朔方《王通门人辨疑》，载《浙江大学学报》（哲学社会科学版）1999年第4期，第5—8页。

[280] 许总《王绩诗歌的时代类型特征新议》，载《齐鲁学刊》1994年第3期，第15—34页。

[281] 严耀中《论“三教”到“三教合一”》，载《历史教学》2002年11期，第5—11页。

[282] 姚敏杰《论“初唐四杰”诗歌创作的革新实绩》，载《首都师范大学学报》（社会科学版）1995年第4期，第64，93—99页。

[283] 袁济喜《论“兴”的审美意义》，载《文学遗产》2002年第2期，第23—36页。

[284] 袁行霈《百年徘徊——初唐诗歌的创作趋势》，载《北京大学学报》（哲社版）1994年第 6 期，第74—83页。

[285] 赵晓岚《初唐诗的“一”与“多”——评闻一多的“类书与诗”及王绩诗》，载《中国文学研究》2000年第4期，第40—46页。

[286] 张大新、张百昂《王绩三仕三隐补辨》，载《唐代文学研究》（第2辑），广西师范大学出版社1990年版，第59—69页。

[287] 张采民《对初唐诗歌革新理论的再认识》，载《南京师大学报（社

会科学版）》2001年第6期，第128—134页。

[288] 张海沙《题歌赋诗以会意为功——试论王绩的佛学思想及其文学实践》，载《学术研究》1997年第10 期，第79—83页。

[289] 张明非《论王绩的田园诗》，载《文学遗产》1990年第1期，第69—74页。

[290] 张锡厚《王绩生平辨析及其思想新证》，载《学术月刊》1984年第5期，第71—75页。

[291] 张银堂《存在与误读：王绩诗歌的独特价值》，载《吉林大学社会科学学报》2004年第3期，第74—78页。

[292] 张云鹏《复古思潮的历史新变——试论初、盛唐之际美学思想的转型》，载《河南师范大学学报》（哲学社会科学版），2001年第3期，第70—74页。

[293] 张志烈《王勃杂考》，载《四川大学学报》（哲学社会科学版）1983年第2期，第70—78页。

[294] 朱刚《王绩生平新考论》，载《渭南师专学报》1994年第3期，第25—30页。